军事计量科技译丛

量子计量学
——单位和测量基础

Quantum Metrology
Foundation of Units and Measurements

［德］恩斯特·戈贝尔（Ernst O. Göbel）
乌维·西格纳（Uwe Siegner） 著
邢晨光 王 萍 等译

国防工业出版社
·北京·

著作权合同登记　　图字:军—2018—076号

图书在版编目(CIP)数据

量子计量学:单位和测量基础/(德)恩斯特·戈贝尔(Ernst O. Gobel),(德)乌维·西格纳(Uwe Siegner)著;邢晨光等译. —北京:国防工业出版社,2021.1

(军事计量科技译丛)

书名原文:Quantum Metrology:Foundation of Units and Measurements

ISBN 978-7-118-12063-9

Ⅰ.①量… Ⅱ.①恩… ②乌… ③邢… Ⅲ.①量子—计量—研究 Ⅳ.①TB939

中国版本图书馆CIP数据核字(2020)第230662号

版权声明

Quantum Metrology:Foundation of Units and Measurements by Ernst O. Göebel and Uwe Siegner.
ISBN:978-3-527-41265-5

Copyright © 2015 by John Wiley & Sons Limited.

All Rights Reserved. Authorised translation from the English language edition published by John Wiley & Sons Limited. Responsibility for the accuracy of the translation rests solely with National Defense Industry Press and is not the responsibility of John Wiley & Sons Limited. No part of this book may be reproduced in any form without the written permission of the original copyright holder, John Wiley & Sons Limited.

本书简体中文版由John Wiley & Sons Limited授权国防工业出版社独家出版发行。版权所有,侵权必究。

※

国防工业出版社出版发行

(北京市海淀区紫竹院南路23号　邮政编码100048)
三河市腾飞印务有限公司印刷
新华书店经售

*

开本710×1000　1/16　印张12½　字数215千字
2021年1月第1版第1次印刷　印数1—2000册　定价98.00元

(本书如有印装错误,我社负责调换)

国防书店:(010)88540777　　书店传真:(010)88540776
发行业务:(010)88540717　　发行传真:(010)88540762

译者序

计量学是"关于测量、评价及其应用的科学",而计量标准是指测量过程中的统一标准。20世纪50年代以前,基本单位的量值是由实物基准所保存及复现的。实物基准的缺点在于,由于它们是一些具体的、宏观的实物,会受到一些不易控制的物理和化学过程影响,实物基准所保存的量值会发生缓慢的变化,已不能满足现代工业和科学技术对计量准确度日益提高的要求。

20世纪,量子物理学的成就为计量科学提供了飞跃发展的机会,以量子物理学为理论基础的量子计量基准在近40年来得到了快速发展。量子计量学的基本形式是基于离散量子(如电荷或磁通量子)进行计数的测量学,而在经典计量学中测量结果则是对连续变量值的确定。从经典计量到量子计量,连续实数结果的测量被量子整数个数的计数所代替。与传统的计量基准相比较,量子计量基准具有准确度高、可在多个地点复现等优点。量子计量学的进展也激发了修订现行国际单位制(SI)的讨论,特别是量子计量学的发展使得用自然常数对SI基本单位进行新的定义成为可能。目前,长度、时间、电学等方面基于常数的基准已经建立,使计量标准由实物标准向自然标准过渡,测量准确度提高了几个数量级,说明基本物理常数的准确测定在量子计量学发展过程中具有重要作用。今后量子计量基准将会进一步发展和完善,主要集中在基本物理常量的新定义等方面。

本书的两位作者是量子计量领域的权威专家,都是经验丰富的大学教授:恩斯特·弋贝尔(Ernst O. Göbel)曾担任德国联邦物理技术研究院的主席超过16年,并从2004年到2010年担任国际计量委员会主席;乌维·西格纳(Uwe Siegner)1997年加入德国联邦物理技术研究院,致力于飞秒激光技术的计量应用和电子量子计量的研究。本书介绍了未来新的SI单位定义背后的物理技术、实现过程及其对量子物理测量的影响,是量子计量领域中兼具系统性、新颖性和权威性的研究著作,对于相关领域的科学工作者和感兴趣的读者具有重要的参考价值。

本书内容主要包括9章:第1章绪论;第2章介绍计量学的基本原理;第3章介绍激光冷却、原子钟和秒的定义;第4章介绍超导及其在计量中的使用;第5章讨论基本的固态物理理论,并介绍量子霍耳效应的计量学应用;第6章介绍单电子传输设备的物理学原理以及利用其定义电流的单位——安培的可能性;第7章展望基于普朗克常数定义质量单位千克的可能性;第8章介绍玻尔兹曼常量的各种测量实验和新的开尔文定义;第9章介绍单光子计量与量子辐射。

本书翻译过程中,建立了涵盖一线专业技术人员和科技情报研究人员的翻译团队,力求翻译准确,信息不遗漏,整个过程经过了三轮校对和修改。邢晨光主要完成了第1章、第3章的翻译工作以及全书的统稿工作。王萍和于晓伟分别完成了第2章和第7章的翻译工作,吴蔚、刘亚威分别完成了第2章、第7章的校对工作。张宝珍、尤晨宇完成了第4章、第5章的翻译工作,蔡天恒、姜廷昀完成了第4章、第5章的校对工作。宋刚、程文渊完成了第6章、第8章的翻译工作,王宇、薛景峰完成了第6章、第8章的校对工作。夏棒、夏东星完成了第9章的翻译工作,武腾飞、孟利、刘天易完成了第1、3、9章的校对工作。令人欣喜的是,在本书即将成稿之际,国际计量大会已经通过决议,决定采用普朗克常数定义质量单位,而本书探讨的采用常数定义基本单位的计量变革即将成为现实。

本书翻译过程历时8个月,过程中得到了整个团队的有力支持,保证了整个工作按时完成,同时本书获得了装备科技译著出版基金的资助,在此表示衷心感谢!并对支持这项工作的装备发展部项目管理中心、中国航空工业发展研究中心、航空工业计量所的相关领导和同事表示感谢!

由于时间紧,水平有限,加之本领域的技术比较新,有些技术名词没有形成统一译法,书中不当之处敬请读者批评指正!

译 者

2020年9月

序

测量是科学的根基,精度和可靠性不断提高的测量也是科学、经济和社会进步所不可或缺的动力。为了确保测量结果的全球可比性,1875 年 17 个国家共同签署了《计量公约》,并且成立了相关组织机构,包括国际计量大会(CGPM)、国际计量委员会(CIPM)、国际计量局(BIPM)等。

目前,国际计量大会共有 96 个成员国或联系国,其中包括 95 个国家计量研究院和 150 个指定机构,以及 4 个国际组织,代表了约 97.6% 的世界经济总体量。1960 年第 11 届国际计量大会正式设立国际单位制(SI)。作为所有数量的测量基础,SI 提供了全球统一的测量和度量基本标准,为促进环球贸易做出了贡献。

然而,SI 单位的定义并不是静态的,而是随着测量要求的提高和科学技术的进步而演变的。特别是在激光物理、量子光学、固态物理和纳米技术等领域的科技进步,为即将进行的 SI 修订铺平了道路。未来,所有 SI 单位的定义将基于七个"常数",它们都是基本自然常数,如普朗克常数、光速或电子电荷量。新的 SI 单位的定义将不受空间和时间影响而发生变化,根据最新科学实验,其相对精度可以达到 10^{-16} 量级。

本书解释和说明了这些新的 SI 单位定义背后的物理技术、实现过程及其对量子物理测量的影响。因此,本书的出版是十分及时而有意义的,能够向广大科学工作者和感兴趣的读者,传达 SI 的修订计划及其产生的影响。

本书的两位作者都是量子计量领域的权威专家。他们在计量学领域都有长期的研究经验:恩斯特·戈贝尔曾担任联邦物理技术研究院的主席(超过 16 年),国际计量委员会的成员(超过 15 年),而且 2004 年到 2010 年担任国际计量委员会主席;乌维·西格纳于 1997 年加入联邦物理技术研究院,致力于飞秒激光技术的计量应用和电子量子计量,自 2009 以来,他担任联邦物理技术研究院电力部的负责人。这两位作者都是经验丰富的大学教授。本书正是源于在不伦瑞克工业大学的讲座。

我怀着极大的兴趣和乐趣研究了这本书,也希望该书能得到广泛阅读。

Joachim Ullrich 教授
德国国家计量研究院主席
国际计量委员会副主席
单位咨询委员会主席
于不伦瑞克
2014 年 11 月

前言

不可分割的离散粒子是所有物质的基本组成部分,这一概念最早可以追溯到公元前数个世纪的哲学家言论中。其中,典型的结论由希腊哲学家德谟克利特和他的学生们指出:原子是所有物质的基本元素。

这些概念从18世纪开始在自然科学中得到支持,并且在化学(代表人物如A. Lavoisier、J. Dalton 以及 D. Mendeleev)、气体运动论(代表人物如 Loschmidt 和 A. Avogadro)和统计物理(代表人物如 J. Stefan、L. Boltzmann 以及 Einstein)的驱动下得到了进一步发展。

Thomson(1897年)电子发现实验、Rutherford 等(1909)所做散射实验等相关实验的结果,在物理学中开辟了一个新的时代。根据他们的结论,原子不是不可分割的,而是复合的。在1913年由玻尔(N. Bohr)开发的原子模型中,原子由带负电荷($-e$)的电子及几乎携带原子全部质量的原子核构成,其中原子核由带正电的($+e$)的质子以及中性的中子组成。在玻尔模型中,原子中的电子只能处于离散态的能级,这与原子光谱实验结果一致。

在现代粒子物理学的标准模型中,电子实际上是一种属于轻子的基本粒子。质子和中子则是由带分数电荷的基本粒子(夸克)组成的复合粒子,它们通过强外力结合在一起。

50年来,得益于激光物理和纳米技术的巨大进步,科学家们已经学会了处理单量子对象,如原子、离子、电子和库珀对。这一进展也为"量子计量学"奠定了基础。量子计量学的基本范式是基于离散量子(如电荷或磁通量子)进行计数的测量学。相反,在经典计量学中,测量结果则是对连续变量值的确定。从经典计量到量子计量,实数结果的测量被量子整数个数的计数所代替。

量子计量学的进展也激发了对现行国际单位制(SI)的修订讨论。特别是量子计量学的发展使得用自然常数对SI进行新的定义成为可能。这个SI新定义的设想以及未来可能的修订实际上已经垫定了本书的框架。

物理系统的离散性质有时是明显的,有时是不明显的。例如:当考虑原子或离子的离散能量状态之间的微波或光学跃迁时,其离散特征明显;而固态系统的单粒子能谱通常是准连续能带,此时其离散量子特性不明显。此外,离散量子实体可以由积聚效应产生,称为宏观量子效应。

当考虑到电气类单位(安培、伏特和欧姆)的新定义时,量子计量学的范式变得特别明显。因此本书对潜在的固态物理学以及宏观量子效应给出了更全面的描述。例如,部分总结了教科书的知识,并从第4章的一般原理推导出结果,其中着重介绍了超导体中的超导性、约瑟夫森效应和量子干涉现象。

本书面向现代计量领域的高校学生、研究人员、科学家、实践工作者和其他专业人士,以及所有对即将到来的新SI定义感兴趣的读者。然而,将这本书视为综述,并非所有内容都像电气单位那么详细,广大读者如需进一步阅读研究可以参考其他相关文献。

如果没有众多同事和朋友的支持,这本书是不可能完成的。我们要特别感谢 Stephen Cundiff(密歇根大学)和 Wolfgang Elsäβer(达姆斯塔特大学)以及 PTB 的同事 Franz Ahlers、Peter Becker、Ralf Behr、Joachim Fischer、Frank Hohls、Oliver Kieler、Johannes Kohlmann、Stefan Kück、Ekkehard Peik、Klaus Pierz、Hansjörg Scherer、Piet Schmidt、Sibylle Sievers、Lutz Trahms 和 Robert Wynands。我们也感谢 Alberto Parra del Riego 和 Jens Simon 提供的技术支持。我们还要感谢 Wiley-VCH 工作人员的支持,特别是 Valerie Moliere、Anja Tschörtner、Heike Nöthe 和 Andreas Sendtko。

Ernst Göbel 和 Uwe Siegner
于不伦瑞克
2015 年 4 月

缩略语

2DEG	二维电子气体
AGT	声学气体温度计
AIST	日本国家先进工业科学技术研究所(日本国家计量研究所)
APD	雪崩光电二极管
BIPM	国际计量局
CBT	库仑阻塞温度计/测温法
CCC	低温电流比较器
CCL	长度咨询委员会
CCM	质量和相关量咨询委员会
CCT	温度咨询委员会
CCU	单位咨询委员会
CERN	欧洲核子研究组织
CGPM	国际计量大会
CIPM	国际计量委员会
CODATA	国际科学理事会:科学和技术数据委员会
CVGT	定容气体温度计
DBT	多普勒展宽温度计
DCGT	介电常数气体温度计
ECG	心电图
EEG	脑电图
EEP	爱因斯坦等效原理
FQHE	分数量子霍耳效应
GUM	测量不确定度表示指南
HEMT	高电子迁移率晶体管
IDMS	同位素稀释质谱法

INRIM	意大利国家计量研究院
ISO	国际标准组织
ITS	国际温度标准
JNT	约翰逊噪声温度计/测温法
KRISS	韩国标准科学研究院
LED	发光二极管
LNE	法国国家计量研究院
MBE	分子束外延
MCG	心磁图
MEG	脑磁图
METAS	瑞士联邦计量研究院
MOCVD	金属有机物化学气相沉积
MODFET	调制掺杂场效应晶体管
MOS	金属氧化物半导体
MOSFET	金属氧化物半导体场效应晶体管
MOT	磁光阱
MOVPE	金属有机气相外延
MSL	新西兰测量标准实验室
NIM	中国计量科学研究院(中国国家计量研究院)
NININ	正常金属/绝缘体/正常金属/绝缘体/正常金属
NIST	美国国家标准与技术研究院(美国国家计量研究院)
NMR	核磁共振
NPL	英国国家物理实验室(英国国家计量研究院)
NRC	加拿大国家研究委员会
PMT	光电倍增管
PTB	德国联邦物理技术研究院(德国国家计量研究院)
QED	量子电动力学
QHE	量子霍耳效应
QMT	量子计量三角形
QVNS	量化电压噪声源
RCSJ	电阻电容分流结
RHEED	反射高能电子衍射

RIGT	折射率气体温度计/测温法
RMS	均方根
RT	辐射测温
SEM	扫描电子显微镜/显微术
SET	单电子隧穿
SI	国际单位制
SINIS	超导体/绝缘体/正常金属/绝缘体/超导体
SIS	超导体/绝缘体/超导体
SNS	超导体/正常金属/超导体
SOI	绝缘衬底上的硅
SPAD	单光子雪崩二极管
SQUID	超导量子干涉仪
TES	过渡边缘传感器
TEM	透射电子显微镜/显微术
TPW	水三相点
UTC	协调世界时
XRCD	X射线晶体密度
YBCO	钇钡铜氧化物

目录

第1章 绪论 ·· 001
参考文献 ·· 003

第2章 基础知识介绍 ·· 004
2.1 测量 ·· 004
 2.1.1 测量不确定度 ·· 004
2.2 国际单位制 ·· 009
 2.2.1 秒:时间单位 ·· 009
 2.2.2 米:长度单位 ·· 012
 2.2.3 千克:质量单位 ·· 013
 2.2.4 安培:电流单位 ·· 014
 2.2.5 开尔文:热力学温度单位 ······································· 014
 2.2.6 摩尔:物质的量的单位 ·· 015
 2.2.7 坎德拉:发光强度单位 ·· 016
参考文献 ·· 017

第3章 激光冷却、原子钟和秒 ··· 019
3.1 激光冷却技术 ·· 021
 3.1.1 多普勒冷却、光学黏胶和磁光阱 ··························· 021
 3.1.2 低于多普勒极限的冷却 ·· 023
 3.1.3 光晶格 ·· 024
 3.1.4 离子阱 ·· 025
3.2 铯原子喷泉钟 ·· 027
3.3 光钟 ·· 030
 3.3.1 飞秒频率梳 ·· 032
 3.3.2 中性原子钟 ·· 036
 3.3.3 原子离子钟 ·· 038

XIII

3.3.4　精细结构常数的可能变异 …………………………………………………… 040
参考文献 ……………………………………………………………………………………… 042

第4章　超导、约瑟夫森效应和磁通量量子 ………………………………… 053

4.1　约瑟夫森效应和量子电压标准 ……………………………………………… 053
4.1.1　超导性简介 …………………………………………………………………… 053
4.1.2　约瑟夫森效应基础 …………………………………………………………… 055
4.1.3　实际约瑟夫森结的基本物理性质 …………………………………………… 058
4.1.4　约瑟夫森电压标准 …………………………………………………………… 060

4.2　磁通量量子与SQUID ………………………………………………………… 070
4.2.1　外加磁场中的超导体 ………………………………………………………… 071
4.2.2　SQUID基础理论 ……………………………………………………………… 075
4.2.3　SQUID在测量中的应用 ……………………………………………………… 078
4.2.4　可溯源磁通密度测量 ………………………………………………………… 084

参考文献 ……………………………………………………………………………………… 086

第5章　量子霍耳效应 ………………………………………………………………… 091

5.1　三维和二维半导体的基本物理性质 ………………………………………… 091
5.1.1　三维半导体 …………………………………………………………………… 092
5.1.2　二维半导体 …………………………………………………………………… 093

5.2　真实半导体中的二维电子系统 ……………………………………………… 095
5.2.1　半导体异质结构的基本性质 ………………………………………………… 095
5.2.2　半导体异质结构的外延生长 ………………………………………………… 096
5.2.3　半导体量子阱 ………………………………………………………………… 097
5.2.4　调制掺杂 ……………………………………………………………………… 098

5.3　霍耳效应 ………………………………………………………………………… 100
5.3.1　经典霍耳效应 ………………………………………………………………… 100
5.3.2　量子霍耳效应物理性质 ……………………………………………………… 102

5.4　量子霍耳电阻标准 ……………………………………………………………… 105
5.4.1　直流量子霍耳电阻标准 ……………………………………………………… 105
5.4.2　交流量子霍耳电阻标准 ……………………………………………………… 109

参考文献 ……………………………………………………………………………………… 111

第6章　单电荷传输设备与新安培 ………………………………………………… 115

6.1　单电子传输的基本物理性质 ………………………………………………… 115

  6.1.1 单电子隧穿 116
  6.1.2 SET 晶体管中的库仑阻塞 117
  6.1.3 库仑阻塞振荡与单电子检测 119
  6.1.4 时钟单电子转移 120
 6.2 量化电流源 122
  6.2.1 金属单电子泵 122
  6.2.2 半导体量化电流源 124
  6.2.3 超导量化电流源 128
  6.2.4 基于单电子转移的量子电流标准 130
 6.3 一致性检验:量子计量三角形 130
 参考文献 132

第 7 章 普朗克常数、新千克和摩尔 137

 7.1 阿伏伽德罗实验 139
 7.2 瓦特天平实验 145
 7.3 摩尔:物质的量单位 149
 参考文献 150

第 8 章 玻尔兹曼常量与新开尔文 155

 8.1 基本温度计 155
  8.1.1 介电常数气体温度计 156
  8.1.2 声学气体温度计 157
  8.1.3 辐射温度计 158
  8.1.4 多普勒展宽温度计 160
  8.1.5 约翰逊噪声温度计 161
  8.1.6 库仑阻塞温度计 163
 8.2 新开尔文的实现与传播 164
 参考文献 164

第 9 章 单光子计量与量子辐射测量 169

 9.1 单光子源 171
  9.1.1 氮空位金刚石色心 172
  9.1.2 半导体量子点 173
 9.2 单光子探测器 175
  9.2.1 非光子数分辨探测器 175

  9.2.2 光子数分辨探测器 ·· 176
 9.3 计量上的挑战 ··· 177
 参考文献 ·· 178

第10章 展望 ·· 183
 参考文献 ·· 183

第1章
绪论

计量学是一门关于测量的科学,它涵盖测量理论与实践的各个方面,尤其关注测量结果不确定度的理论与实践探索。正如诺贝尔奖获得者 J. Hall 所言:"计量学是真正的科学之母。"[1]

计量学几乎与人类的历史一样古老,当人们开始交换商品以来,就需要确定一个可以普遍接受的标准作为交易的基础。事实上,很多文明古国如中国、印度、埃及、希腊以及罗马帝国等都建立了高度发达的度量体系。目前,陈列在伊斯坦布尔考古博物馆的公元前三千年前的尼普尔腕尺就是一个例子,它出土于美索不达米亚的一个寺庙废墟中。此外,著名的埃及皇室腕尺也是一个例证,它被视作建造金字塔的基本长度单位。然而,计量文明曾在中世纪时期有所迷失,当时各种各样不同的计量标准在被使用。以 18 世纪末的德国为例,共有 50 种不同的质量计量标准和 30 多种不同的长度计量标准存在于德国不同地区。这种情况很容易对贸易造成阻碍,并且助长了度量滥用与欺诈行为。法国大革命期间,法国科学院率先发起了一项计量标准定义工程。不同于传统的皇室计量方法,他们的目的在于建立一套基于稳定的自然数量的计量标准,并且对任何时间任何人都适用。1799 年,长度的计量标准被定义为 1/4 地球圆周的 1000 万分之一,一个相应长度的金属铂棒被制作出来表示这一标准。接着,质量计量标准单位——千克被定义为 3.98℃下 1dm^3 蒸馏水的质量,此时水的密度达到最大。这一定义可被视为公制计量体系的诞生。但是,在当时的欧洲大陆甚至是法国本土,这一体系并未得到广泛接受。直到 1875 年 17 个签约成员国在米制公约上签字,公制计量体系才真正得到更加广泛的认可[2]。本书撰写时,已有 55 个国家或地区成为米制公约的签名国,另外 41 个国家或地区也是国际计量大会的参与国。第一届国际计量大会于 1889 年召开,之后历届会议对公制单位体系做了持续拓展与改进。最终,在 1960 年召开的第 11 届国际计量大会确立了包括千克、秒、米、安培、开尔文和坎德拉在内的现行国际单位体系(见 2.2 节)。1971 年召开的第 14 届国际计量大会又将物质的量的单位摩尔加入到国际单位制中。在国际单位制(SI)中,一些单位的定义是随着科技的进步而被采用的。例如,1960 年米的定义是以惰性气体氪的特征谱线波长为基础,而在1983年,米的定义被替换为光在给定时间内传播的距离,并且将真空中的光速设定了一个固定值。类似地,秒最初按照历书秒进行定义。第13届计量大会通过铯133号同位素的电子跃迁对秒的定义进行了更改。因此,今天米和秒都是通过自然界中恒定的量进行定义。目前,一切为了重新定义单位体系的努力都必须建立在自然常量的基础上[3-7]。在这方面,单量子物理学有着决定性的作用,本书将对此进行概述。

第2章首先介绍一些计量学基本原理。2.1节先回顾了一些基本的测量现象,并着重讨论测量不确定度。2.2节总结了当前的国际单位制和拟议的新定义。

第3章给出了激光冷却、原子钟以及秒的定义。以铯133号同位素激光冷却原子在基态下的超精细跃迁为基础,描述了如何实现当前对秒的定义。接下来描述了光钟的最新研究进展。相比于已有的微波钟,光钟具有更高的准确度和更好的稳定性等多方面的潜力,可以预见,未来光钟的发展将导致秒的定义的更新。

第4章介绍超导理论及其在计量学中的应用。鉴于相关理论对电力计量学的突出影响,逐一介绍超导理论、约瑟夫森效应、磁通量子化以及量子干涉理论。利用约瑟夫森效应,伏特(电位差的测量单位)可以追溯到普朗克常数,同时用当前最精确的电压标准实现电子电荷的测量。根据磁通量子化以及量子干涉理论实现了具有空前分辨率和精密度的量子磁力仪(超导量子干涉设备)。

第5章讨论基本的固态物理理论,并介绍量子霍耳效应的计量学应用。

第6章首先描述单电子运输装置的物理原理以及利用其定义电流的单位——安培的可能性。基于此,安培的定义被追溯到了电荷量和频率。最后将介绍计量三角实验。

第7章展望基于普朗克常数定义质量单位千克的可能性。具体而言,将展示如何利用瓦特天平和硅单晶实验对普朗克常数进行精确定义,以及如何实现新的质量单位千克的定义。

第8章讨论温度单位开尔文的新定义,以及确定玻尔兹曼常量值的各种实验。

第9章讨论利用单光子发射器对辐射量或者光度量(如辐(射)照度和发光强度)进行定义的前景,并对国际单位制的未来发展进行展望。

参考文献

[1] Hall, J. (2011) Learning from the time and length redefinition, and the metre demotion. *Philos. Trans. R. Soc. A*, **369**, 4090-4108.

[2] for a review on the development of modern metrology see e.g.: Quinn, T. and Kovalevsky, J. (2005) The development of modern metrology and its role today. *Philos. R. Soc. Trans A*, **363**, 2307-2327.

[3] Discussion Meeting issue "The new SI based on fundamental constants", organized by Quinn, T. (2011) *Philos. Trans. R. Soc. A*, **369**, 3903-4142.

[4] Mills, I.M., Mohr, P.J., Quinn, T.J., Taylor, B.N., and Williams, E.R. (2006) Redefinition of the kilogram, ampere, kelvin and mole: a proposed approach to implementing CIPM recommendation 1 (CI-2005). *Metrologia*, **43**, 227-246.

[5] Flowers, J. and Petley, B. (2004) in *Astrophysics, Clocks and Fundamental Constants* (eds S.G. Karshenboim and E. Peik), Springer, Berlin, Heidelberg, pp.75-93.

[6] Okun, L.B. (2004) in *Astrophysics, Clocks and Fundamental Constants* (eds S.G. Karshenboim and E. Peik), Springer, Berlin, Heidelberg, pp. 57-74.

[7] Leblond, J.-M. (1979) in *Problems in the Foundations of Physics; Proceedings of the International School of Physics "Enrico Fermi" Course LXXXII* (ed. G. Lévy Toraldo di Francia), North Holland, Amsterdam, p. 237.

第2章
基础知识介绍

2.1 测量

测量是确定一个数量具体数值或者量级的物理过程。数值可以被表示为

$$Q = \{q\} \cdot [Q] \tag{2.1}$$

式中：$\{q\}$ 为数值；$[Q]$ 为单位(见后续章节)。

对同一个数量进行重复测量往往会得到一系列差异微小的结果。另外，可能存在影响测量结果的系统效应，需要予以考虑。因此，任何测量结果都必须以不确定度的描述来完成。测量不确定度是指根据所用到的信息，表征赋予被测量量值的分散性。测量不确定度包含了很多因素。一些因素可以通过 A 类测量不确定度评定进行衡量；即首先通过一系列的测量结果得到被测数量值的统计分布，然后用标准差来进行界定。其他因素可以通过 B 类测量不确定度评定进行衡量，同样也可以使用标准差来进行描述，这些标准差可以来自基于经验或者其他信息的概率密度函数。对于测量不确定度的评定，国际标准化组织(ISO)和国际计量局(BIPM)等联合出版了一套国际认可的指南，即《测量不确定度表示指南》(Guide to the Expression of Uncertainty in Measurement, GUM)[1,2]。精准测量通常指具有最小测量不确定度的测量结果。

2.1.1 测量不确定度

人们可能倾向于认为，测量不确定度可以随着各个测量实验所花费精力的增加而不断降低。然而，事实并非如此，因为测量精密度存在一些本质的和实践中的限制因素。本质上是量子力学中的海森堡不确定性原理的影响，而实践中主要的限制则来源于噪声。

2.1.1.1 基本的量子学限制

在本书中,将用字母 f 表示技术频率,而用希腊字母 ν 表示光学频率。

作为量子力学基本结论的海森堡不确定性原理,它描述的是对于物理量作用 H,存在一个最小值:

$$\Delta H_{\min} \approx h \tag{2.2}$$

式中:h 为普朗克常数。物理量作用以能量乘以时间描述,其单位是焦耳·秒(J·s)。

根据海森堡不确定性原理,共轭变量,如位置和动量,或者时间和能量,不能一次精确地测量。例如,如果 Δx 和 Δp 分别是位置 x 和动量 p 的标准偏差,下述不等关系成立($\hbar = h/2\pi$):

$$\Delta x \Delta p \geqslant \frac{1}{2}\hbar \tag{2.3}$$

具体到实际测量中,论点如下:在测量过程中,测量系统和被测系统之间发生了信息交换。与此相关的是能量交换。对于一个给定的测量时间 τ,或测量系统的带宽 $\Delta f = 1/\tau$,根据式(2.2)可以从系统中提取的能量是有限的[3]:

$$E_{\min}\tau = \frac{E_{\min}}{\Delta f} \approx h \tag{2.4}$$

例如,考虑电感 L、磁通量 Φ 和电流 I 三者之间的关系(表2.1)。下面的公式给出了能量的计算方法:

$$E = \frac{1}{2}LI^2 = \frac{1}{2}(\Phi^2/L)$$

因而有

$$I_{\min} \approx \sqrt{\frac{2h}{\tau L}}, \Phi_{\min} \approx \sqrt{\frac{2hL}{\tau}} \tag{2.5}$$

表2.1对这些数量关系进行了描述。灰色区域对应于可通过测量获得的区域。注意,这是一种不考虑具体实验的启发式方法。尽管如此,它可以为如何优化实验提供有用结论。例如,如果一个理想的线圈(无损耗)应用于测量小电流,那么电感要大(例如,$L = 1\text{H}$,$\tau = 1\text{s}$,那么 $I_{\min} = 3.5 \times 10^{-17}\text{A}$)。如果线圈用来测量磁通量,那么对应的电感则要小(例如,$L = 10^{-10}\text{H}$,$\tau = 1\text{s}$,那么 $\Phi_{\min} = 4 \times 10^{-22}\text{V·s}$ = $2 \times 10^{-7}\Phi_0$,其中 Φ_0 为磁通量子,$\Phi_0 = h/(2e) = 2.067 \times 10^{-15}\text{V·s}$)。

类似地,对于电容器的电容 C,能量计算公式为

$$E = \frac{1}{2}Q^2/C = \frac{1}{2}U^2 \cdot C \tag{2.6}$$

因而有

$$Q_{\min} \approx \sqrt{\frac{2hC}{\tau}}, U_{\min} \approx \sqrt{\frac{2h}{\tau C}} \quad (2.7)$$

表 2.1 被考虑的元件和量(左)以及理想线圈的最小电流 $I_{\min}$ 和最小磁通量 $\Phi_{\min}$ 与电感 L 之间的关系

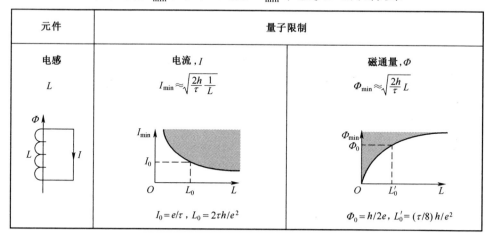

最后,对于电阻器的电阻 R,能量计算公式为

$$E = I^2 R \tau = \frac{U^2}{R} \tau \quad (2.8)$$

因而,对于最小电流和最小电压,分别得到

$$I_{\min} \approx \frac{1}{\tau}\sqrt{\frac{h}{R}}, U_{\min} \approx \frac{1}{\tau}\sqrt{hR} \quad (2.9)$$

2.1.1.2 噪声

本章简要总结噪声理论的部分。如果更加详细地了解这个重要理论,读者可以参见文献[4]。

在很多实验案例中,噪声都限制了测量的精密度。噪声功率谱密度 $P(T,f)/\Delta f$ 的计算公式近似为(普朗克公式)

$$\frac{P(T,f)}{\Delta f} = hf + \frac{hf}{e^{hf/k_B T} - 1} \quad (2.10)$$

式中:f 为频率;k_B 为玻尔兹曼常量;T 为温度。

下面介绍式(2.10)的两种极端情形,即热噪声和量子噪声。

热噪声(约翰逊噪声)($k_B \gg hf$):

$$\frac{P_{th}(T)}{\Delta f} = k_B T \quad (2.11)$$

根据这个"奈奎斯特关系",热噪声功率谱密度函数与频率(白噪声)无关,而随温度呈线性增加关系。Johnson[5]首次对热噪声进行研究。它反映的是一种热扰动,如电阻中的载流子热扰动。

量子噪声($hf \gg k_B$):

$$\frac{P_{qu}(f)}{\Delta f} = hf \quad (2.12)$$

这种情况下的量子噪声功率谱密度函数由零点能量 hf 所决定,与温度高低无关,并且随着频率线性增长。

热噪声在高温度和低频率情况下起支配作用(图2.1)。当热噪声和量子噪声相同时,临界频率则依赖于温度,它的公式为

$$f_c(T) = \frac{k_B T}{h} \ln 2 \quad (2.13)$$

当 $T=300K$ 时,临界频率为4.3THz,而当温度为液态氢温度即 $T=4.2K$ 时,临界频率为60.6GHz。

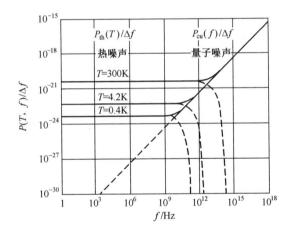

图2.1 不同温度下噪声功率谱密度 $P(T,f)$ 与频率的关系

温度为 T 时,断路或短路情况下,电阻中的热噪声产生的具有有效值的电压或者电流的计算公式为

$$U_{eff} = \sqrt{\frac{\langle u^2(t) \rangle}{\Delta f}} = \sqrt{4k_B TR} \quad (2.14)$$

$$I_{eff} = \sqrt{\frac{\langle i^2(t) \rangle}{\Delta f}} = \sqrt{4k_B T/R} \quad (2.15)$$

为了使噪声保持在低水平,探测设备应该冷却至较低温度以减少热噪声。从室温(300K)降至液氢温度(4.2K)可以将热噪声减少至1/70。此外,通过减少带宽即对更长的时间 τ 进行积分,可以同时减小热噪声和量子噪声。但是,实现这一

目的需要在测量时间 τ 期间实验条件保持稳定。糟糕的是,在此情况下其他的一些噪声贡献将增强,如散粒噪声以及低频状态下 $1/f$ 噪声(也称为粉红噪声或闪烁噪声)。

散粒噪声 散粒噪声源于携带能量的粒子的离散属性(如电子、光子)。Schottky[6]在研究真空管中电流的波动情况时首次发现了散粒噪声的存在。当粒子的数量很小时会观测到散粒噪声,可以用泊松分布来描述随机独立事件发生的统计特征。当粒子数量增加时,泊松分布则转换为正态分布(高斯分布)。在低频条件下,散粒噪声为白噪声,即噪声谱密度函数与频率无关,并且不同于热噪声,它还与温度无关。在充分低的频率下,某一电流的散粒噪声谱密度函数公式为

$$S^{el} = 2eI \tag{2.16}$$

式中:I 为平均电流。

同理,对于单色光子通量,其散粒噪声为

$$S^{opt} = 2h\nu P \tag{2.17}$$

式中:$h\nu$ 为光子能量;P 为平均功率。

低频噪声($1/f$ 噪声) $1/f$ 噪声广泛存在于自然界中,但其来源可能完全不同。更精确地,噪声功率谱密度与频率之间的关系通常表示为

$$\frac{P(f)}{\Delta f} \propto 1/f^{\beta} \qquad (0.5 \leq \beta \leq 2) \tag{2.18}$$

式中:大多数情况下,β 接近于 1。

相比于热噪声或者量子噪声,$1/f$ 噪声的噪声功率随着频率上升而下降(3dB/oct)。图 2.2 展示了噪声功率谱密度与频率之间的关系的示例[7],它是由一个超导量子干涉设备磁强计测量的。

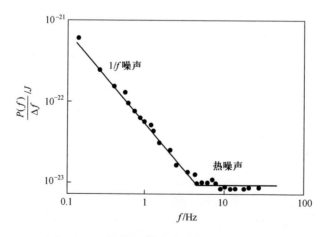

图 2.2 超导量子干涉器件(SQUID)磁强计测量的噪声功率谱密度与频率之间的关系

2.2 国际单位制

当前的国际单位制由7个基本单位和22个导出单位构成。这套单位体系是自洽的,即导出单位通过基础单位的幂的乘积来表示,并且数字取值为"1"(如 $1\Omega = 1m^2 \cdot kg \cdot s^{-3} \cdot A^{-2}$)。因此,数值方程的格式与量方程的格式相同。

下面简要描述7个基本单位,即秒、米、千克、开尔文、安培、摩尔和坎德拉。我们推荐国际计量协会出版的国际单位制手册[8-9]作为进一步阅读材料。

在此之前,回顾原子中电子状态命名的一些基本知识,这些基础知识将在本书中反复出现。

以铯的基态原子"$6\ ^2S_{1/2}$"作为示例。第一个数字6表示主量子数。大写字母S给出了 $\hbar = h/2\pi$ 时角动量,其中S、P、D、F等分别表示0、1、2、3等。S的左上角标为以(2S+1)表示的多样性,其中S是单位中原子产生的电子自旋。右下角标则对应于原子的总角动量,J=L+S(罗素-桑德斯耦合)。对于一个特定量子状态的记号,使用<bra|ket>记号。注意,对于光学偶极子跃迁,有选择规则 $\Delta J = 0, \pm 1$,但是被禁止的 $|0\rangle \rightarrow |0\rangle$ 跃迁除外。

2.2.1 秒:时间单位

秒最初被定义为平均太阳日持续时间的1/86400。然而,在1960年的第11届国际计量大会上,人们发现地球自转的时间长度并不稳定,因此规定秒的定义参照1900这一回归年的持续时长(星历秒)。自1968年以来,秒的定义不再基于天文时间,而是参照铯133同位素的超精细分裂基态原子($6\ ^2S_{1/2}$)磁偶极跃迁($|F = 3, m_F = 0\rangle \leftrightarrow |F = 4, m_F = 0\rangle$)时的电磁辐射频率进行定义:

秒定义为9192631770段铯133同位素基态原子在两个超精细能级间跃迁时辐射时长的累积持续时间。

它遵循的原理是铯133同位素基态原子进行超精细分裂时的频率精确数值为9192631770Hz,$v(hfs\ Cs) = $ 9192631770Hz。

1977年的国际计量大会进一步确认:

关于秒的定义是基于铯原子在温度为0K时的静止状态。

意在表明,国际单位制中秒的定义是基于铯原子在环境温度为0K时的稳定状态黑体辐射现象。因此,在1999年的会议上,时间和频率咨询委员会声明,鉴于频率由环境辐射进行定义这一转变,所有频率标准中关于频率的定义都需要被校正。

根据这个定义,可以保证在做出这一定义时新的"原子钟秒"确实与星历秒时长一致。此外根据广义相对论,必须考虑不同引力势。为了保证天文时间测量与原子时间测量(协调世界时,UTC)结果一致,当二者时差超过 0.9s 时,原子时间测量结果会加上(或减去)闰秒。从 1972 年到现在,协调世界时已增加 25 个闰秒。添加或减少闰秒的职责由国际地球自转服务组织(IERS)承担。目前,有关用更长的时间跨度来协调这两种时间测量差距的讨论正在进行中。

关于秒的定义已经在原子钟上付诸实践(另见第 3 章)。原子钟的基本原理是将本地振荡器的频率锁定到各个原子的电子谐振频率,对应于经典的铯原子钟则是落在微波频段。带有热原子束发生器的铯原子钟的构造示意图如图 2.3 所示。在这些钟里,铯原子通过烘箱中铯元素蒸发产生。在这个"热束"中的原子通过非均匀磁场偏振器对它们的量子态进行选择(斯特恩-盖拉赫方法)。另一种方法是利用光抽运设备进行状态选取。随后,原子进入微波拉姆齐谐振器,在谐振器中两个超精细态之间的共振跃迁进行诱导。

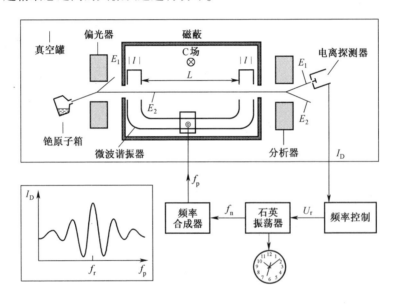

图 2.3 带有热原子束发生器的铯原子钟构造
注:在左下角展示了拉姆齐共振曲线。I_D 为离子化检测器的电流。

拉姆齐(Ramsey)[10-11]在原子束磁共振波谱仪中首次提出了分离振荡场的方法。如图 2.3 所示,微波相互作用环境不是一个均匀的微波空间,而是分裂成两个分离的相互作用区域(每个宽度为 l),这两个分离的区域由长度为 L 的无相互作用的空间分隔。这种安排的主要结果是增加原子与微波之间的有效相互作用时间,从而根据海森堡不确定关系导致共振跃迁线宽的相应减小。即使与总长度同样为 $2l+L$ 的单交互作用区域相比,拉姆齐技术方法仍具有一些优点。例如,线宽更窄(约0.6),对于磁场的均匀程度的要求大大放宽,以及如果两部分中微波场的相位差是恒定的,则不存在一阶多普勒效应[12-13]。

可以用多种不同方法从现象学角度描述拉姆齐谐振器的作用。一种方法是根据原子与微波场的一致相互作用,这种微波场是由两个区域的两个 $\pi/2$ 连续脉冲产生的。当微波场的频率达到铯原子在 $|F=3, m_F=0\rangle$ 和 $|F=4, m_F=0\rangle$ 状态下分裂的超精细频率时,原子在两个状态下以相等的概率叠加在 $\pi/2$ 脉冲堆上。然后,该状态可以自由地以对应于这两个状态能量差的频率演化,并进入第二相互作用区。由于相位评估由第一区域中的微波场决定,原子与第二个 $\pi/2$ 脉冲的相互作用是完全相干的(假设在自由运动时未发生相位弛豫)。也就是说,经过第二个区域的作用,每个状态($F=3$ 或 $F=4$)下原子出现的概率取决于由原子振荡器产生射频(rF)场的相位。因此,当 rf 场的频率发生变化时,各状态原子的数目发生振荡,引起拉姆齐干涉。或者,拉姆齐设置方法的作用可以用类似于光学双缝实验来描述[12]。单色原子跃迁概率 $P(\tau)$ 的计算公式为[13]

$$P(\tau) = \frac{1}{2} \sin^2 b\tau (1 + \cos(\omega_{\mu W} - \omega_{HF})T + \varphi) \tag{2.19}$$

式中:T 为原子在两个作用区域穿行时间,$T \gg \tau$,$T = L/v$(v 为速度);τ 为每个区域中与微波场的相互作用时间,$\tau = l/v$;$\omega_{\mu W}$ 为微波场的角频率;ω_{HF} 为超精细分裂的角频率;b 为拉比频率,$b = \mu B_{\mu W}/\hbar$(μ 为磁偶极矩,$B_{\mu W}$ 为微波磁场幅值);φ 为两个作用区域中两个微波磁场之间的相位差。

作为失谐变量 $\delta = \omega_{\mu W} - \omega_{HF}$ 的函数,它描述了一个干涉结构,如图2.4所示。图2.4的中间部分也展示在图2.3中。

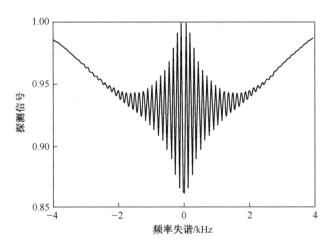

图 2.4 PTB 的 CS1 热束时钟的拉姆齐条纹测量图案

注:由于 PTB CS1 的特定运行配置,曲线与式(2.19)的结果相比颠倒。

式(2.19)在已知原子速度的情况下有效。另外,虽然拉姆齐干涉条纹的中心峰没有表现出一阶多普勒展宽,但是由于速度分布的结果,在较大的失谐时干涉图的边缘被抹去,造成所谓的拉姆齐支座(Ramsey pedestal)。

最终,如图2.3所示,离开拉姆齐谐振器的原子通过第二个状态选择磁体(分析器)并击中探测器,其信号强度与经历共振跃迁的原子数成正比。此外,一个强度较小的常量磁场(C场)用来分离能量退化状态 m_F,达到只激发 $|F=3, m_F=0\rangle \leftrightarrow |F=4, m_F=0\rangle$ 跃迁。必须考虑磁场引起的 $m_F=0$ 状态转换。然后通过反馈回路,使用检测器信号来稳定振荡器到时钟转换的频率。具有磁状态选择的热束钟的相对不确定度为 10^{-14} 或略低。例如,PTB 的 CS1 具有相对不确定度为 8×10^{-15}[14]。使用光学泵浦进行状态选择和激光诱导荧光检测可以实现更小的不确定性[15-16]。

目前最准确的铯原子钟(喷泉钟,见3.2节)通过激光冷却降低温度,从而降低原子的速度,因而有更长的作用时间来探测跃迁过程。随着谐振跃迁线宽的相应减小,可以探测到更为精确的中心频率。然而,光钟可以以相当小的不确定度确定相对谐振频率,可以探测可见光或近紫外光谱区中的电子跃迁(见3.3节)。在当前讨论的国际单位制中的定义中,秒的定义依然保持不变,但为了与其他基本单位保持一致,修改了措辞[17]:

秒(s)是时间单位。它的大小是通过将铯133原子的未扰动的基态超精细分裂频率的数值固定为等于9192631770得到,此时单位为 s^{-1},即 Hz。

2.2.2 米:长度单位

自1983年以来,米的定义如下:

米为光在真空中传播1/299792458s所经过的距离。

它遵循的原理是真空中光速精确值为299792458m/s,即 $c_0 = 299792458$m/s。

虽然在天文学中习惯用光在一定时间内传播的距离来测量路径长度(如光年),但是这种长度单位不便于日常生活使用。因而国际计量委员会(CIPM)的长度咨询委员会(CCL)建议采用三种不同的方法来进行米的度量:

(1) 根据定义,通过测量一个时间段内光传播的距离。

(2) 通过已知波长(或频率)的辐射源(尤其是激光)。长度咨询委员会给出了典型辐射源清单,并多次更新[18-19]。

(3) 频率为 f 的平面电磁波在真空中的波长 λ。波长通过 $\lambda = c_0/f$ 计算。

根据方法(2)和(3),可以使用干涉法来校准长度量块[20]。由金属或陶瓷制成的量块具有两个相对精确的平行平面。为了校准它们的长度,通常将量块拧紧在辅助板上,形成一个改进的迈克尔逊干涉仪的端镜之一(特外曼-格林干扰仪,科斯特斯(Kösters)比较器)。由于可以从量块的两个端面获得干涉,因而通过对干扰序列进行计数得到所使用的辐射的波长,从而测量长度。通常使用碘稳定氦氖激光器来实现干涉实验。为了达到最精确的测量,干涉仪需放置在真空环境中,以避免空气折射带来的不确定影响。此外,温度必须已知且恒定。在任何情形下,典型激光的频率(波长)必须已知,就像已知铯超精细跃迁频率来定义秒一样。目前,这些频率的多个频段被光频梳桥接。这种技术将铯原子钟的微波频率转换为可见和相邻的光波波段。T. Hänsch 和 J. Hall 凭此技术获得了 2005 年诺贝尔物理学奖。"光梳"即为产生超快激光脉冲的锁模激光器的发射光谱。3.3.1 节将详细讨论飞秒光梳。

目前,根据 CCL 推荐的第(2)和(3)种方式定义来测量米的相对不确定度可以达到 10^{-10}。量规校准的不确定度可以达到 10^{-8}[20-21]。

在最新国际单位制中米的定义将保持不变。然而,秒的定义有所调整[17]:

米(m),长度单位;其大小通过将真空中光速精确地确定为 299792458m/s 来确定。

2.2.3 千克:质量单位

自 1889 年第一届国际计量大会以来,千克是由国际铂/铱原器来定义的(图 2.5),该仪器目前由国际计量局位于巴黎郊区的分所进行保管。在 1901 年的第三届国际计量大会上,千克的定义被确定为:

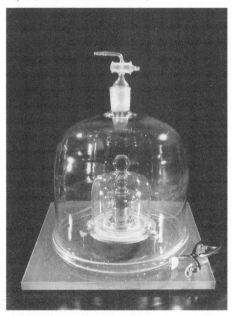

图 2.5 BIPM 保存的铂/铱千克原器

千克是质量单位;等于国际千克原器的重量。

该定义所遵循的原理是国际千克原器的质量一直精确为 1kg,即 $m(K)=1$kg。然而,由于会有污染物不可避免地积聚在其表面上,国际千克原器每年会受到 $1\mu g$ 质量的表面污染。鉴于此,国际计量委员会声明,在有进一步研究之前,国际千克原器的参考质量是用特殊方法清洁和清洗后的质量。这个参考质量用来校准铂/铱合金或不锈钢的国家标准。

但是,对原器及其复制品的重复比较表明,其质量仍可能发生一些不可逆的变化。这也是当前讨论新的质量定义以及相关其他国际单位定义的驱动力[22]。在最新国际单位制中,质量将与普朗克常数 h 有关,其新定义为[17]:

千克(kg),质量单位;其大小是以 $s^{-1} \cdot m^2 \cdot kg$(即 $J \cdot s$)为单位时的普朗克常数值 $6.62606X \times 10^{-34}$。

符号 X 表示将根据国际科学理事会科学和技术委员会(CODATA)新定义的调整数据,在 h 的数值上增加一位或多位数字。

2.2.4 安培:电流单位

1948 年第 9 届国际计量大会对安培的定义如下:

在真空中相距为 1m 的两根无限长平行直导线,通以等量恒定电流,若每米导线上所受作用力为 2×10^{-7}N,则各导线上的电流为 1A。

这个定义实际上修正了真空或磁常数的磁导率 μ_0 的值,根据法拉第定律 μ_0 可以精确到 $4\pi \times 10^{-7}$ H/m。

根据安培的定义,想要精确实现安培的测量显然是不可能的。最接近定义的安培测量方法是通过电流平衡来实现的,其中给定电流通过两个线圈时它们之间的力是通过重力来平衡的。这种测量方法可以达到 10^{-6} 不确定度。另一种方法则是根据欧姆定律通过单位电压和电阻来得到安培的测量值。伏特和欧姆能以高达 10^{-9} 的复现精度,甚至根据量子标准可以得到更优的精度(见第 4、5 章)。事实上,这是现行的实现安培测量的标准方法。但是,需要重申的是它并不是国际单位制中定义的方法。在即将推出的国际单位制最新定义中,安培将通过固定元电荷的准确值来定义。因此,通过单电子传输器件实现具有所要求的不确定度的安培定义似乎是可行的(见第 6 章)。因此,安培的新定义为:

安培(A),电流单位;其大小通过固定元电荷的数量值为 $1.60217X \times 10^{-19}$ 来确定。其中,数值单位为 $A \cdot s$,即库仑(C)。

2.2.5 开尔文:热力学温度单位

在 1954 年第 10 届国际计量大会上确定了热力学温度单位的定义:以水的三

相点为基本定点并且将此时的温度设定为273.16K。然而,开尔文这个单位名称直到1967/1968年的第13届国际计量大会上才被接受。开尔文的定义如下:

开尔文(K),热力学温度单位;其大小为水的三相点热力学温度值的1/273.16。它遵循的原理为水的三相点热力学温度精确值为273.16K,即$T_{tpw}=273.16K$。

然而,由于水的三相点温度取决于其同位素组成情况,因此2005年召开的国际计量大会做出声明:

热力学温度单位定义中参照的水的同位素组成比例情况为,每摩尔^1H对应包含0.00015576摩尔^2H,每摩尔^{16}O对应包含0.0003799摩尔^{17}O,每摩尔^{16}O对应包含0.0020052摩尔^{18}O。(均衡海水的维也纳标准)

此外,三相点温度还受到所溶解杂质情况的影响。进一步,开尔文定义被描述为:

由于过去对温度测量所保持的一贯方式,通常按照当前热力学温度T与基准冰点温度$T_0=273.15K$之间的差来表示温度。这个差值称为摄氏温度,符号为t,通过如下数量方程定义:

$$t = T - T_0$$

摄氏温度的单位为摄氏度,符号为℃,其单位与开尔文相同。既可以用开尔文也可以用摄氏度来表示温度差异或温度区间。(13届国际计量大会,1967/1968)

水的三相点温度通过特别构造的三相点室实现,其可重复性仅为2×10^{-7}。为了建立一个除水的三相点以外的温度标度,必须使用基于可理解的其他可测量的物理量系统(如体积、压力、声速等)的基本温度计(见第8章)。然而,由于基本温度计难以使用,因此定义了接近于热力温度标度的国际温度标准(ITS)。ITS由多个固定点与相应的测量程序来定义和表示,这些测量程序用来在这些固定点之间进行插值。目前,ITS-90标准(1990年国际计量大会确定)确定了如下固定点的有效性,像氢、氖、氧、氩、汞和水的三相点,以及例如镓和其他金属如铟和铜(1357K)的熔点。ITS-90标准涵盖的温度范围可以从0.65K达到利用普朗克定律的辐射测温法测得的最高温度。对于1K~0.902mK的温度范围,也可以根据^3He的熔化压力曲线定义一个实用的温度标度,即临时低温标度(PLTS 2000)。

国际单位制最新定义中也将对开尔文进行调整,因为水的三相点受同位素组成以及水的纯度的影响。为了排除水的特性对定义的影响,温度的定义将利用能量E与温度T之间的比例关系$E=k_BT$,并且固定玻尔兹曼常量值k_B[17]:

开尔文(K),热力学温度单位;其大小通过给定玻尔兹曼常量的数值为$1.3806X\times10^{-23}$确定,单位为$s^{-2}\cdot m^2\cdot kg\cdot K^{-1}$,即J/K。

2.2.6 摩尔:物质的量的单位

化学家用来衡量参与化学反应的元素或者化学成分的数量的量称为物质的

量。该量与样品的基本单位的数量成正比,且比例常数对于所有样品是相同的通用常数。物质的量的单位摩尔的介绍如下:

(1) 摩尔是指一系统的物质的量,该系统包含的基本微粒数与0.012kg碳12中的原子数相等,其符号为"mol"。

(2) 当使用摩尔时,基本实体必须确定,可以是原子、分子、离子、电荷或者其他粒子,或者这些粒子的特定组合。

它遵循的原理是碳12元素的摩尔质量为 $12g \cdot mol^{-1}$,即 $M(^{12}C) = 12g \cdot mol^{-1}$。

这个定义中参照的是静止基态且未束缚的碳12原子。将实体数量 $n(X)$ 与物质的量 $N(X)$ 联系起来的常数称为阿伏伽德罗常数 N_A,$n(X) = N_A \cdot N(X)$。阿伏伽德罗常数的单位因而为摩尔倒数。

摩尔的实现是通过一些基础的测量技术(如重量法、库仑法、同位素稀释质谱法)来完成的,它的测量量和不确定性可以参阅国际单位制 SI(见国际单位制手册附录[8])。

除了根据定义实现摩尔的测量难以实现之外,将一定数量的实体的量与质量单位关联起来也是非常奇怪的。因此在即将出台的最新国际单位制定义中,摩尔将直接与阿伏伽德罗常数相关联[17]:

摩尔(mol),基本实体物质的量的单位,这些基本实体可以是原子、分子、离子、电子、任何其他粒子或者这些粒子的特定组合;其大小通过给定阿伏伽德罗常数的数值为 $6.02214X \times 10^{23}$ 确定,单位为 mol^{-1}。

2.2.7 坎德拉:发光强度单位

坎德拉是发光强度的单位,它定义了人的眼睛在日光视线下光谱响应的最大光强值,对应的日光 $V(\lambda)$ 波长大约为555nm,频率为 540×10^{12} Hz。坎德拉作为当前 SI 的基本单位之一的理由是,对照明光源的定量表征具有巨大的经济重要性。在1979年第16届国际计量大会上确定了当前坎德拉的定义:

坎德拉是指光源在某个指定方向上的发光强度。该光源发出频率为 540×10^{12} Hz 的单色辐射,且辐射强度为 $1/683$ W/sr。

它遵循的原理是频率为 540×10^{12} Hz 的单色辐射的光谱发光效率为 $683 lm \cdot W^{-1}$,即 $K = 683 lm \cdot W^{-1} = 683 \, cd \cdot sr \cdot W^{-1}$。

通过不同波长的激光可以实现坎德拉的测量,首选,其光发射功率完全由低温辐射计测量并转移到作为转移标准的陷阱探测器;然后,这些陷阱探测器校准对应于 $V(\lambda)$ 的光谱响应的光度计;最后,在完美控制的条件下,光度计用于测量特殊标准灯的发光强度。这些特殊标准灯专门用于该单位的测量。

在最新的国际单位制中,坎德拉的定义保持不变。但是,为了与其他单位保持一致,其表述有所调整[17]：

坎德拉(cd),某个指定方向上发光强度的单位;其大小通过给定频率为 540×10^{12} Hz 的单色辐射光源且辐射强度为 683 确定,单位为 $s^3\cdot m^{-2}\cdot kg^{-1}\cdot cd\cdot sr$,或者 $cd\cdot sr\cdot W^{-1}$,即(m/W)。

对比基本单位当前的定义和设想的最新定义,发现新的定义都没有原来的定义具体。仅仅是固定了 7 个常量的数值"定义常量",这 7 个常量真正建立起了包含基本单位和导出单位的整个国际单位制。这些常量需要满足的要求:①它们是真正的常量——它们的可能变化对于当前测量要求没有影响;②它们的数值测量结果达到了所需要的不确定度(精度);③单位与对应的常量之间必须在实验上可行,以实现对单位的衡量。但是,应注意新的国际单位制中对于各个单位的定义具有多种不同的实现方法。

作为本章总结,我们认为当前的国际单位制是非常成功的,它为世界范围内的可协调、可比较和可追溯的测量系统提供了基础。但是,随着测量质量的提升以及科学的进步,单位制也必须跟上变化或走在前面。这是目前讨论新的国际单位制的主要原因,本书余下部分将对此进行介绍。

参考文献

[1] Siebert, B.R.L. and Sommer, K.D.(2010) in *Uncertainty in Handbook of Metrology*, vol. **2** (eds M. Gläser and M.Kochsiek), Wiley-VCH Verlag GmbH, Weinheim, pp. 415-462.

[2] Weise, K. and Wöger, W. (1999) *Meßunsicherheit und Messdatenauswertung*, Wiley-VCH Verlag GmbH, Weinheim (inGerman).

[3] Kose, V. and Melchert, F. (1991) *Quantenmaße in der elektrischen Meßtechnik*, Wiley-VCH Verlag GmbH, Weinheim (inGerman).

[4] (a) van der Ziel, A. (1954) *Noise*, Prentice-Hall; (b) Vasilescu, G. (2005) *Electronic Noise and Interfering Signals: Principals and Applications*, Springer, Berlin, Heidelberg, New York.

[5] Johnson, J.B. (1928) Thermal agitation of electricity in conductors. *Phys. Rev.*, **32**, 97-109.

[6] Schottky, W. (1918) Über spontane Stromschwankungen in verschiedenen Elektrizitätsleitern. *Ann. Phys.*, **57**, 541-567 (in German).

[7] Gutmann, P. and Kose, V. (1987) Optimum DC current resolution of a ferromagnetic core flux transformer coupled SQUID instrument. *IEEE Trans.Instrum. Meas.*, IM-36, 267-270.

[8] BIPM http://www.bipm.org/en/publications/si-brochure/ (accessed 15 November 2014).

[9] Discussion Meeting Issue "The fundamental constants of physics, precision measurements and the base units of the SI", organized by Quinn, T. and Burnett, K. (2005) *Philos. Trans. R. Soc.London*, Ser. A, **363**, 2097-2327.

[10] Ramsey, N.F. (1950) A molecular beam resonance method with separated oscillating fields. *Phys. Rev.*, **78**, 695-699.

[11] Ramsey, N.F. (1990) Experiments with separated oscillatory fields and hydrogen masers. *Rev. Mod. Phys.*, **62**, 541–552.

[12] Wynands, R. (2009) in *Time in Quantum Mechanics*, Lecture Notes on Physics, Vol. **789**, vol. 2 (eds G. Muga, A. Ruschhaupt, and A. del Campo), Springer, Berlin, Heidelberg, pp. 363–418.

[13] Vanier, J. and Audo, C. (2005) The classical caesium beam frequency standard: fifty years later. *Metrologia*, **42**, S31–S42.

[14] Bauch, A. (2005) The PTB primary clocks CS1 and CS2. *Metrologia*, **42**, S43–S54.

[15] Makdissi, A. and de Clercq, E. (2001) Evaluation of the accuracy of the optically pumped caesium beam primary frequency standard of BNM-LPTF. *Metrologia*, 38, 409–425.

[16] Hasegawa, A., Fukuda, K., Kajita, M., Ito, H., Kumagai, M., Hosokawa, M., Kotake, N., and Morikawa, T. (2004) Accuracy evaluation of optically pumped primary frequency standard CRL-O1. *Metrologia*, **41**, 257–262.

[17] BIPM The Proposed New Definitions are Preliminary as Listed in the Draft Chapter 2 of the 9th SI- brochure, *http://www.bipm.org/en/measurementunits/new-si/* (accessed 15 November 2014)

[18] Quinn, T.J. (2003) Practical realization of the definition of the metre, including recommended radiations of other optical frequency standards. *Metrologia*, **40**, 103–132.

[19] BIPM *http://www.bipm.org/en/publications/mises-en-pratique/standardfrequencies.html* (accessed 15 November 2014).

[20] see e.g. Schödel, R. (2009) in *Handbook of Optical Metrology; Principals and Applications* (ed T. Yoshizawa), CRC Press, pp. 365–390.

[21] Schödel, R., Walkov, A., Zenker, M., Bartl, G., Meeß, R., Hagedorn, D., Gaiser, C., Thummes, G., and Heitzel, S. (2012) A new ultra precision interferometer for absolute length measurements down to cryogenic temperatures. *Meas. Sci. Technol.*, **23**, 094004 (19 pp).

[22] Mills, I.M., Mohr, P.J., Quinn, T.J., Taylor, B.N., and Williams, E.R. (2005) Redefinition of the kilogram: a decision whose time has come. *Metrologia*, **42**, 71–80.

第3章
激光冷却、原子钟和秒

　　尽管在即将出台的新版国际单位制中关于秒的定义将保持不变,我们还是要对原子钟进行讨论,因为激光冷却技术的运用大大提高了铯原子钟标准,并且催生了具有前所未有性能的新一代原子钟(光学钟)。让我们先回顾时钟的概念。简单来讲,它是频率标准、计数器以及显示器的组合。以经典的摆钟为例,频率标准即为钟摆,计数器是由传动齿轮组成的发条装置(通常结合擒纵机构将能量传递到钟摆以保持其频率恒定),显示器则通常是具有旋转指针的表盘(忽略掉电源,其通常是电线或链条或主弹簧上的装置)。而对于石英表,频率标准则是一个以特定频率振荡的石英晶体,计数器是电子线路,显示器可以同时为模拟显示或者电子显示。而对于 2.2.1 节中描述的经典铯原子钟,频率标准为铯 133 同位素原子基态微波超精细跃迁,计数器仍然为电子线路,其输入为稳定微波振荡器发出的微波信号。

　　频率标准的质量取决于它的准确度和稳定性,或者说不确定度和不稳定性程度。频率标准的准确度是指时钟的输出与 SI 秒的定义保持一致的程度。不同的系统因素可能是导致瞬时输出频率与未扰动的单个原子的名义跃迁频率的差异的原因,如有限温度、外部磁场或电场。因此,考虑所有的影响而对时钟不确定度进行仔细评估是至关重要的,尤其是对准确度和稳定性要求极高的基本时钟。而频率的稳定性的评估则反映的是标准输出频率的统计(噪声)波动情况。对稳定性进行评估则需要服从标准统计流程,例如通过计算一系列时钟读数的标准差实现。然而,某些情况下这会导致一些误导性的结论。比如,考虑一个具有固定频偏的非常稳定的时钟。在这种情形下,通过标准差计算频率标准将具有高度不稳定性,更糟糕的是随着时间的推移标准差将不断增长。因此,通常用阿伦(Allan)标准差或者阿伦方差给出时钟及其频率标准。下面将分别对阿伦标准差和阿伦方差[1]进行简要讨论。

　　考虑一个频率标准的输出电压

$$U(t) = U_0 \sin(2\pi v(t) \cdot t) = U_0 \sin(2\pi v_0 t + \varphi(t)) \qquad (3.1)$$

式中:U_0 为振幅(假定为一个稳定值);$v(t)$ 为瞬时频率;v_0 为标称频率;$\varphi(t)$ 为瞬

时相位。

相对频率偏差或者分频计算如下：

$$y(t) \equiv \frac{v(t) - v_0}{v_0} = \frac{1}{2\pi v_0}\frac{d\varphi}{dt} \tag{3.2}$$

相对频率漂移为

$$\dot{y}(t) \equiv \frac{d}{dt}y(t) \tag{3.3}$$

标准化的相位波动为

$$x(t) \equiv \frac{\varphi(t)}{2\pi v_0} \tag{3.4}$$

假设时间刻度划分成带宽为 τ 的邻接区域，那么区域 n 的平均相对频率偏差为

$$\overline{y_n(\tau)} = \frac{1}{\tau}\int_{t_n}^{t_n+\tau} y(t)dt \tag{3.5}$$

时钟瞬时频率波动，即其稳定性或不稳定性，通过两样本方差（或者也称为阿伦方差）得到：

$$\sigma_y^2(\tau) = \frac{1}{2}\langle(\overline{y_{n+1}} - \overline{y_n})^2\rangle \tag{3.6}$$

对于一个有限测量序列，式(3.6)可以近似为

$$\sigma_y^2(\tau) = \frac{1}{2(k-1)}\sum_{n=1}^{k-1}(\overline{y_{n+1}} - \overline{y_n})^2 \tag{3.7}$$

式中：k 为样本数量，通常 k 需要足够大才能达到较高显著性。

阿伦标准差 $\sigma_y(\tau)$ 定义为阿伦方差的平方根。可以通过 $\sigma_y(\tau)$ 与 τ 的双对数图确定导致不稳定性的一些可能因素。例如，如果散粒噪声（白噪声）为主要影响因素，由于 $1/f$ 频率噪声 $\sigma_y(\tau)$ 在高 τ 值时变为常数，$\sigma_y(\tau)$ 将减小 $\tau^{-1/2}$。如果出现频率漂移，$\sigma_y(\tau)$ 则有可能再次增大。

对于白噪声，阿伦标准差度量为

$$\sigma_y(\tau) \propto \frac{1}{Q}\frac{1}{(S/N)}\tau^{-1/2} \tag{3.8}$$

式中：Q 为线质量因子，可通过跃迁频率 v 与测量线宽 Δv 的比例计算，即 $Q = v/\Delta v$；S/N 为信噪比。

关于频率标准性质更详细的讨论可以参见文献[2]。

在提到的用热铯原子钟实现当前秒的定义的测量过程中，即使运用了拉姆齐设计（假定固有复合限制寿命线宽非常窄），第二多普勒效应与有限相互作用时间都会是时钟准确度和频率稳定性的限制因素。二者都与原子的速度 v 有关（对于第二多普勒效应，实际上是相对时间膨胀的结果，其计算通过 $v/\Delta v = (1/2)(v/c)^2$

实现,在室温下($v \approx 100$m/s)其不确定度为10^{-13})。因此,最佳选择是使用低速原子。在这种认识下,Zacharias[3]第一次提出利用微波相互作用原理的垂直计量方案。将原子束或原子团竖直向上发射并且与微波发生两次交互作用,第一次发生在向上飞的过程中,第二次发生在由于引力作用下降的过程中。穿行时间同样取决于原子的速度。因此,处于热动力分布上速度最慢的原子预计相互作用时间将大大增加。然而,早期的实验由于信号太弱而以失败告终。但是,随着激光冷却技术的进步,这个想法最终在喷泉原子钟上得以成功实现(见3.2节)。

最后,由于时钟不仅仅是频率标准,因此对时钟的测定需要与第二个时钟进行对比。事实上,时钟比较是时钟计量学的核心部分。3.3.4节的最后将简要对其进行介绍。

3.1 激光冷却技术

在1975年,Hänsch、Schawlow[4]以及Wineland、Dehmelt[5]分别提出了使用激光照射作为冷却原子或者离子气体的方法。冷却原子或者离子依靠的是光学跃迁的存在。以铯原子为例,光学跃迁为$6^2S_{1/2} \sim 6^2P_{3/2}$(图3.9)。但是,冷却和俘获技术对于原子或单离子的组合是不同的。3.1.1节、3.1.2节将简要介绍多普勒和亚多普勒原子云的冷却与俘获技术。3.1.3节将分别介绍利用上述两种技术在光晶格中俘获原子的具体情形。3.1.4节介绍单离子的冷却与俘获技术。更多与激光冷却有关的技术与应用可以参见文献[6-8]。3.2节介绍利用激光冷却技术对经典铯原子钟的改进。3.3节介绍光钟,其中,3.3.1节介绍利用飞秒光梳进行频率计量的理论描述与应用。3.3.4节将讨论光学频率标准的应用,对精细结构常数可能的变化情况进行研究。精细结构常数被认为是自然界中的基本常量之一。

3.1.1 多普勒冷却、光学黏胶和磁光阱

如果给定温度和速度分布(在热平衡状态下,速度分布为麦克斯韦-玻尔兹曼分布)的原子气团被波长为λ且按照共振跃迁逐渐调谐为红色的激光照射,只有具有一定速度且方向与激光束方向相对的原子才能吸收光能量,这是由于多普勒效应造成频率被适当地偏移。在吸收光能量的过程中,沿入射激光的传播方向指向的反冲动量$\hbar k = h/\lambda$被转移到原子。当原子释放光子重新回到基态时,将再次获得反冲动量。然而,由于在反复的吸收和释放光子的过程中,释放光子的方向是随机的,因而释放过程中的反冲动量矢量和为0,而吸收过程中的反冲动量则不然。因此,面对激光束传播方向运动的原子速度将会降下来。

由于相互散射的热能化,整个原子气团温度将变低,并且保持近似麦克斯韦-玻尔兹曼分布。但是,随着原子气团冷却,多普勒频移减少,最终不再与发射的激光产生共振。有两种方法可以解决这个问题:调节激光频率[9]和改变共振频率。例如根据塞曼效应施加直流磁场[10]。但是,塞曼方法要求基态与激发态下的频移不同,如铯原子冷却跃迁的情形。在这种情况下,磁场可以随着原子的路径而逐渐变化,从而一直使一组原子保持共振(塞曼减速器)。冷却过程的极限取决于共振跃迁的自然(均匀的)线宽 $\Delta\nu = 1/2\pi T$(T 为激发态相弛豫时间)。在一个二能级系统中,利用多普勒冷却可以达到的最低温度为[11]

$$T_D = \frac{h\Delta\nu}{2k_B} \tag{3.9}$$

接下来考虑两个相对激光束且它们仍略微调谐到红色。那么对于每个原子,都存在一个与其传播方向相反的激光束(此处讨论限制在一维情形)。原子共振频率将向着相对激光束的频率偏移从而吸收光子。因此,将产生一个使原子减速的力。利用图 3.1 所示的三对正交激光束,可以实现光学黏胶(OM)。

"光学黏胶"一词反映了原子运动与黏性介质中的粒子相似的事实。然而,由于离开交叉激光束中心的原子没有恢复力,光学黏胶并不能实现原子俘获。原子俘获和冷却是通过磁光阱(MOT)实现的。

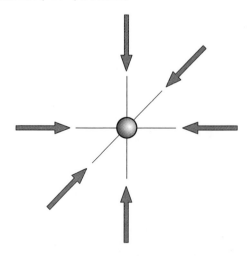

图 3.1 光学黏胶的激光束排列

在一个磁光阱中,非均匀空间磁场与激光的联合作用使原子的冷却和俘获同时实现。若要实现共振跃迁,基态 J_g 和激发态 J_e 的角动量需要相差一个单位,即 $J_e = J_g + 1$。最简单的例子也就是对于 ^{40}Ca 和 ^{88}Sr,$J_g = 0$ 而 $J_e = 1$。以最简单的情形为例,在直流磁场的作用下,基态原子 $J_g = 0$ 将不受影响,而激发态原子 $J_e = 1$ 将分裂为 $2J_e + 1 = 3$ 种状态,这三种状态下的角动量 m_J 分别为 0、-1 和 +1。$m_J = 0$ 的原

子能量与磁场强度无关,而 $m_J=\pm1$ 的原子能量随着磁场强度线性变化:
$$\Delta E = \pm g_J \mu_B B \tag{3.10}$$
式中:g_J 为朗德因子;μ_B 为玻尔磁子。

圆偏振光 σ^+、σ^- 可以分别诱导原子从基态向激发态 $m_J=+1$ 和 $m_J=-1$ 的光学跃迁。

下面考虑一个沿着 z 方向线性变化的磁场区域,例如 $B_z(z)=bz$,中心 z=0,以及两个方向相对的圆偏振激光束 σ^+ 和 σ^-,它们按照 $J_g \to J_e, m_J=0$ 跃迁逐渐调谐为红色,如图 3.2 所示。对于从 z=0 向右运动的与 σ^- 激光束反方向的原子,它们的能级 $m_J=-1$ 将向激光频率偏移,从而导致吸收增加。相反,对于 σ^+ 激光束,吸收将减少得更多。在二者的共同作用下,最终实现冷却。但与 OM 相反,由于磁场的空间梯度,现在有朝向中心 z=0 的再驱动力。另一方面,如果激光束 σ^+ 和 σ^- 反转过来,结论保持不变。因此,像 OM 一样(图 3.1),可以利用三对反向的圆偏振激光束来实现三维阱[12]。此时要求磁场区域为一个四级场,通常由一对具有相反方向的亥姆霍兹线圈产生。

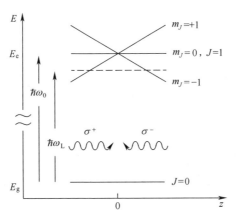

图 3.2 一个(一维)MOT 内的能级和激光束排列

3.1.2 低于多普勒极限的冷却

在盖瑟斯堡的美国国家标准与技术研究院,Bill Phillips 的研究小组第一次观测到了低于多普勒极限的冷却温度。他们在钠原子气团中测量到的温度为 $T=43\mu K$,而多普勒极限为 $T_D=240\mu K$[13]。根据后来 Dalibad 和 Cohen-Tannoudji 的研究[14],这是由于碱金属原子的多级特性与空间变化的光场相结合的结果。尽管在这里已经证明了不同的亚多普勒冷却方案,但本书只简要描述"Sisyphus 冷却"这一机制。它是基于两束波长相同、方向相反且偏振方向正交(lin⊥lin)的激光束(沿 z 方向)生成的驻波模式。在这个驻波模式中,偏振态随激光束波长的变化而在空间上周期变化。图 3.3 展示了半个波长的偏振变化。例如,从 z=0 开始,此时线性偏振方向与入射激光束小于 45°夹角。当 z=λ/8 时偏振变化为 σ^- 的圆偏振,当 z=λ/4 时又变化为线性偏振,之后 z=3λ/8 变为 σ^+ 的圆偏振等。由于斯塔克(Stark)效应,半基态原子将在 $m_g=-1/2$ 和 $m_g=+1/2$ 两个状态时经历空间变化偏移,如图 3.3(b)所示。考虑沿着 z 方向的位于 z=λ/8 处的原子,此时偏振为 σ^- 圆偏振。当继续前进时,原子将消耗动能而攀升到峰顶。在峰顶 z=3λ/8 处,偏振变为 σ^+ 圆偏振,导致原子从 m_g 为 $-1/2$、0、$+1/2$ 状态强烈跃迁到激发态 $m_g=+1/2(\Delta m=+1)$,即致使 $m_g=-1/2$ 到 $m_g=+1/2$ 状态的原子净转移,最终在最低电位结束。继续向前,原子将继续爬峰,当达到峰顶 z=5λ/8 时,它将被 σ^- 光变回 $m_g=-1/2$ 状态,整个过程照此循环。理论上,冷却可以进行直到达到总质量为 M 的原子的反冲极限:

$$T = \frac{(\hbar k)^2}{2 k_B M} \qquad (3.11)$$

式中:k 为激光的波矢量。

这个基本极限是由单光子的自发辐射决定的,即到达最后温度之前发射的最后一个光子传递的动量。

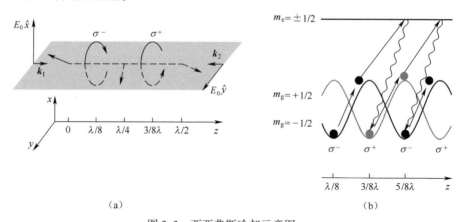

图 3.3 西西弗斯冷却示意图
(a) "lin⊥lin"驻波结构中沿 z 方向的偏振;(b) $m_g=+1/2$ 和 $m_g=-1/2$ 基态下相应的光移。

3.1.3 光晶格

利用激光辐射诱捕和操纵中性粒子的方法最早由 Ashkin 证明[15],特别是中性粒子可以在两个(或更多)激光束干涉产生的驻波光场中被捕获。由于能级的强度耦合的"光位移"(斯塔克位移)和由此产生的偶极子力[16]。图 3.4 展示了一个二维光晶格的势能。可以看出,图上形成了势能最小值的周期网格。最小周期

$\Delta=\lambda/2$,光晶格的深度取决于激光强度,通常在 $10\mu K$ 量级。

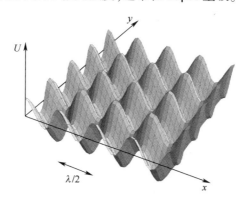

图 3.4　二维光晶格的势能图

3.1.4　离子阱

带电离子可以利用电场和磁场的作用实现空间中的诱捕。彭宁阱使用的是静态电场与磁场的结合[17],保罗阱使用的是交流电场[18]。两种情形中,粒子都是在真空中被捕获,并且可能添加了一些缓冲气体。

彭宁阱利用一个静态的在空间中均匀分布的磁场和一个静态的空间非均匀分布的电场。磁场由圆柱形磁铁产生,而电场由四级环电介质结构产生。磁场将粒子限制在垂直于磁场方向的平面内,而电场则阻止它们沿磁场方向逃逸。彭宁阱非常成功地应用在离子和各种粒子特性测量(如质量、朗德因子等)的测量中。对于结合激光冷却的光谱学应用,保罗阱更有优势。

保罗阱或者说四极离子阱可以在线性或三维构型中实现。三维保罗阱的电极构造与彭宁阱相同,如图 3.5 所示。它由两个双曲线电极(a)和一个双曲线环形电极(b)构成。两个双曲线电极面对面放置在环形电极中心。在环形电极和双曲线电极之间是射频电场,这种结构可以产生一个振荡四极电场。在这种环境下,带电粒子将受到振荡力。在四极场前半圈,离子沿轴向聚焦,在垂直方向散焦。然而在后半圈,离子在轴向散焦,沿垂直方向聚焦。由于两种效应高频率转换(通常在兆赫量级),离子被捕获在三个电极之间的空间中。数学上,带电粒子在四极场中的运动情况可以用马蒂厄微分方程描述。文献[2]中有严格证明。Wolfgang Paul 自己提出了一个生动的理解方法:带电粒子的运动可以类比地看成是一个机械粒子的运动,比如一个球在一个三维鞍点景观中的运动;将球放在鞍点顶部将会导致球的不稳定,致使球向鞍形底部滚动。然而,如果鞍点形状围绕穿过鞍点顶部的对称轴以充分高的频率翻转,这个球将会稳定在鞍顶附近,因为势能翻转变化之前球没有足够的时间向下滚去。

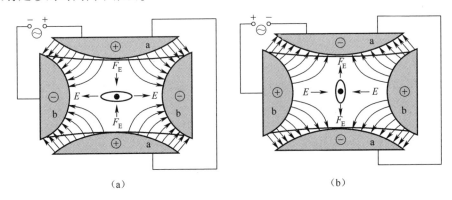

图3.5 三维保罗阱电极结构和电场分布(射频场两个半周期)的二维截面图
注:E 和 F_E 分别表示产生的瞬时电场和力。

在线性保罗阱中,金属轴被放置在矩形结构中以形成电极(图3.6)。通过额外加入如图3.6(a)所示的环形电极或者如图3.6(b)将金属轴分成三段,并在外部施加直流激励,实现粒子的轴向限制。需要说明的是,通常射频阱中俘获离子的光学跃迁会产生多普勒展宽,这是由于振荡微动而产生的。对于一阶多普勒效应来说可以避免,但当离子被限制在一个小于交互作用激光场波长的区域(Lamb-Dicke 区域)[19]时,会出现这种情况。

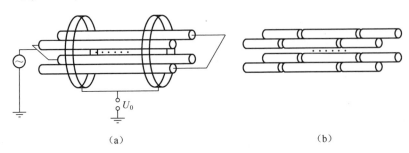

图3.6 具有附加环电极或轴向分段的线性保罗阱结构

如果线性陷阱中捕获的离子超过一个,那么还需要考虑它们之间的库仑斥力。如果离子的动能小于斥力势能,这将导致晶体结构的形成,最简单的情形就是线性链条(图3.7)。这些晶体结构或者更复杂的(二维、三维)准晶体结构可以用来进行量子信息处理[20],以及模拟难以研究的固态现象[21],这与对光晶格中的原子的研究类似(例如见文献[22-23])。在真实晶体中,离子的集体运动可以被激发,从而产生一个类似于离散振动激发谱的谐振子。这就可以用来冷却阱中的离子(边带冷却)[5,24],并且提供了实现离子纠缠的一种方法。

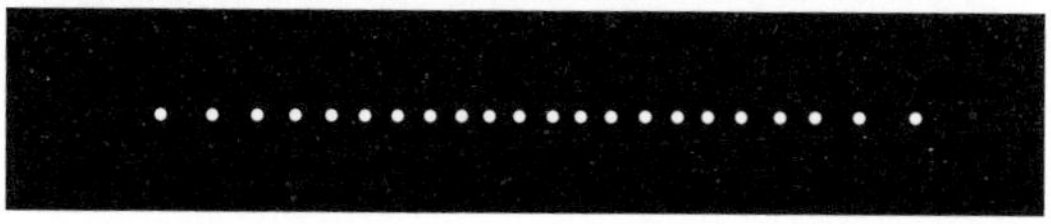

图3.7 线性保罗阱中的 Yb$^+$ 离子(通过荧光看到)
注:离子之间的距离为 10~20μm。

3.2 铯原子喷泉钟

铯原子喷泉钟[26]依赖的原理与2.2.1节描述的"热光束"铯原子钟的原理相同。即根据秒的定义,参考跃迁为铯133同位素基态原子 $|F=3, m_F=0\rangle \to |F=4, m_F=0\rangle$ 超精细微波跃迁,以及用拉姆齐方案在射频场中探测铯原子。只不过现在使用的激光冷却铯原子的速度(约1cm/s)比热光束铯钟的速度(量级为100m/s)低得多,因此相应的交互反应的时间变长,致使线宽大幅减小。铯原子喷泉钟示意图如图3.8所示,包含制备区、探测区和微波作用区。铯原子从温度保持为恒定室温、局部压力为 10^{-6}Pa 的铯原子池释放到制备区域中的冷却室中。在与 OM 组合的 MOT 中实现激光冷却(有时只使用 OM)。包含 $10^7 \sim 10^8$ 个原子的铯原子云被冷却至低于多普勒极限的温度,量级约为1μK。强烈的偶极子跃迁 $|6^2S_{1/2}, F_g=4\rangle \to |6^2S_{2/3}, F_e=5\rangle$ 用来进行激光冷却(图3.9)。然而,在冷却循环过程中,一些原子释放到 $|F_g=3\rangle$ 状态(尽管理想状态下禁止)。因此,除了冷却激光束之外,还需要一个重泵浦激光(图3.9)将这些原子通过 $|F_e=4\rangle$ 态转换到 $|F_g=4\rangle$ 态。在冷却阶段最后,垂直激光束产生轻微失谐,从而产生了一个移动的 OM。

$|F_g=4\rangle |m_F\rangle m_F = -4, -3, \cdots, +4$

在能态选择腔中,通过应用在时钟跃迁频率调谐的微波脉冲,原子从 $|F_g=4, m_F=0\rangle$ 状态转换为 $|F_g=3, m_F=0\rangle$ 状态。然后,通过使用调谐为 $|F_g=4\rangle \to |F_e=5\rangle$ 跃迁频率的激光束,可以将剩下的处于 $|F_g=4\rangle$ 状态的原子推开。因此,只有 $|F_g=3, m_F=0\rangle$ 状态的原子进入到拉姆齐腔,在这里如2.2.1节中描述的时钟跃迁被激发。交互作用时间为原子飞到最高点然后在重力作用下降落回腔体所经历的时间。对于高度近似为1m的腔体,原子飞行时间 ($T=2\sqrt{2h/g}$) 近似为1s量级,这个时间进而决定了整个循环的重复频率。在飞行过程中,原子云由于热运动将膨胀,因此只有一部分原子能够击中拉姆齐共振器的孔径,并进行第二次拉姆齐跃迁。但是,由于原子被冷却到了低于多普勒极限的温度,对于一个 $T=1$μK 的原子云,它的膨胀较小,致使50%的原子都可以再次进

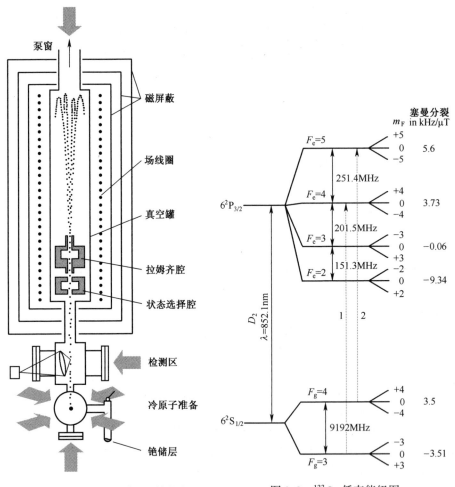

图 3.8 铯原子喷泉钟示意图(简化版)　　图 3.9 $^{133}C_S$ 低态能级图

入反应区域。如果原子仅被冷却到多普勒极限温度($T=125\mu K$),则这一小部分原子数量将被削减至原始的 1%。最终,离开微波选择区域后的原子通过探测区域,在这个区域中将用激光诱导荧光法分别检测状态为 $|F_g=4\rangle$ 和 $|F_g=3\rangle$ 的原子数量[27]。探测区可视为三个空间相连接的区域。在第一个区域中,原子经过一个驻波激光场并激发 $|F_g=4\rangle \rightarrow |F_e=5\rangle$ 跃迁。进入 $|F_g=4\rangle$ 状态的弛豫导致荧光发射。不断重复这个过程很多次可以产生一个荧光信号,它可以被光电探测器捕捉到,并且探测器的总信号强度与原始状态为 $|F_g=4\rangle$ 的原子数量成正比。在第一个探测阶段, $|F_g=4\rangle$ 状态原子被一个频率为 $|F_g=4\rangle \rightarrow |F_e=5\rangle$ 跃迁的强单向激光束推开,因此只有 $|F_g=3\rangle$ 状态的原子到达第三个区域。在那里,这些原子撞到一个驻波场并转换到 $|F_g=4\rangle$ 状态,并且循环跃迁

过程再次被荧光信号记录,这个信号强度与进入到该区域中 $|F_g=3\rangle$ 状态的原子数量成正比。图3.10示出了从冷却到检测的整个循环。

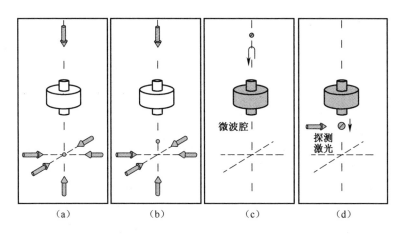

图3.10 原子喷泉钟的工作原理

(a)冷原子云的制备;(b)向微波腔发射云,随后通过选态腔和拉姆齐腔;(c)自由飞行和云的旋转,以及随后通过拉姆齐腔的第二通道;(d)分别检测处于 $|F_g=\rangle$ 和 $|F_g=4\rangle$ 态的原子数。

作为主要贡献,与热光束铯原子钟相比,铯原子喷泉钟在对秒的实现的稳定性和精确性上提升了大致1个数量级。实验报道的阿伦标准差的结果数值可以低至 $\sigma_y(\tau)=1.6\times10^{-14}(\tau/s)^{-1/2}$,分数不确定度为 $(2\sim7)\times10^{-16[28-30]}$。

此外,之前描述的是脉冲模式喷泉钟,现在还发展出来了连续模式的喷泉钟[31]。进一步地,^{87}Rb 喷泉频率标准已经在巴黎 SYRTE 实验室[32]和宾夕法尼亚州立大学实现[33]。

在本节的最后,不得不提到氢原子钟。因为它极佳的短期稳定性(平均时间为1s情况下阿伦标准差小于 10^{-14})以及它在计时实验室中被用作飞轮,以增加时间尺度的短时间稳定性。氢原子钟是基于1.42GHz氢原子在 $|F=1,m_F=0\rangle$ 和 $|F=0,m_F=0\rangle$ 两个基态间的跃迁设计的。从一个原子束中,$|F=1,m_F=0\rangle$ 和 $|F=1,m_F=1\rangle$ 态的原子被斯特恩-盖拉赫(Stern-Gerlach)磁子挑选出来,在1.42 GHz 的转换频率下转移到微波谐振腔中的存储泡内。其他基态 $|F=1,m_F=-1\rangle$ 和 $|F=0,m_F=0\rangle$ 的所有原子都不能进入存储泡。因此,存在一个粒子数反转,并导致 $|F=1,m_F=0\rangle\rightarrow|F=0,m_F=0\rangle$ 跃迁的受激发射,可以据此建立自激振荡。然后,一个小天线就能接收到这种振荡(主动型氢原子钟)。相反,在被动型氢原子钟中,共振频率的微波信号被粒子数反转的氢原子气体放大。

更多有关主动型氢原子钟和被动型氢原子钟的描述与讨论可参见文献[2]。

3.3 光钟

由于频率标准的短期稳定性与相应跃迁的质量因子 Q 成比例(见式(3.8)),那么将"时钟跃迁"移动到更高频率是有益的。尤其是当线宽保持不变时,将频率移动到电磁光谱的可见光范围(如几百太赫兹),理论上频率标准相比于铯微波钟跃迁的 9.2GHz 频率,可以提升 10^5 的量级。这实际上推动了光学时钟的发展尽管到目前为止所报道的大多数"时钟"发展更应该是"光学频率标准";因为它们还没有满足时钟的一些要求,如建立一个时间尺度长期连续运转等)。然而,对于近年来取得显著成果和仍在继续的研究,本书只能稍有提及,更深入地阅读可以参见文献[34-36]。中性原子和离子的激光冷却和捕获技术的发展推动了光钟的发展。对于合适的原子或离子而言一个本质要求是强偶极子激光跃迁(如 S→P)用于激光冷却,与窄(或自然)均匀线宽跃迁的存在。因为线宽越窄,中心频率越精确。均匀洛伦兹形光学跃迁的半窗宽 Δv 由驱动激光场产生相干偏振的相位弛豫时间 T 决定:

$$\Delta v = \frac{1}{2\pi T} \tag{3.12}$$

T 的计算公式为

$$\frac{1}{T} = \frac{1}{2T_1} + \frac{1}{T_2} \tag{3.13}$$

式中:T_1 为复合寿命;T_2 为其他相位,如碰撞的弛豫时间之和。对于纯复合阻尼,则有 $T=2T_1$。

因此,窄线宽意味着需要长的激发态寿命,例如,偶极跃迁禁阻(如 S→D(四级跃迁),S→F(八级跃迁))或者适当自旋跃迁禁阻。自旋跃迁禁阻涉及自旋态的变化($\Delta S \neq 0$;如单线态→三重态)。由于电场不能诱导自旋反转,因此禁止发生这种变化。对于轻原子这个约束是严格的,但对重原子来说,这种变化是适当允许的。

对于原子或者离子种类的选取,需要考虑一些有时相互矛盾的问题。例如,相应的跃迁能量以及可用的稳定的激光系统的可获得性,抵抗外部扰动(如磁场和电场)的稳定性等。

光钟运作原理(图 3.11)与微波钟很像。对于激光冷却捕获的原子或者离子,需要由窄线宽激光源实现足够稳定的局部振荡器来绘制光谱。在光谱分析阶段,关闭状态准备系统以避免干扰。大多数情况下,荧光用来进行内部状态信息和局部振荡器反馈信号的检测。最终使用飞秒频率梳进行分频并输出微波信号(见 3.3.1 节)。对于光谱,则采用了一些高分辨率技术,例如自由空间饱和吸收[38-40]以及自由空间伯德-拉姆齐原子干涉测量法。

对于饱和吸收光谱,两个具备相同频率的相向激光束将射入原子云。由于多普勒效应,如果激光稍微偏离共振,则会探测到相对于激光束方向不同速度的原子。

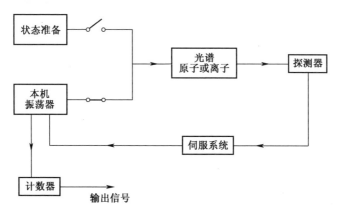

图 3.11 光钟运作原理

如果激光解调到比共振频率更低的频率,只有当合适速度的原子沿着激光束反向飞行时才能产生吸收。因此,当一个激光束被它发射方向上速度为 $+v$ 的原子吸收,那么另一个激光束将被速度为 $-v$ 的原子吸收。只有当激光频率正好为共振频率时,激光束方向上速度为 0 的原子子群才被作用。由于这两个光束必须共享原子用于吸收,因此总吸收将减少,并且在吸收光谱中出现凹陷。理想状况下,兰姆凹陷的光谱宽度接近跃迁的自然线宽。

伯德-拉姆齐原子干涉测量法[41-42]可看作拉姆齐分离振荡场技术在光学范围内的拓展。该技术的基本原理:考虑一个二能量级原子。一个共振光量子的吸收不仅使得原子从基态 $|g\rangle$ 转换为激发态 $|e\rangle$,而且将反冲动量 $\hbar k(k = 2\pi/\lambda)$ 转移给原子。作为结果,相比于仍处于基态的原子,激发态原子的轨道稍有变化。在物质波图中,质量为 M、速度为 v 的原子用德布罗意波长 $\lambda_{dB} = h/Mv$ 来表示,这个过程可看作分束器。对于一个适当(脉冲时长和振幅)挑选的激发脉冲($\pi/2$ 脉冲),两个分物质波的振幅是相等的。通过设置各自的相互作用区域之间的时间延迟,只要相互作用是连贯的,原子束就可以被激光器分割和重新组合。一个时域马赫-曾德尔(Mach-Zehnder)干涉测量仪器的设置如图 3.12 所示。这个干涉测量仪有两个输出端口,分别射出基态和激发态的原子。每个端口发现原子的概率取决于分波的相位差。因此,例如被荧光检测到的输出信号将显示为干涉条纹,解调函数的条纹宽度 Δv 与飞行时间 T_f 呈反比例关系($\Delta v = 1/(4T_f)$)。此外,相移还会受到外部影响,例如重力影响或者干涉测量仪的反转(萨格奈克(Sagnac)效应),这也使得原子干涉测量仪成为一个十分敏感的测量工具[43]。

最后,为了完成光钟,需要开发一种高频光学循环计数技术。目前飞秒频率梳可以完成这项工作,下一节将对其进行简要介绍。

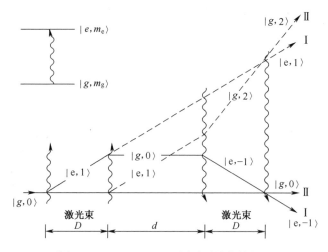

图 3.12 Bordé-Ramsey 原子干涉仪的机理

注:激光束以箭头表示方向并且显示为振荡线。标记 $|i,m\rangle$ 指的是原子的状态,
其中 i=g、e 分别表示基态和激发态, m=0、1 和 -1 表示转移给原子的光子动量的数量。
在第二相互作用区从 $|e,1\rangle$ 到 $|g,0\rangle$ 的转换反映为受激发射。
通过所示的相互作用,建立了两个等效干涉仪。每个干涉仪的两个输出端口,标记为 Ⅰ 和 Ⅱ,
分别对应于使干涉仪处于激发态和基态的原子。

3.3.1 飞秒频率梳

对于光学频率的绝对测量,假设在 500THz 时,这必须追溯到 9.2GHz 时的秒的定义频率。因此,必须跨越大约 5 个数量级[44]。

为此,最初采用了相干分频或倍频技术。特别是数个国家计量实验室研发出来了技术要求非常高的频率链。在德国联邦物理技术研究院(PTB)的频率链中,建立了由 7 个中间振荡器和 7 个非线性混合步骤组成的 3 个激光实验室的精密装置,可以提供在 455.9THz 的钙原子光学频率标准之间的直接联系,即创造了一种在 ^{40}Ca 和 Cs 频率下稳定的 $^3P_1 \rightarrow {}^1S_0$ 组合跃迁染色激光器[45]。

绝对光学频率测量的一个重大突破是基于锁模飞秒激光器的光学频率梳的研发成功[46-48]。T. Hansch 和 J. Hall 凭此获得 2005 年诺贝尔物理学奖。

锁模是指由各自的增益介质支撑的激光谐振腔的纵向模式的相位相干叠加(详细介绍可以参见文献[49])。主动锁模采用内腔电光或声光调制器周期性地调制激光腔的损耗,调制频率与光在激光谐振器中的往返时间($T = 2L/v_g$,v_g 为群速度)或高次谐波相对应。或者,可以周期性调制增益(同步泵浦)。对于被动锁模,将一个非线性装置置于激光谐振腔内部,然后由该装置引起周期性调制。饱和吸收体就是一个例子。饱和吸收体在高辐照度下表现出完全透明的非线性透

射。从而,它迫使激光谐振腔的纵向模式以构造性的方式相加,以达到最高的辐照度。总体电场强度为

$$E(t) = \sum_q A_q e^{i(\omega_0 + q\Delta\omega)t} + \text{cc} \qquad (3.14)$$

式中:q 为模数;$\Delta\omega$ 为模间隔,$\Delta\omega = 2\pi/T = 2\pi f_{\text{rep}}$,$f_{\text{rep}}$ 为重复率。

时域输出对应于一个脉冲序列,这些脉冲之间的间隔为往返时间 T,窗宽为 $(N\Delta\omega)^{-1}$,其中 N 为纵向模的数量,$N\Delta\omega$ 对应于有效增益带宽。在理想情况下,每个脉冲应该为时间推移的复制脉冲,即 $E(t) = E(t-T)$。然而在现实情况下,特别是对于具有大的增益带宽的激光器,在飞秒甚至亚飞秒范围内产生极短的脉冲时,必须考虑腔内色散,它导致不同的群速度和相速度(处于最低的数量级)。作为结果,对于每个连续脉冲,载波具有恒定的相移 $\Delta\Phi_{\text{gpo}}$,从图 3.13(a)可以看出。在频域中,当将由纵向模式跨越的频率梳外推到零频率时,会导致相对于零频率的偏移 $\omega_{\text{ceo}} = \Delta\Phi_{\text{gpo}}/T$。个体激光模 m 的频率为

$$\omega_m = \omega_{\text{ceo}} + m\Delta\omega \qquad (3.15)$$

在模间隔 $\Delta\omega$、模数 m 和载波包络偏移频率 ω_{ceo} 已知的情况下,通过在射频系统中检测未知频率与相邻激光模式之间的拍记,可以测量任何落在两个相邻激光模之间的频率。由于模间隔与重复率相对应且典型量级在 100MHz,因此可以很容易用光电二极管测量出来。这个光电二极管可以很方便地用微波频段的频率标准来进行校准。模数可以通过用波数计对未知频率的粗略估计获得,该波数计提供了模间隔阶数的分辨率。载波包络偏移频率可以通过跳过一个模数为 m、$2\omega_m$ 的单独模的二次谐波测量,或者模数为 $2m$、ω_{2m} 的单独模(自我参考)测量。

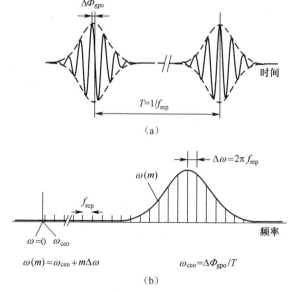

图 3.13 锁模激光脉冲串的时间轨迹和相应的频谱

二次谐波由 $2\omega_m = 2\omega_{ceo} + 2m\Delta\omega$ 给出,而 $2m$ 模的频率为 $\omega_{2m} = \omega_{ceo} + 2m\Delta\omega$。因此,跳动记号 $2\omega_m - \omega_{2m} = \omega_{ceo}$ 直接产生载波包络偏移频率。此过程要求频率梳跨越至少一个倍频程。由于 ω_{ceo} 和 $\Delta\omega$ 都在射频系统中,因此它们可以锁定到一个稳定的微波振荡器中,该振荡器可以追溯到铯时钟。通过测量未知光学频率和它的邻接梳齿线之间的跳动记号,频率梳可以用来测量绝对光学频率[50-52],还可以直接进行光学跃迁线的比较[53],以及射频的精确测量[54],并且可以作为光学时钟中的发条装置,将光频率转移到微波系统中;同时,也确定了由飞秒激光生成的光学频率梳可以产生比 10^{-18} 更优的分数精度的光学频率。

最常被用于频率梳的锁模激光器是钛蓝宝石($Ti:Al_2O_3$)激光器和光纤激光器。钛蓝宝石激光器中的活性介质是用钛离子取代铝离子重掺杂的蓝宝石(Al_2O_3)晶体。由于有关的电子态的晶体场分裂,钛蓝宝石激光器具有 $670nm \sim 1.1\mu m$ 的大增益带宽。锁模钛蓝宝石激光器的结构如图 3.14 所示。$Ti:Al_2O_3$ 晶体的激发通常采用泵浦功率为几瓦的倍频 $Nd:YAG$ 激光器。锁模是通过克尔透镜锁模[55]实现的,由于光学克尔效应,即蓝宝石晶体折射率 n 在光学辐照度 I, $n \approx n_0 + n_2 I$ 上具有非线性依赖性。这种克尔效应在横向上引起相位的空间变化,导致类似于光学透镜的自聚焦。与连续(CW)光相比,这种效应对脉冲光具有更高强度的影响。蓝宝石晶体后面足够小的孔有着与饱和吸收器相同的作用方式,可以导致自启动锁模。这个小孔也可以由泵浦激光器本身的窄焦点提供。这种自启动可以由半导体可饱和吸收器支持,这对腔内棱镜与啁啾反射镜[56]一起补偿了对脉冲频谱施加的群速度色散和自相位调制。

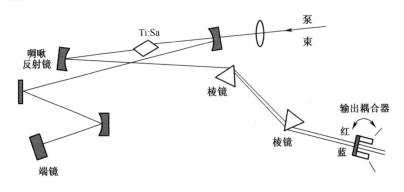

图 3.14　线性谐振腔锁模钛蓝宝石激光器

通过波长范围在 $700 \sim 900nm$ 的锁模 $Ti:Al_2O_3$ 激光可以得到脉冲宽度在 10fs 量级、重复率在 $100MHz \sim 10GHz$ 的脉冲序列[57]。然而,脉冲宽度约为 10fs 的钛蓝宝石激光器的模式梳谱宽度无法覆盖全部频程。应用多孔光纤可以外部拓宽模式梳的窗宽[58]。这些二氧化硅纤维由靠近其核心孔的二维周期阵列组成,可以提供非常小的波导,具有高折射率对比度,从而允许通过定制波导色散补偿材料色散。利用这些纤维可以产生覆盖整个可见光谱、近红外光谱以及频率梳的相干超连续谱,该连续谱的宽度大于一个倍频程谱[59]。

锁模掺铒光纤激光器系统是实现紧凑型光梳状频率发生器的理想光源[60]。图 3.15 展示了一个具有放大器的锁模掺铒光纤激光振荡器。单向的掺铒光纤振荡器在 980nm 处发射的二极管激光器泵浦,通过非线性偏振(极化)旋转可以实现锁模。非线性偏振旋转同样是电子光学克尔效应引起自相位和交叉相位调制。因此,光学纤维的偏振状态取决于辐照度。与线性偏振器结合使用,这会导致类似于饱和吸收体的强度依赖性损耗。通过适当调整两个偏振控制级,可以启动自启

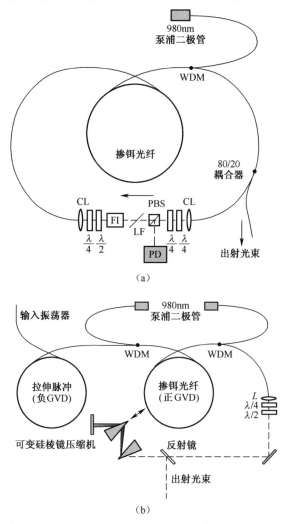

图 3.15 用于产生光频梳的锁模掺铒光纤振荡器和放大器
WDW—波分复用器;PBS—偏振分束器;PD—光电二极管;FI—法拉第隔离器;LF—光谱滤波器;
CL—准直透镜;GVD—群速度色散。

动锁模。中心波长约为1.55nm,并且可以产生几毫瓦的平均输出功率。然后将振荡器输出耦合到有两个二极管激光芯片泵浦的放大器级。首先用负群速度色散的光纤拉伸脉冲,然后放大,由于掺铒光纤的正群速度色散,预啁啾脉冲在放大过程中被缩短。此外,采用硅棱镜脉冲压缩器来控制输出的群速度色散。脉冲宽度在50~100fs量级,平均功率约为200mW。因此,输出的脉冲序列可用来产生超连续谱以及频率梳自参考的二次谐波[60]。

最后需要指出的是,也有一些替代的非线性技术已应用于产生频率梳,如使用微谐振器[61],由于波长较短,因此表现出非常大的模间隔。

3.3.2 中性原子钟

基于冷中性原子云的原子钟,由于原子数众多(达到10^8个),能以高信噪比运行(与单离子相比)。然而,由于原子的相互作用,特别是与碰撞相关的频移,除了可能引起频移的所有其他过程,如磁场和电场、黑体辐射等,还可能会发生相应的钟跃迁。

目前,最有望实现的中性原子标准是氢中的 1S → 2S 双光子跃迁[62],碱土金属原子间的结合跃迁,(如^{88}Sr、^{40}Ca、Yb 等),以及^{87}Sr 的偶极禁带跃迁。作为示例,下面将简要介绍 Sr 和 Ca 频率标准。

美国国家标准与技术研究院(NIST)[63-64]和德国联邦物理技术研究院(PTB)[65-66]已经开始研究中性^{40}Ca 原子光学跃迁的时钟的应用。

图 3.16 示出了相关的能级,还表示了在 423nm 处的冷却转变和 657nm 的组合跃迁。657nm 的时钟跃迁具有大约 400Hz 的自然线宽。Ca 原子在 MOT 中冷却到几毫开尔文温度,远低于包含被禁止的 $^1S_0 \to {}^3P_1$ 跃迁的 $^1S_0 \to {}^1P_1$ 跃迁多普勒极限温度[67-68]。对于光谱学阶段,俘获激光器和 MOT 的磁场被关闭。在伯德-拉姆齐干涉仪中的自由的下降和膨胀的原子被 657nm 激光辐射激发。为了获得吸收倾角分布,$^3P_1$ 激发态原子的数目必须作为频率的函数来测量。由于 $^3P_1 \to {}^1S_0$ 微弱荧光很难被检测到,因此经常使用电子搁置技术[63,65,69]。在这个技术中,$^1P_1 \to {}^1S_0$ 强荧光被用来监控 $^3P_1$ 状态原子数量。由于两种跃迁拥有相同的基态,被激发到长寿命 $^3P_1$ 状态的原子将削弱 $^1P_1 \to {}^1S_0$ 荧光;$^3P_1$ 状态的原子被搁置一段时间。

飞秒光梳可以测量出稳定在干涉仪中心条纹的 657nm 探测激光的准确频率,该频率不确定度远低于 10^{-13} 量级[64,66,70]。因此,Ca 原子 657nm 的组合跃迁已被国际计量委员会(CIPM)推荐为实现该测量仪的理想选择之一[71]。

PTB 也研发了一种可移动的 Ca 频率标准[72],并且用来进行 PTB 和 NIST 各自标准的比较。

Ferrari 等[73]用饱和吸收光谱法测量了热激光束中^{88}Sr 中的 $^1S_0 \rightarrow ^3P_1$ 组合跃迁频率(图 3.17)。而 Ido 等[40]则测量了自由落体超冷原子束中^{88}Sr 中的 $^1S_0 \rightarrow ^3P_1$ 组合跃迁频率。通过特别考虑碰撞引起的频移,Ido 等能够实现 10^{-15} 量级的相对不确定度。

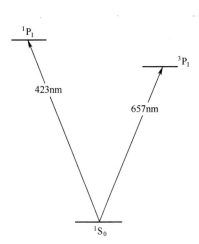

图 3.16　^{40}Ca 相关能级简图

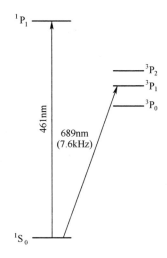

图 3.17　中性^{88}Sr 的简化示意图

注:图中展示了 461nm 的冷却跃迁、689nm 的$^3P_1$互联跃迁和双禁$^3P_0$跃迁。括号内给出了组合过渡的自然线宽。

利用光学晶格捕获和存储的^{87}Sr 原子中的双禁戒 $^1S_0 \rightarrow ^3P_0$ 跃迁,可以进一步得到非常理想的结果[74-80]。由于与大核自旋的超精细相互作用($I=9/2$),这种转变在^{87}Sr 中变得微弱。然而,寿命有限的自然线宽一般来说是非常狭窄的(约 1mHz)。在光学晶格中捕获和存储原子非常有前景,因为大量的原子可以参与并保持在 Lamb-Dicke 区域,并且通过适当的晶格间距的设计,仍然可以避免碰撞频移。然而,一般而言,产生光晶格的高强度光场由于 AC-斯塔克效应也会引起频移。但是,由于这些状态的非共振耦合能达到更高的能级[81-83],已经证明可以找到一个捕获激光的波长值,使得基态和激发态的 AC-斯塔克频移相同(魔术波长)。目前,^{87}Sr 原子钟的 $^1S_0 \rightarrow ^3P_0$ 跃迁研究结果都一致在 10^{-16} 水平。鉴于其强稳定性[84-86]和低不确定度[87-88],用 Sr 光晶格钟对秒进行新的定义是一个相当好的候选方案。$^1S_0 \rightarrow ^3P_0$ 跃迁也已被建议为秒的次级表征之一[71]。此外,具有稳定性非常好的 Sr 光学钟以及自旋极化 Yb 光晶格钟都已经实现(最高的频率稳定度)[89]。

3.3.3 原子离子钟

与原子云相比,单离子频率标准的主要优势是不受交互作用的影响,并且具有超长的存储时间,可以轻易达到几个月。这意味着,探测激光在实践上可以有无限次探测机会。然而,代价则是降低信号强度,从而降低信噪比。捕获的单离子频率标准已经在多种离子的跃迁中得以实现,包括^{115}In$^+$[91]和^{27}Al$^+$中的$^1S_0 \to {}^3P_0$跃迁,^{199}Hg$^+$中的$^2S_{1/2} \to {}^2D_{5/2}$电四级跃迁[92-94],674nm^{88}Sr$^+$[95-96]、^{40}Ca$^+$[97-99]以及^{171}Yb$^+$中的$^2S_{1/2} \to {}^2D_{5/2}$电四级跃迁。接下来,将简要介绍^{171}Yb$^+$和^{27}Al$^+$的实验结果。

离子频率标准通常是由蒸发产生的中性原子束开始,随后电子碰撞或光辐射造成原子的电离,然后是冷却和捕获过程。

对于光学钟而言,镱离子(^{171}Yb$^+$)是一个尤其有趣的选择。原因在于,除了436nm波长时电四级跃迁($^2S_{1/2} \to {}^2D_{3/2}$),它还有一个467nm波长时的具有达到若干年的极长激发态寿命的二次高度禁戒八极跃迁($^2S_{1/2} \to {}^2F_{7/2}$)。图3.18展示了它的部分能量体系。

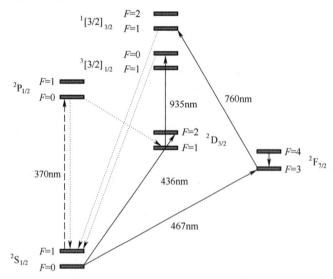

图3.18 ^{171}Yb$^+$的部分能量示意图

注:图中展示了在370nm处的冷却转变(虚线垂直箭头),在436nm处的电四极转变,以及在467nm处的电八极转变(实心灰色箭头)。其他转换用于再泵浦的更高的D状态(实心灰色箭头,标记为760nm和935nm)。虚线箭头表示自发跃迁。左上角的符号表示特别适用于例如稀土原子的特定耦合方案(JK或J_1L_2耦合)。

利用量子跃迁荧光检测[102],Tamm 等报告了 $^2S_{1/2}(F=0) \to {}^2D_{3/2}(F=2)$ 跃迁的测量结果[100],Roberts 等报告了 411nm 波长的 $^2S_{1/2}(F=0) \to {}^2D_{5/2}(F=0)$ 跃迁的测量结果[101]。量子跃迁荧光检测利用的原理是,无论离子何时被探测激光激发到 $^2D_{3/2}$ 或者 $^2D_{5/2}$ 状态,370nm 波长的冷却转变过程的荧光将会猝灭。利用飞秒光梳测量 436nm 跃迁的绝对频率可以精确到 1.1×10^{-15} 的相对不确定度[103],利用交联光学和微波振荡器测量该跃迁的绝对频率可以精确到 1.1×10^{-16} 的不确定度[104]。在两个独立陷阱中关于离子频率的对比,其不确定度水平一致能够达到 4×10^{-16} 水平[105]。

^{171}Yb$^+$ 中的电八级跃迁受到特别关注,不仅是因为其长激发态寿命和在纳赫兹体系下的窄均匀线宽,而且由于四级跃迁和八级跃迁表现出相当不同的相对论的修正[106],因而为研究精细结构常数 α (见 3.3.4 节) 的时间变化提供了一个理想的探针。英国国家物理实验室(NPL)首次探索了 $^2S_{1/2}(F=0) \to {}^2F_{7/2}(F=3)$ 跃迁[107]。八级跃迁中遇到一个难题是需要高强度的探测激光驱动如此微弱的跃迁,从而导致了相当大的 AC-斯塔克频移。因此,需要周全的外推方案来确定未扰动的跃迁频率。然而,最近已经提出了一种特殊的激发方案(广义拉姆齐激发)[108],并证明了它能够抑制光诱导的偏移[109],从而开辟了更高精度的测量方法。

近期关于八级跃迁频率的测量结果一致在 10^{-15} 量级水平[110-111]。图 3.19 展示了利用量子跃迁探测法得到的八级跃迁的激发态光谱。该跃迁被一个激光系统激发,该激光系统具有高于平均每秒 2×10^{-15} 的优良稳定性[112]。

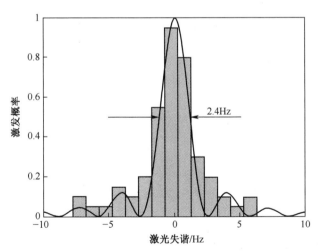

图 3.19 ^{171}Yb$^+$ 中 $^2S_{1/2}(F=0) \to {}^2F_{7/2}(F=3)$ 跃迁的激发光谱

铝离子(^{27}Al$^+$)也有望成为光学钟的备选,其原因:一方面它的 $^1S_0 \to {}^3P_0$ 内部组合跃迁具有非常窄的 8mHz 线宽[102-113];另一方面它对电子干扰和黑箱辐射敏感度较低。然而,铝离子不具有可用于激光冷却和探测的强光跃迁。尽管如此,利用量子逻辑光谱学[25],NIST 首次建立了铝离子的频率标准[114]。在量子逻辑光谱学中,一个辅助原子(逻辑原子)用来冷却振动运动,并探测待研究原子(光谱原子)的内部状态。为此,两个离子一起被捕获在线性保罗阱中,由于它们之间的库仑相互作用具有排斥性,离子对沿阱轴线形成双离子线性库仑晶体。量子力学状态转移是由它们的联合运动造成的振动边带引起的。在激光冷却逻辑离子以及它们之间的库仑相互作用下,光谱离子被冷却。接下来,用合适的激光绘制出离子光谱,并且由于一系列激光脉冲在两个离子的一致交互作用,光谱离子的内部状态被转移到逻辑离子,然后利用量子跳跃技术在逻辑离子上检测光谱结果[102]。

在第一个光谱学实验中,$^{27}\text{Al}^+$ 的 $^1S_0 \rightarrow {}^3P_0$ 时钟跃迁被一个 $^9\text{Be}^+$ 离子探测到[114]。当用一个时钟激光驱动 $^1S_0 \rightarrow {}^3P_0$ 跃迁时,由于电子搁置效应它也会调制 $^1S_0 \rightarrow {}^3P_1$ 跃迁,并且这个状态被转移到 Be^+ 离子。这个实验首次实现了 $^1S_0 \rightarrow {}^3P_0$ 跃迁频率的精确测量,其具有不确定度为 5×10^{-15},测量到的 $^3P_0$ 状态的寿命为 $(20.6 \pm 1.4)\,\text{s}$。此外,Al^+ 和 Hg^+ 单离子光学钟的频率比已在 NIST 测得,其不确定度优于 10^{-16}[94]。NIST 近期建造的第二个版本的铝离子钟使用 Mg^+ 离子作为逻辑离子,Mg^+ 能够更好地匹配 Al^+ 的重量,从而实现更为高效的协同冷却[115]。将 Al^+-Mg^+ 时钟和 Al^+-Be^+ 时钟进行对比,它们的测量频率都在 10^{-17} 量级,并且具有 $10^{-15}\tau^{-1/2}$ 的相对稳定度[116]。这证明了它们多方面的潜力,不仅可以进行时钟应用,而且可能进行基础物理研究,甚至对于基础常量的可能变化的探索,尤其是精细结构常数(见 3.3.4 节)、相对论以及大地测量学应用[117-119]。

3.3.4 精细结构常数的可能变异

无量纲精细结构常数

$$\alpha = \frac{e^2}{4\pi\varepsilon_0 \hbar c} \approx \frac{1}{137} \tag{3.16}$$

被认为是自然界的一个基本常量。根据量子电动力学(QED),α 是电磁相互作用强度的一种度量。然而,它的值不能通过 QED 计算得到,而是需要由实验测量。目前,最精确的测量值来自对电子的兰德 g 因子测量[120-121]。根据这些测量结果以及 QED 计算,α 测算结果能够具有 7×10^{-10} 量级的相对标准不确定度[122]。然而,最新的 CODATA 结果列出的不确定度为 3.2×10^{-10} 量级[123]。精细结构常数还可以通过量子霍耳效应来测量(见 5.4.1.4 节)。

最近,对于基础常量可能产生的时间变化的研究获得了大量的关注,尤其是对精细结构常数和质子-电子质量比[124]。根据当前对包括量子理论和相对论等物理定律的理解,这些非引力常数是不随时间发生变化的。这是爱因斯坦等效原理(EEP)的结果。特别地,在任何局部自由落体参考系中,局部时间和位置不变性状态下,非重力测量的结果与空间和时间无关。另一方面超越标准物理模型的理论,其目的在于统一所有力学的理论,并且将量子理论和引力结合在一起,从而允许基本常数的时空变化。这就意味着,一个光学跃迁的频率可能随时间而变化。这是否与 EEP 相矛盾尚不清楚,而是取决于背后的详细物理原理。最近,关于遥远的类星体对星际云吸收线的研究被解释为精细结构常数变化的证据,变化需要的时间用宇宙学时间尺度衡量约为 100 亿年[125]。根据他们的解释,在宇宙进化的前半程,发生的精细结构常数增加值 $\Delta\alpha/\alpha$ 在 10^{-6} 量级。假设随时间呈线性变化一直持续到今天,那么可以外推出 α 每年相对增加值在 10^{-16} 左右。相反,其他研究似乎排除了 α 的变化[126]。

只有结合最新的光学频率标准的发展,这个数量级是通过实验室实验在合理的时间间隔内获得[94,104,127-130]。为了分析关于 α 可能变化的频率测量,电子跃迁频率可以表达为[131]

$$v = \text{const} \cdot R_y \cdot F(\alpha) \tag{3.17}$$

式中:Rydberg 频率 $R_y = m_e e^4/8\varepsilon_0 h^3$ 是原子能级的常用比例因子;无量纲因子 $F(\alpha)$ 则是用来解释能级的相对修正量。常数因子仅取决于所涉及的原子态的量子数,并且与时间无关。v 的相对时间变化为

$$\frac{\mathrm{d}\ln v}{\mathrm{d}t} = \frac{\mathrm{d}\ln R_y}{\mathrm{d}t} + A\frac{\mathrm{d}\ln\alpha}{\mathrm{d}t}, A = \frac{\mathrm{d}\ln F}{\mathrm{d}\ln\alpha} \tag{3.18}$$

由第一项给出的 Rydberg 频率的变化形式对所有跃迁频率都适用。相反,第二项只能用于原子跃迁。灵敏度因子 A 解释了变量 α 在跃迁频率上的效应信号与强度,对于一些有用的跃迁 A 已经被计算出来[132-133]。

图 3.20 展示了对近期研究结果的总结。在 SI 单位中测量的频率估计变化,即追溯到铯频率标准,与灵敏度因子 A 的关系被绘制出来。以这些数据为基础,可以得到时间变化约束条件

$$\frac{\mathrm{d}\ln\alpha}{\mathrm{d}t} = (-0.7 \pm 1.1) \times 10^{-16}/\text{年} \tag{3.19}$$

文献[94]中在一个不涉及 Cs 标准的更加严格的约束条件下比较了基于 Hg^+ 和 Al^+ 光学钟,即

$$\frac{\mathrm{d}\ln\alpha}{\mathrm{d}t} = (-1.6 \pm 2.3) \times 10^{-17}/\text{年} \tag{3.20}$$

所以当前各种实验室利用最先进的光学钟对 α 可能变化的研究结果并没有证据表明其每年发生 10^{-17} 量级不确定度的变化。但是,这并不能排除 α 在宇宙时间尺度上的可能发生的变化。未来基于核跃迁和空间时钟合成的光学钟的发展无疑将会为基础物理提供更加准确的测试结果,为解决人类在理解自然过程中遗留的困惑做出贡献。

由于在本书编写期间,秒仍然由 Cs 超精细跃迁来定义,有些人可能会问什

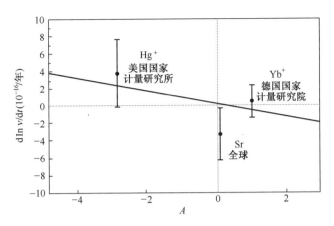

图 3.20 不同原子和离子测量的跃迁频率随时间的变化，以及它们各自的灵敏度参数

时候会有新的定义,怎么进行新的定义[138]。关于"何时",我们必须指出超精细和稳定的光学钟的发展是由基础科学的驱动。尽管优化的技术往往会带来新的应用结果,最好的铯钟普遍能够满足当前技术和工业要求。所以,当新定义的物理背景与它的实现方式得到证明和广泛接受后,秒的新定义将会被考虑。那么如何对秒进行新的定义呢。如果考虑光学钟,那么必须确定选择哪种原子或者离子作为秒的定义的主要实现者,结合飞秒光梳技术为其他光学时钟提供可追溯性。另一种方法是使用一组时钟组合来定义一个加权平均频率值和一组频率比[138]。任何一种情形下,都需要进行光学钟频率进行广泛的比较,从而为新定义打下一个坚实的基础。当考虑高度差和相关引力红移后,利用飞秒光梳,现场时钟比较可以在 10^{-19} 量级的不确定度下进行。然而,达到所要求的不确定度水平下,远程时钟比较则是一个较大难题,因为所建立的双向卫星微波频率转移技术平均每天被限制在 10^{-15} 的不确定度。通过卫星建立直接的光学链路为光学钟对比提供了潜能[139-140]。然而,这些技术过于依赖环境条件并且没有得到充分发展。可替代的方案是,利用光纤进行频率转移被证明能够跨越将近 2000km 而只需 100s 平均时间实现 4×10^{-19} 的不确定度[141]。因此,至少在同一片大陆上,利用现有的光纤链路进行光学钟比较达到要求的不确定度似乎是是可行的。最后,便携光学钟的发展也为远距离时钟比较提供了新的方案[142]。

参考文献

[1] Allan, D.W. (1966) Statistics of frequency standards. *Proc. IEEE*, **54**, 221-230.
[2] Riehle, F. (2004) *Frequency Standards*, Wiley-VCH Verlag GmbH, Weinhein.

[3] Kasevich, M.A., Riis, E., Chu, S., and DeVoe, R.G. (1989) Atomic fountains and clocks. *Opt. News*, **15** (12), 31–32.

[4] Hänsch, T. and Schawlow, A. (1975) Cooling of gases by laser radiation. *Opt. Commun.*, **13**, 68–69.

[5] Wineland, D. and Dehmelt, H. (1975) Proposed $10^{14}\delta_\nu < \nu$ laser fluorescence spectroscopy on Ti$^+$ mono-ion oscillator. *Bull. Am. Phys. Soc.*, **20**, 637.

[6] Campbell, G.K. and Phillips, W.D. (2011) Ultracold atoms and precise time standards. *Philos. Trans. R. Soc. London, Ser. A*, **369**, 4078–4089.

[7] Metcalf, H.J. and van der Straten, P. (1999) *Laser Cooling and Trapping*, Springer, New York, Berlin, Heidelberg.

[8] Phillips, W.D. (1989) Laser cooling and trapping of neutral atoms. *Rev. Mod. Phys.*, **70**, 721–741.

[9] Letokhov, V.S., Minogin, V.G., and Pavlik, B.D. (1976) Cooling and trapping of atoms and molecules by a resonant laser field. *Opt. Commun.*, **19**, 72–75.

[10] Phillips, W. and Metcalf, H. (1982) Laser deceleration of an atomic beam. *Phys. Rev. Lett.*, **48**, 596–599.

[11] Lett, P.D., Phillips, W.D., Rolston, S.L., Tanner, C.E., Watts, R.N., and Westbrook, C.I. (1989) Optical molasses. *J. Opt. Soc. Am. B*, **6**, 2084–2107.

[12] Raab, E.L., Prentiss, M., Cable, A., Chu, S., and Pritchard, D.E. (1987) Trapping of neutral atoms with radiation pressure. *Phys. Rev. Lett.*, **59**, 2631–2634.

[13] Lett, P.D., Watts, R.N., Westbrook, C.I., Phillips, W.D., Gould, R.L., and Metcalf, H.J. (1988) Observation of atoms laser cooled below the Doppler limit. *Phys. Rev. Lett.*, **61**, 169–172.

[14] Dalibad, J. and Cohen-Tannoudji, C. (1989) Laser cooling below the Doppler limit by polarization gradients: simple theoretical models. *J. Opt. Soc. Am. B*, **6**, 2023–2045.

[15] Ashkin, A. (1970) Acceleration and trapping of particles by radiation pressure. *Phys. Rev. Lett.*, **24** (4), 156–159.

[16] Letokhov, V.S. (1968) Narrowing of the Doppler width in a standing light wave. *JETP Lett.*, **7**, 272–275.

[17] Demelt, H.G. (1967) in *Advances in Atomic and Molecular Physics*, vol. 3 (eds D.R. Blates and I. Esterman), Academic Press, New York, London, pp. 53–72.

[18] Paul, W. and Steinwedel, H. (1953) Ein neues massenspektrometer ohne magnetfeld. *Z. Naturforsch. A*, **8** (7), 448–450 (in German).

[19] Dicke, R.H. (1953) The effect of collisions upon the Doppler width of spectral lines. *Phys. Rev.*, **89**, 472–473.

[20] Cirac, J.I. and Zoller, P. (1955) Quantum computations with cold trapped ions. *Phys. Rev. Lett.*, **74**, 4091–4094.

[21] Pyka, K., Keller, J., Partner, H.L., Nigmatullin, R., Burgermeister, T., Meier, D.M., Kuhlmann, K., Retzker, A., Plenio, M.B., Zurek, W.H., delCampo, A., and Mehlstäubler, T.E. (2013) Topological defect formation and spontaneous symmetry breaking in ion Coulomb

crystals. *Nat. Commun.*, **4**, Article no. 2291.

[22] Aidelsburger, M., Atala, M., Lohse, M., Barreiro, J.T., Paredes, B., and Bloch, I. (2013) Realization of the Hofstadter Hamiltonian with ultracold atoms in optical lattices. *Phys. Rev. Lett.*, **111**, 185301-1–185301-5.

[23] Hirokazu, M., Siviloglou, G.A., Kennedy, C.J., Burton, W.C., and Ketterle, W. (2013) Realizing the Harper Hamiltonian with laser-assisted tunneling in optical Lattices. *Phys. Rev. Lett.*, **111**, 185302-1–185302-5.

[24] Dietrich, F., Berquist, J.C., Bollinger, J.J., Itano, W.M., and Wineland, D.J. (1989) Laser cooling to the zero-point energy of motion. *Phys. Rev. Lett.*, **62**, 403–406.

[25] Schmidt, P.O., Rosenband, T., Langer, C., Itano, W.M., Bergquist, C., and Wineland, D.J. (2005) Spectroscopy using quantum logic. *Science*, **309**, 749–752.

[26] For review see e.g.: Wynands, R. and Weyers, S. (2005) Atomic fountain clock. *Metrologia*, **42**, S64–S79.

[27] Weyers, S., Bauch, A., Hübner, U., Schröder, R., and Tamm, C. (2000) First performance results of PTB's atomic caesium fountain and a study of contributions to its frequency instability. *IEEE Trans. Ultrasound Ferroelectr. Freq. Control*, **47**, 432–437.

[28] Bize, S., Laurent, P., Abgrall, M., Marion, H., Maksimovic, I., Cacciapuoti, L., Grünert, J., Vian, C., PereiraDosSantos, F., Rosenbusch, P., Lemonde, P., Santarelli, G., Wolf, P., Clairon, A., Luiten, A., Tobar, M., and Salomon, C. (2004) Advances in atomicfountains. *C. R. Phys.*, **5**, 829–843.

[29] Guéna, J., Abgrall, M., Rovera, D., Laurent, P., Chupin, B., Lours, M., Santarelli, G., Rosenbusch, P., Tobar, M.E., Li, R., Gibble, K., Clairon, A., and Bize, S. (2012) Progress in atomic fountains at LNE-SYRTE. *IEEE Trans. Ultrasound Ferroelectr. Freq. Control*, **59**, 391–410.

[30] Heavner, T.P., Jefferts, S.R., Donley, E.A., Shirley, J.H., and Parker, T.E. (2004) Recent improvements in NIST-F1 and resulting accuracies of $\delta f/f < 7 \times 10^{-16}$. *IEEE Trans. Instrum. Meas.*, **54**, 498–499.

[31] Dudle, G., Mileti, G., Joyet, A., Fretel, E., Berthoud, P., and Thomann, P. (2000) An alternative cold cesium frequency standard: the continuous fountain. *IEEE Trans. Instrum. Meas.*, **47**, 438–442.

[32] Bize, S., Sortais, Y., Santos, M.S., Mandache, C., Clairon, A., and Salomon, C. (1999) High-accuracy measurement of the ^{87}Rb groundstate hyperfine splitting in an atomic fountain. *Europhys. Lett.*, **45**, 558–564.

[33] Fertig, C. and Gibble, K. (1999) Laser cooled ^{87}Rb clock. *IEEE Trans. Instrum. Meas.*, **48**, 520–523.

[34] Hollberg, L., Oates, C.W., Curtis, E.A., Ivanov, E.N., Diddams, S.A., Udem, T., Robinson, H.G., Berquist, J.C., Rafac, R.J., Itano, W.M., Drullinger, R.E., and Wineland, D.J. (2001) Optical frequency standards and measurements. *IEEE J. Quantum Electron.*, **37**, 1502–1513.

[35] Gill, P., Barwood, G.P., Klein, H.A., Huang, G., Webster, S.A., Blythe, P.J., Hosaka, K., Lea, S.N., and Margolis, H.S. (2003) Trapped ion frequency standards. *Meas. Sci. Technol.*, **14**, 1174–1186.

[36] Gill, P. (2005) Optical frequency standards. *Metrologia*, **42**, S125–137.

[37] For a recent development see e.g.: Kessler, T., Hagemann, C., Grebing, C., Legero, T., Sterr, U., Riehle, F., Martin, M.J., Chen, L., and Ye, J. (2012) A sub-40-mHz-linewidth laser based on a silicon single-crystal optical cavity. *Nat. Photonics*, **6**, 687–692.

[38] Letokhov, V.S. (1976) in *High Resolution Laser Spectroscopy*, Topics in Applied Physics, vol. 13 (ed. K. Shimoda), Springer, Berlin, Heidelberg, New York, pp. 95–171.

[39] Oates, C.W., Wilpers, G., and Hollberg, L. (2005) Observation of large atomicrecoil-induced asymmetries in cold atom spectroscopy. *Phys. Rev. A*, **71**, 023404-1–023404-6.

[40] Ido, T., Loftus, T.H., Boyd, M.M., Ludlow, A.D., Holman, K.W., and Ye, J. (2005) Precision spectroscopy and density-dependent frequency shifts in ultracold Sr. *Phys. Rev. Lett.*, **94**, 153001-1–153001-4.

[41] Borde, C. (1989) Atomic interferometry with internal state labeling. *Phys. Lett. A*, **140**, 10–12.

[42] Helmcke, J., Zevgolis, D., and Yen, B.Ü. (1982) Observation of high contrast, ultra narrow optical Ramsey fringes in saturated absorption utilizing four interaction zones of travelling waves. *Appl. Phys. B*, **28**, 83–84.

[43] Riehle, F., Kisters, T., Witte, A., Helmcke, J., and Bordé, C. (1991) Optical Ramsey spectroscopy in a rotating frame: Sagnac effect in a matter-wave interferometer. *Phys. Rev. Lett.*, **67**, 177–180.

[44] Holberg, L., Diddams, S., Bartels, A., Forier, T., and Kim, K. (2005) The measurement of optical frequencies. *Metrologia*, **42**, S105–124.

[45] Schnatz, H., Lipphardt, B., Helmcke, J., Riehle, F., and Zinner, G. (1996) Firstphase-coherent frequency measurement of visible radiation. *Phys. Rev. Lett.*, **76**, 18–21.

[46] Hall, J.L. (2006) Defining and measuring optical frequencies. *Rev. Mod. Phys.*, **78**, 1279–1295.

[47] Hänsch, T.W. (2006) Passion for precision. *Rev. Mod. Phys.*, **78**, 1297–1309.

[48] Ye, J. and Cundiff, S.T. (2005) *Femtosecond Optical Frequency Comb Technology: Principle, Operation, and Applications*, Springer Science + Business Media, Inc., New York, ISBN: 0-387-23790-9.

[49] Diels, J.-C. and Rudolph, W. (1996) *Ultrashort Laser Pulse Phenomena: Fundamentals, Techniques, and Applications on a Femtosecond Timescale*, Academic Press, San Diego, CA.

[50] Udem, T., Reicher, J., Holzwarth, R., and Hänsch, T.W. (1999) Absolute optical frequency measurement of the cesium D-1 line with a mode-locked laser. *Phys. Rev. Lett.*, **82**, 3568–3571.

[51] Reichert, J., Nierig, M., Holzwarth, R., Weitz, M., Udem, T., and Hänsch, T.W. (2000) Phase coherent vacuumultraviolet to radio frequency comparison with a mode-locked laser. *Phys. Rev. Lett.*, **84**, 3232–3235.

[52] Diddams, S.A., Jone, D.J., Ye, J., Cundiff, S.T., and Hall, J.L. (2000) Directlink between microwave and optical frequencies with a 300 THz femtosecond laser comb. *Phys. Rev. Lett.*, **84**, 5102–5105.

[53] Udem, T., Reichert, J., Holzwarth, R., and Hänsch, T.W. (1999) Accurate measurement of large optical frequency differences with a mode-locked laser. *Opt. Lett.*, **24**, 881–883.

[54] Stenger, J., Schnatz, H., Tamm, C., and Telle, H.R. (2002) Ultra-precise measurement of optical frequency ratios. *Phys. Rev. Lett.*, **88**, 073601-1-073601-4.

[55] See e.g.: Siegner, U. and Keller, U.(2001) in *Handbook of Optics*(eds M.Bass, J.M. Enoch, E.W. Van Stryland, and W.L. Wolfe), McGraw-Hill, New York, pp. 18.1-18.30.

[56] Szipöcs, R., Spielmann, C., Krausz, F., and Ferencz, K. (1994) Chirped multilayer coatings for broadband dispersion control in femtosecond lasers. *Opt. Lett.*, **19**, 201-203.

[57] Bartels, A., Heinecke, D., and Diddams, S.A. (2008) Passively mode-locked 10GHz femtosecond Ti: sapphire laser. *Opt. Lett.*, **33**, 1905-1907.

[58] Russell, P. (2003) Photonic crystal fibers. *Science*, **299**, 358-362.

[59] Husakou, A., Kalosha, V.P., and Hermann, J. (2003) in *Optical Solitons. Theoretical and Experimental Challenges*, Lecture Notes in Physics(eds K. Porsezian and V.C. Kuirakose), Springer, Heidelberg, New York, pp.299-326.

[60] Tauser, F., Leitenstorfer, A., and Zinth, W. (2003) Amplified femtosecond pulses from an Er: fiber system: nonlinearpulse shortening and self-referencing detection of the carrier-envelope phase evolution. *Opt. Express*, **11**, 594-600.

[61] Del Haye, P., Schliesser, A., Arcizet, O., Wilken, T., Holzwarth, R., and Kippenberg, T.J. (2007) Optical frequency comb generation from a monolithic microresonator. *Nature*, **450**, 1214-1217.

[62] Niering, M., Holzwarth, R., Reichert, J., Pokasov, P., Udem, T., Weitz, M., Hänsch, T. W., Lemonde, P., Santarelli, G., Abgrall, M., Laurent, P., Salomon, C., and Clairon, A. (2000) Measurementof the hydrogen 1S - 2S transitionfrequency by phase coherent comparisonwith a microwave cesium fountain clock. *Phys. Rev. Lett.*, **84**, 5496-5499.

[63] Oates, C.W., Bondu, F., Fox, R.W., and Hollberg, L. (1999) A diode-laseroptical frequency standard based on laser-cooled Ca atoms: sub-kilohertz spectroscopy by optical shelving detection. *Eur. Phys. J. D*, 7, 449-460.

[64] Udem, T., Diddams, S.A., Vogel, K.R., Oates, C.W., Curtis, E.A., Lee, W.D., Itano, W. M., Drullinger, R.E., Berquist, J.C., and Hollberg, L. (2001) Absolute frequency measurements of the Hg$^+$and Ca optical clock transitions with afemtosecond laser. *Phys. Rev. Lett.*, 86, 4996-4999.

[65] Riehle, F., Schnatz, H., Lipphardt, B., Zinner, G., Trebst, T., and Helmcke, J.(1999) The optical calcium frequencystandard. *IEEE Trans. Instrum. Meas.*, 48, 613-617.

[66] Schnatz, H., Lipphardt, B., Degenhardt, C., Peik, E., Schneider, T., Sterr, U., and Tamm, C. (2005) Optical frequency measurements using fs-comb generators. *IEEE Trans. Instrum. Meas.*, 54, 750-753.

[67] Curtis, E.A., Oates, C.W., and Hollberg, L. (2001) Quenched narrow-line laser cooling of^{40}Ca to near the photonrecoil limit. *Phys. Rev. A*, **64**, 031403-1-031403-4.

[68] Binnewiss, T., Wilpers, G., Sterr, U., Riehle, F., Helmcke, J., Mehlstäubler, T.E., Rasel, E.M., and Ertmer, W. (2001)Doppler cooling and trapping on forbidden transitions. *Phys. Rev. Lett.*, **87**, 123002-1-123002-4.

[69] Wilpers, G., Binnewies, T., Degenhardt, C., Sterrr, U., Helmcke, J., and Riehle, F. (2002)

Optical clock with ultracoldneutral atoms. *Phys. Rev. Lett.*, **89**, 230801-1-230801-5.

[70] Stenger, J., Binnewies, T., Wilpers, G., Riehle, F., Telle, H.R., Ranka, J.K., Windeler, R. S., and Stenz, A.J. (2001) Phase-coherent frequency measurement of the Ca intercombination line at 657 nm with a Kerr-lens mode-locked laser. *Phys. Rev. A*, **63**, 021802-1-021802-4.

[71] BIPM *http://www.bipm.org/en/publications/mises-en-pratique/standard-frequencies.html* (accessed 15 November 2014).

[72] Kersten, P., Mensin, F., Sterr, U., and Riehle, F. (1999) A transportable optical calcium frequency standard. *Appl. Phys. B*, **68**, 27-38.

[73] Ferrari, G., Cancio, P., Drullinger, R., Giusfredi, G., Poli, N., Prevedelli, M., Toninelli, C., and Tino, G.M. (2003) Precision frequency measurement of visible intercombination lines of strontium. *Phys. Rev. Lett.*, **91**, 243002-243005.

[74] Boyd, M.M., Ludlow, A.D., Blatt, S., Foreman, S.M., Ido, T., Zelevinsky, T., and Ye, J. (2007) ^{87}Sr Lattice clock with inaccuracy below 10^{-15}. *Phys. Rev. Lett.*, **98**, 083002-1-083002-4.

[75] Baillard, X., Fouché, M., Le Targat, R., Westergaard, P.G., Lecallier, A., Chapelet, F., Abgrall, M., Rovera, G.D., Laurent, P., Rosenbusch, P., Bize, S., Santarelli, G., Clairon, A., Lemonde, P., Grosche, G., Lipphardt, B., and Schnatz, H. (2008) An optical lattice clock withspin-polarized ^{87}Sr atoms. *Eur. Phys. J.*, **48**, 11-17.

[76] Campbell, G.K., Ludlow, A.D., Blatt, S., Thomsen, J.W., Martin, M.J., de Miranda, M.H.G., Zelevinsky, T., Boyd, M.M., Ye, J., Diddams, S.A., Heavner, T.P., Parker, T.E., and Jefferts, S.R. (2008) The absolute frequency of the ^{87}Sr optical clock transition. *Metrologia*, **45**, 539-548.

[77] Takamoto, M., Hong, F.-L., Higashi, R., and Katori, H. (2005) An optical lattice clock. *Nature*, **435**, 321-324.

[78] Katori, H. (2011) Optical lattice clocks and quantum metrology. *Nat. Photonics*, **5**, 203-210.

[79] Middelmann, T., Falke, S., Lisdat, C., and Sterr, U. (2012) High accuracy correction of blackbody radiation shift in an optical lattice. *Phys. Rev. Lett.*, **109**, 263004-1-263004-5.

[80] Lemonde, P. (2009) Optical lattice clocks. *Eur. Phys. J. Spec. Top.*, **172**, 81-96.

[81] Ido, T. and Katori, H. (2003) Recoil-free spectroscopy of neutral Sr atoms in the Lamb-Dicke regime. *Phys. Rev. Lett.*, **91**, 053001-1-053001-4.

[82] Takamoto, M. and Katori, H. (2003) Spectroscopy of the $^1S_0-^3P_0$ clock transition in ^{87}Sr in an optical lattice. *Phys. Rev. Lett.*, **91**, 223001-1-223001-4.

[83] Ye, J., Kimble, H.J., and Katori, H. (2008) Quantum state engineering and precision metrology using stateinsensitive light traps. *Science*, **320**, 1734-1738.

[84] Hagemann, C., Grebing, C., Kessler, T., Falke, S., Lisdat, C., Schnatz, H., Riehle, F., and Sterr, U. (2013) Providing 1E-16 short-term stability of a 1.5 μm laser to optical clocks. *IEEE Trans. Instrum. Meas.*, **62**, 1556-1562.

[85] Jiang, Y.Y., Ludlow, A.D., Lemke, N.D., Fox, R.W., Sherman, J.A., Ma, L.-S., and Oates, C.W. (2011) Making optical atomic clocks more stable with 10^{-16}-level laser stabilization. *Nat. Photonics*, **5**, 158-161.

[86] Takamoto, M., Takano, T., and Katori, H. (2011) Frequency comparison of optical lattice

clocks beyond the Dicke limit. *Nat. Photonics*, **5**, 288-292.

[87] Bloom, B.J., Nicholson, T.L., Williams, J.R., Campell, S.L., Bishof, M., Zhang, X., Zhang, W., Bromley, S.L., and Ye, J. (2014) An optical lattice clock with accuracy and stability at the 10^{-18} level. *Nature*, **506**, 71-75.

[88] Ludlow, A.D., Zelevinsky, T., Campbell, G.K., Blatt, S., Boyd, M.M., de Miranda, M.H.G., Martin, M.J., Thomsen, J.W., Foreman, S.M., Ye, J., Fortier, T.M., Stalnaker, J.E., Diddams, S.A., Le Coq, Y., Barber, Z.W., Poli, N., Lemke, N.D., Beck, K.M., and Oates, C.W. (2008) SrLattice clock at 1×10^{-16} fractional uncertainty by remote optical evaluation with a Ca clock. *Science*, **319**, 1805-1808.

[89] Hinkley, N., Sherman, J.A., Phillips, N.B., Schloppo, M., Lembke, N.D., Beloy, K., Pizzocaro, M., Oates, C.W., and Ludlow, A.D. (2013) An atomic clock with 10-18 instability. *Science*, **341** (6151), 1215-1218.

[90] Margolis, H.S. (2009) Trapped ion optical clocks. *Eur. Phys. J. Spec. Top.*, **172**, 97-107.

[91] Becker, T., van Zanthier, J., Nevsky, A.Y., Schwedes, C., Skvortsov, M.N., Walther, H., and Peik, E. (2001) Highresolution spectroscopy of a single In^+ ion: progress towards an optical frequency standard. *Phys. Rev. A*, **63**, 051802-051805.

[92] Berkeland, D.J., Miller, J.D., Bergquist, J.C., Itano, W.M., and Wineland, D.J. (1998) Laser-cooled mercury-ion frequency standard. *Phys. Rev. Lett.*, **80**, 2089-2092.

[93] Diddams, S.A., Udem, T., Bergquist, J.C., Curtis, E.A., Drullinger, R.E., Hollberg, L., Itano, W.M., Lee, W.D., Oates, C.W., Vogel, K.R., and Wineland, D.J. (2001) An optical clock based on asingle trapped $^{199}Hg+$ ion. *Science*, **293**, 825-828.

[94] Rosenband, T., Hume, D.B., Schmidt, P.O., Chou, C.W., Brusch, A., Lorini, L., Oskay, W.H., Drullinger, R.E., Fortier, T.M., Stalnaker, J.E., Diddams, S.A., Swann, W.C., Newbury, N.R., Itano, W.M., Wineland, D.J., and Bergquist, J.C. (2008) Frequency ratio of Al^+ and Hg+ single-ion optical clocks; metrology at the 17th decimal place. *Science*, **319** (5871), 1808-1812.

[95] Margolis, H.S., Barwood, G.P., Huang, G., Klein, H.A., Lea, S.N., Szymaniec, K., and Gill, P. (2004) Hertz-level measurement of the optical clock frequency in a single $^{88}Sr^+$ ion. *Science*, **306**, 1355-1358.

[96] Madej, A.A., Dubé, P., Zhou, Z., Bernard, J.E., and Gertsvolf, M. (2012) $^{88}Sr^+$ 445-THz single-ion reference at the 10^{-17} level via control and cancellation of systematic uncertainties and its measurement against the SI second. *Phys. Rev. Lett.*, **109**, 203002-1-203002-4.

[97] Chwalla, M., Benhelm, J., Kim, K., Kirchmair, G., Monz, T., Riebe, M., Schindler, P., Villar, A., Hänsel, W., Roos, C., Blatt, R., Abgrall, M., Santarelli, G., Rovera, G., and Laurent, Ph. (2009) Absolute frequency measurementof the $^{40}Ca^+$ 4s S1/22-3d D5/22clock transition. *Phys. Rev. Lett.*, **102**, 023002-1-023002-4.

[98] Matsubara, K., Hachisu, H., Li, Y., Nagano, S., Locke, C., Nogami, A., Kajita, M., Hayasaka, K., Ido, T., and Hosokawa, M. (2012) Direct comparison of a Ca^+ single-ion clock against a Sr lattice clock to verify the absolute frequency measurement. *Opt. Express*, **20**, 22034-22041.

[99] Huang, Y., Liu, P., Bian, W., Guan, H., and Gao, K. (2014) Evaluation of the systematic

shifts and absolute frequency measurement of a single Ca$^+$ ion frequency standard. *Appl. Phys. B*, **114**, 189–201.

[100] Tamm, C., Engelke, D., and Buehner, V. (2000) Spectroscopy of the electricquadrupole transition $^2S_{1/2}(F=0)-^2D_{3/2}(F=2)$ in trapped ^{171}Yb$^+$. *Phys. Rev.A*, **61**, 05340 5-1–053405-9.

[101] Roberts, M., Taylor, P., Gateva-Kostova, S.V., Clarke, R.B.M., Rowley, W.R.C., and Gill, P. (1999) Measurement of the $^2S_{1/2}-2D_{5/2}$ clock transition in a single ^{171}Yb$^+$ ion. *Phys. Rev. A*, **60**, 2867–2872.

[102] Dehmelt, H. (1975) Proposed 1014 $\delta\nu/\nu$ laser fluorescence spectroscopy on Tl$^+$ mono-ion oscillator II (spontaneous quantum jumps). *Bull. Am. Phys. Soc.*, **20**, 60.

[103] Tamm, C., Weyers, S., Lipphardt, B., and Peik, E. (2009) Stray-field-induced quadrupole shift and absolute frequency of the 688-THz ^{171}Yb$^+$ single-ion optical frequency standard. *Phys. Rev. A*, **80**, 043403-1–043403-7.

[104] Tamm, C., Huntemann, N., Lipphardt, B., Gerginov, V., Nemitz, N., Kazda, M., Weyers, S., and Peik, E. (2014) A Cs-based optical frequency measurement using cross-linked optical and microwave oscillators. *Phys. Rev. A*, **89**, 023820-1–023820-8.

[105] Schneider, T., Peik, E., and Tamm, C. (2005) Sub-hertz optical frequency comparisons between two trapped ^{171}Yb$^+$ ions. *Phys. Rev. Lett.*, **94**, 230801-1–230801-4.

[106] Dzuba, V.A. and Flambaum, V.V. (2009) Atomic calculations and search for variation of the fine-structure constant in quasar absorption spectra. *Can. J. Phys.*, **87** (1), 25–35.

[107] Roberts, M., Taylor, P., Barwood, G.P., Gill, P., Klein, H.A., and Rowley, W.R.C. (1997) Observation of an electric octupole transition in a single ion. *Phys. Rev. Lett.*, **78**, 1876–1879.

[108] Yudin, V.I., Taichenachev, A.V., Oates, C.W., Barber, Z.W., Lemke, N.D., Ludlow, A.D., Sterr, U., Lisdat, C., and Riehle, F. (2010) Hyper-Ramsey spectroscopy of optical clock transitions. *Phys. Rev. A*, **82**, 011801-1–011801-4.

[109] Huntemann, N., Lipphardt, B., Okhapkin, M., Tamm, C., and Peik, E. (2012) Generalized Ramsey excitation scheme with suppressed light shift. *Phys. Rev. Lett.*, **109**, 213002-1–213002-5.

[110] Huntemann, N., Okhapkin, M., Lipphardt, B., Weyers, S., Tamm, C., and Peik, E. (2012) High-accuracy optical clock based on the octupole transition in ^{171}Yb$^+$. *Phys. Rev. Lett.*, **108**, 090801-1–090801-5.

[111] King, S.A., Godun, R.M., Webster, S.A., Margolis, H.S., Johnson, L.A.M., Szymaniec, K., Baird, P.E.G., and Gill, P. (2012) Absolute frequency measurement of the $^2S_{1/2}-^2F_{7/2}$ electric octupole transition in a single ion of ^{171}Yb$^+$ with 10^{-15} fractional uncertainty. *New J. Phys.*, **14**, 013045.

[112] Sherstov, I., Okhapkin, M., Lipphardt, B., Tamm, C., and Peik, E. (2010) Diode-laser system for high-resolution spectroscopy of the $^2S_{1/2} \rightarrow ^2F_{7/2}$ octupole transition in ^{171}Yb$^+$. *Phys. Rev. A*, **81**, 021805-1–021805-5.

[113] Yu, N., Dehmelt, H., and Nagourney, W. (1992) The $^1S_0-^3P_0$ transition in the aluminum isotope ion 26Al+: a potentially superior passive laser frequency standard and spectrum analyzer. *Proc. Natl. Acad. Sci. U.S.A.*, **89**, 7289.

[114] Rosenband, T., Schmidt, P.O., Hume, D.B., Itano, W.M., Fortier, T.M., Stalnaker, J.E., Kim, K., Diddams, S.A., Koelemeij, J.C.J., Bergquist, J.C., and Wineland, D.J. (2007) Observation of the $^1S_0 \to {}^3P_0$ clock transition in ^{27}Al$^+$. *Phys. Rev. Lett.*, **98**, 220801-1-220801-4.

[115] Wübbena, J.B., Amairi, S., Mandel, O., and Schmidt, P.O. (2012) Sympathetic cooling of mixed-species two-ion crystals for precision spectroscopy. *Phys. Rev. A*, **85**, 043412-1-043412-13.

[116] Chou, C.W., Hume, D.B., Koelemeij, J.C.J., Wineland, D.J., and Rosenband, T. (2013) Frequency comparison of two high-accuracy Al$^+$ optical clocks. *Phys. Rev. Lett.*, **104**, 070802-1-070802-4.

[117] See e.g. Chou, C.W., Hume, D.B., Rosenband, T., and Wineland, D.J. (2010) Optical clocks and relativity. *Science*, **329**, 1630-1633.

[118] Blatt, S., Ludlow, A.D., Campbell, G.K., Thomsen, J.W., Zelevinsky, T., Boyd, M.M., Ye, J., Baillard, X., Fouche, M., Le Target, R., Brusch, A., Lemonde, P., Takamoto, M., Hong, F.-L., Katori, H., and Flambaum, V.V. (2008) New limits on coupling of fundamental constants to gravity using ^{87}Sr optical lattice clocks. *Phys. Rev. Lett.*, **100**, 140801-1-140801-4.

[119] see e.g. Bjerhammar, A. (1985) On a relativistic geodesy. *Bull. Géodé.*, **59** (3), 207-220.

[120] Hanneke, D., Fogwell Hoogerheide, S., and Gabrielse, G. (2011) Cavity control of a single-electron quantum cyclotron: measuring the electron magnetic moment. *Phys. Rev. A*, **83**, 052122-1-052122-26.

[121] Odom, B., Hanneke, D., D'Urso, B., and Gabrielse, G. (2006) New measurement of the electron magnetic moment using a one-electron quantum cyclotron. *Phys. Rev. Lett.*, **97**, 030801-1-030801-4.

[122] Gabrielse, G., Hanneke, D., Kinoshita, T., Nio, M., and Odom, B. (2007) Erratum: new determination of the fine structure constant from the electron g value and QED. *Phys. Rev. Lett.* (2006) **97**, 030802, *Phys. Rev. Lett.* (2006) **99**, 039902-1-039902-2.

[123] Mohr, P.J., Taylor, B.N., and Newell, D.B. (2012) CODATA recommended values of the fundamental physical constants: 2010. *Rev. Mod. Phys.*, **84**, 1527-1605.

[124] see e.g. Karshenboim, S.G. and Peik, E. (eds) (2004) *Astrophysics, Clocks and Fundamental Constants*, Lecture Notes on Physics, vol. 648, Springer, Berlin, Heidelberg.

[125] Webb, J.K., Murphy, M.T., Flambaum, V.V., Dzuba, V.A., Barrow, J.D., Churchill, C.W., Prochaska, J.X., and Wolfe, A.M. (2001) Further evidence for cosmological evolution of the fine structure constant. *Phys. Rev. Lett.*, **87**, 091301-1-091301-4.

[126] see e.g. Srianand, R., Chand, H., Petitjean, P., and Aracil, B. (2004) Limits on the time variation of the electromagnetic fine-structure constant in the low energy limit from absorption lines in the spectra of distant quasars. *Phys. Rev. Lett.*, **92**, 121302-1-121302-4.

[127] Peik, E., Lipphardt, B., Schnatz, H., Schneider, T., and Tamm, C. (2004) Limit on the Present Temporal Variation of the Fine Structure Constant. *Phys. Rev. Lett.*, **93**, 170801-1-170801-4.

[128] Bize, S., Diddams, S.A., Tanaka, U., Tanner, C.E., Oskay, W.H., Drullinger, R.E., Parker, T.E., Heavner, T.P., Jefferts, S.R., Hollberg, L., Itano, W.M., and Bergquist, J.C. (2003) Testing the stability of fundamental constants with the ^{199}Hg single-ion optical clock. *Phys. Rev. Lett.*, **90**, 150802-1-150802-4.

[129] Marion, H., Pereira Dos Santos, F., Abgrall, M., Zhang, S., Sortais, Y., Bize, S., Maksimovic, I., Calonico, D., Grünert, J., Mandache, C., Lemonde, P., Santarelli, G., Laurent, P., Clairon, A., and Salomon, C. (2003) Search for variations of fundamental constants using atomic fountain clocks. *Phys. Rev. Lett.*, **90**, 150801-1-150801-4.

[130] Fischer, M., Kolachevsky, N., Zimmermann, M., Holzwarth, R., Udem, T., Hänsch, T.W., Abgrall, M., Grünert, J., Maksimovic, I., Bize, S., Marion, H., Pereira Dos Santos, F., Lemonde, P., Santarelli, G., Laurent, P., Clairon, A., Salomon, C., Haas, M., Jentschura, U.D., and Keitel, C.H. (2004) New limits on the drift of fundamental constants from laboratory measurements. *Phys. Rev. Lett.*, **92**, 230802-1-230802-4.

[131] Karshenboim, S.G. and Peik, E. (2008) Astrophysics, atomic clocks and fundamental constants. *Eur. Phys. J. Spec. Top.*, **163**, 1-7.

[132] Dzuba, V.A., Flambaum, V.V., and Webb, J.K. (1999) Calculations of the relativistic effects in many-electron atoms and space-time variation of fundamental constants. *Phys. Rev. A*, **59**, 230-237.

[133] Dzuba, V.A., Flambaum, V.V., and Marchenko, M.V. (2003) Calculations of the relativistic effects in many-electron atoms and space-time variation of fundamental constants. *Phys. Rev. A*, **68**, 022506-1-022506-5.

[134] Fortier, T.M., Ashby, N., Bergquist, J.C., Delaney, M.J., Diddams, S.A., Heavner, T.P., Hollberg, L., Itano, W.M., Jefferts, S.R., Kim, K., Levi, F., Lorini, L., Oskay, W.H., Parker, T.E., Shirley, J., and Stalnaker, J.E. (2007) Precision atomic spectroscopy for improved limits on variation of the fine structure constant and local position invariance. *Phys. Rev. Lett.*, **98**, 070801-1-070801-4.

[135] Le Targat, R., Lorini, L., Le Coq, Y., Zawada, M., Guéna, J., Abgrall, M., Gurov, M., Rosenbusch, P., Rovera, D.G., Nagorny, B., Gartman, R., Westergaard, P.G., Tobar, M.E., Lours, M., Santarelli, G., Clairon, A., Bize, S., Laurant, P., Lemonde, P., and Lodewyck, J. (2013) Experimental realization of an optical second with strontium lattice clocks. *Nat. Commun.*, **4**, 2109-1-2109-8.

[136] Peik, E. and Tamm, C. (2003) Nuclear laser spectroscopy of the 3.5 eV transition in Th-229. *Europhys. Lett.*, **61**(2), 181-186.

[137] See e.g.: Cacciapuoti, L., Dimarcq, N., Santarelli, G., Laurent, P., Lemonde, P., Clairon, A., Berthoud, P., Jornod, A., Reina, F., Feltham, S., and Salomon, C. (2007) Atomic clock ensemble in space: scientific objectives and mission status. *Nucl. Phys.* B, **166**, 303-306.

[138] See e.g.: Gill, P. (2011) When should we change the definition of the second? *Philos. Trans. R. Soc. A*, **369**, 4109-4130.

[139] Djerroud, K., Acef, O., Clairon, A., Lemonde, P., Man, C.N., Samain, E., and Wolf, P. (2010) Coherent optical link through the turbulent atmosphere. *Opt. Lett.*, **35**, 1479-1481.

[140] Giorgetta, F.R., Swann, W.C., Sinclair, L.C., Baumann, E., Coddington, I., and Newbury, N.R. (2013) Optical two-way time and frequency transfer over free space. *Nat. Photonics*, **7**, 434-438.

[141] Droste, S., Ozimek, F., Udem, T., Predehl, K., Hänsch, T.W., Schnatz, H., Grosche, G., and Holzwarth, R. (2013) Optical-frequency transfer over a single-span 1840 km fiber link. *Phys. Rev. Lett.*, **111**, 110801-1-110801-5.

[142] Schiller, S., Görlitz, A., Nevsky, A., Alighanbari, S., Vasilyev, S., Abou-Jaoudeh, C., Mura, G., Franzen, T., Sterr U., Falke, S., Lisdat, C., Rasel, E., Kulosa, A., Bize, S., Lodewyck, J., Tino, G.M., Poli, N., Schioppo, M., Bongs, K., Singh, Y., Gill, P., Barwood, G., Ovchinnikov, Y., Stuhler, J., Kaenders, W., Braxmaier, C., Holzwarth, R., Donati, A., Lecomte, S., Calonico, D., and Levi, F. (2012) The space optical clocks project: development of high-performance transportable and breadboard optical clocks and advanced subsystems. Proceedings of the 2012 European Frequency and Time Forum (EFTF 2012), arXiv:1206.3765.

第4章
超导、约瑟夫森效应和磁通量量子

超导(电)性是一种宏观的量子效应,可以在低温下从某些固态系统中观察到这一效应。超导状态可以由单波函数描述,它在现实空间的宏观距离上延伸。占据宏观量子的复合准粒子状态是由两个弱电子组成的玻色子库珀对,它们彼此之间束缚较弱。如果超导环被放置在磁场中,则可以发现穿透该环的磁通量被量化为磁通量量子的整数倍。量子计量利用了库珀对和磁通量量子。两个超导体之间的库珀对隧道效应称为约瑟夫森效应[1]。它将宏观物理量电压和单位电压与每一时间间隔的磁通量量子的计数建立了联系。因此,量子对单位的建立有贡献。这方面将在4.1节着重介绍。在4.2节中,将讨论磁通量量子对测量的基础理论的贡献。在超导量子干涉仪中,磁通量与通量量子之比决定了干涉效应的结果。这种干涉可以对磁通量进行高灵敏度的测量,进而对磁通量量子相关的磁场和磁力矩进行测量。本章的目的是介绍超导体的基本物理性质和计量应用,约瑟夫森效应,以及超导量子干涉仪。

4.1 约瑟夫森效应和量子电压标准

4.1.1 超导性简介

超导性是由荷兰物理学家海克·卡默林·恩斯(Heike Kameilingh Onnes)继1908年成功地液化^{4}He之后,于1911年发现的。鉴于他在低温物理学的成就,卡默·林恩斯在1913年获得了诺贝尔物理学奖。超导性的特点是低于临界温度T_c时电阻的消失和来自超导材料内部的磁场排出(Meissner-Ochsenfeld效应,见4.2.1节)。卡默琳·恩斯通过研究汞(Hg)电阻的温度依赖性发现了超导性,它的临界温度$T_c=4.2K$。随后在其他实验中发现了超导性金属,如锡(Sn,$T_c=3.7K$)、铅(Pb,$T_c=7.2K$)、铌(Nb,$T_c=9.5K$)。

在用几个经典或半经典的方法描述超导之后[2-3]，巴丁(Bardeen)等在1957年对超导性进行了量子力学描述[4-5]。1972年，凭借"BCS理论"，Bardeen、Cooper和Schrieffer获得了诺贝尔物理学奖。

BCS理论的基本成分是描述由靠近费米表面的电子形成的库珀对和它们凝结成宏观的单波函数描述的量子态。库珀对由两个电子组成，它们具有相反的自旋S和波矢量k，并且$S=0$，$k=0$，另外如果e表示元电荷，则总电荷$e_S=-2e$。在经典的低温超导体中，将两个电子结合在一起的吸引力是介导电子-声子相互作用，它能够克服带负电荷的电子排斥。然而，BCS理论与电子之间引力的性质无关。

从单粒子电子状态中分离出来的库珀对需要能量间隙$2\Delta(T)$，随着温度的升高，$\Delta(T)$从$\Delta(T=0)=1.76k_BT_c$下降到0，根据

$$\Delta(T) = \Delta(T=0)\sqrt{\cos\left(\frac{\pi}{2}\left(\frac{T}{T_c}\right)^2\right)} \tag{4.1}$$

序参数的连续减小呈现出二阶相变的特点。在任何温度下，超导性在对抗外部磁场时都是不稳定的，并且在某些临界磁场强度下消失，不同于Ⅰ型和Ⅱ型超导体。此外，超导性在电场中发生破坏，可能会导致超导能力的下降到它的能量间隙$2\Delta(T)$。

对于即将讨论的约瑟夫森效应，关键因素是波函数。根据BCS理论描述超粒子的宏观量子状态。这个波函数可以写成

$$\psi = \sqrt{n_S}\,\mathrm{e}^{\mathrm{i}\theta} \tag{4.2}$$

式中：$n_S = \psi\psi^*$为库珀对的密度，星号"*"表示共轭复数；θ为宏观波函数的相位。

BCS理论描述了金属低温超导体，目前计量学中最先进的应用都是基于此。出于完整性的考虑，需要提到一些历史。1986年，缪勒(Alexander Müllev)和柏诺兹(Georg Bednorz)于瑞士霍尔根(Rischlikon)市的IBM实验室在35K[6]温度下钙钛矿陶瓷中发现了超导性材料(Ba-La-Cu氧化物)。1987年，他们为此获得诺贝尔物理学奖。他们的工作为对高温超导体进行深入研究奠定了基础，其中最突出的铜酸盐材料是钇钡铜氧化物(YBCO)。YBCO是第一种在临界温度$T_c=93K$时观察到超导性的材料，该温度高于液态氮[7]的温度。到目前为止，最高的临界温度$T_c=133K$已在Hg-Ba-Ca-Cu-O基铜酸盐中[8]实现。高T_c超导体的理论描述仍然是一个讨论的问题。然而，很明显，CuO面和精确的含氧量起着决定性作用。

最近发现了临界温度达到$T_c=55K$的以铁为基础的材料(如磷化合物)[9]。尽管它们的临界温度仍然比铜酸盐超导体低得多，但是一些无氧的磷化合物的力学性能更好，如$SrFe_2As_2$比脆弱的铜酸盐超导体更优越。这一特性可以使制造更加容易(如电缆)。

4.1.2 约瑟夫森效应基础

约瑟夫森效应于1962年由布莱恩·约瑟夫森提出,它是指在两个超导体之间没有电阻的库珀对的隧道效应,在超导体之间用一个很薄的隧道势垒隔开。这个排列称为约瑟夫森结,如图4.1所示。

图4.1 约瑟夫森结

注:两个超导体由一个厚度为几纳米的薄隧道势垒(灰色部分)隔开。
Ψ_i 为波函数,E_i 为超导体的能量,K 为耦合常数(它取决于势垒厚度和高度)。

约瑟夫森结的关键元素是隧道势垒,它可以是绝缘体、普通金属或半导体。它的厚度通常只有几纳米,选择的厚度足以防止库珀对的直接交换。另外,势垒足够薄,使得超导体1的宏观波函数 ψ_1 与超导体2的宏观波函数 ψ_2 耦合,反之亦然。这样的势垒提供了一个弱连接。耦合是一种纯粹的量子力学现象。它反映了这样一个事实:量子力学波函数不会突然终止于一个样本或结构的边缘,而是扩展到邻近的区域,在这个区域中它呈指数形式衰减。

库珀对穿越隧道势垒的超电流由依赖于时间的薛定谔方程决定。更具体地说,必须为超导体1和超导体2写出来两个独立的方程,简写形式如下:

$$i\hbar \frac{\partial \psi_{1,2}(t)}{\partial t} = E_{1,2}\psi_{1,2}(t) + K\psi_{2,1} \quad (4.3)$$

耦合常数 K 描述超导体之间的量子力学耦合,因此,耦合这两个方程。如果在整个结上施加外部电压,则能量 E_1 和 E_2 分别表示由电压引起的超导体1和超导体2的电势。因此,$|E_2 - E_1| = 2eU$。如果两个超导体是相同的,则电压的下降是对称的,$E_2 = eU$ 且 $E_1 = -eU$。

根据式(4.2),用波函数的拟设求解式(4.3),表明超导体1和超导体2的库珀对密度 n_1 和 n_2 是时间相关的。时间依赖性导致库珀对电流:

$$I_S(t) \propto \frac{\partial}{\partial t}n_1(t) = -\frac{\partial}{\partial t}n_2(t) \quad (4.4)$$

此时已知

$$I_S(t) = I_{S\max}\sin(\theta_1(t) - \theta_2(t)) \quad (4.5)$$

式中:$I_{S\max}$ 为临界电流,它与耦合常数 K 成正比;$\theta_i(t)$ 为标号为 i 的超导体的波函数的相位。

库珀对电流的时间演化是由相位项的时间演化决定的。相位差的时间依赖性

$$\varphi(t) = \theta_1(t) - \theta_2(t) \tag{4.6}$$

由下式计算得到

$$\frac{\partial \varphi(t)}{\partial t} = \frac{2e}{\hbar} U \tag{4.7}$$

式(4.5)和式(4.7)称为约瑟夫森方程,而预因子 $2e/h$ 称为约瑟夫森常数 K。它的倒数 $h/2e$ 是磁通量 Φ_0。组合式(4.5)~式(4.7),获得了库珀对的隧道电流(或约瑟夫森电流):

$$I_S(t) = I_{Smax}\sin\left(\frac{2e}{\hbar}\int_0^t U(\tau)\mathrm{d}\tau + \varphi_0\right) \tag{4.8}$$

恒定相 φ_0 是由实验的初始条件确定的积分常数。下面将分析在约瑟夫森结上不同类型的外部电压的式(4.8)的预测。

4.1.2.1 交流(AC)和直流(DC)约瑟夫森效应

如果在约瑟夫森结上施加恒定的直流电压 $U \neq 0$,则库珀对电流为

$$I_S(t) = I_{Smax}\sin\left(\frac{2e}{\hbar}Ut + \varphi_0\right) \tag{4.9}$$

因此,$I_S(t)$ 为具有角频率 $\omega_J = 2eU/\hbar$ 的高频交流电流,频率 $f_J = 2eU/h$。式(4.9)描述了交流约瑟夫森效应,即电压到频率的转换。交流约瑟夫森电流的时间平均为零,因为它不包含直流分量。

如果没有施加电压,$U = 0$,则产生直流-库珀对电流,其大小和方向取决于恒定相位项 φ_0。若 $\varphi_0 \neq 0$,电流没有电压下降,称为直流约瑟夫森效应。对于目前处理的理想的约瑟夫森结,交流和直流约瑟夫森效应在图4.2中得以展示,其中以电压和时间平均电流为坐标轴作图。

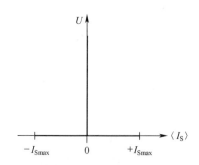

图4.2 理想约瑟夫森结的电压-电流特性
(展示了直流和交流约瑟夫森效应)
注:电流轴表示时间平均电流。

4.1.2.2 直流和交流混合电压:夏皮罗(Shapiro)台阶

如果在式(4.8)中插入一个直流和交流电压的混合电压,约瑟夫森电压标准的本质就显而易见了。把这种混合电压写为

$$U(t) = U + u_M \cos(\omega_M t) \tag{4.10}$$

式中:ω_M 为交流部分的角频率。

对于约瑟夫森电流,然后有

$$I_S(t) = I_{Smax} \sum_{n=-\infty}^{\infty} (-1)^n J_n\left(\frac{2e\, u_M}{\hbar \omega_M}\right) \sin((\omega_J - n\omega_M)t + \varphi_0) \tag{4.11}$$

式中:J_n 为 n 阶的贝塞尔函数。

式(4.11)表明,当 $\omega_J - n\omega_M = 0$ 时,约瑟夫森结携带直流库珀对电流,即

$$U_n = n\frac{h}{2e}f_M = \frac{nf_M}{K_J} \tag{4.12}$$

式中:n 为整数。离散电压 U_n 称为夏皮罗台阶,夏皮罗于1963年首次通过实验观察到了离散电压[10],便以他的名字命名。整数 n 称为台阶级数。图4.3为电压—电流特性。

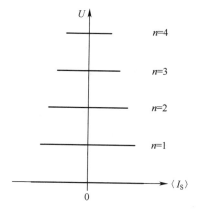

图4.3 用于应用混合电压的理想约瑟夫森结的
电压-电流特性(展示出了量子化电压的产生)
注:电流轴表示时间平均电流。

从物理的观点来看,离散电压 U_n 是由施加频率为 ω_M 的交流电压对频率为 ω_J 的交流约瑟夫森电流进行频率调制的结果。该频率调制产生边带,其中当 $\omega_J - n\omega_M = 0$ 时则有直流项。式(4.12)可以解释为,直流电压由每个时间间隔通过约瑟夫森结传输的磁通量量子数给出。这里,约瑟夫森结作为理想的频率-电压转换器,可以看作在4.1.2.1节中处理的交流约瑟夫森效应的反面转换。

4.1.3 实际约瑟夫森结的基本物理性质

4.1.2 节研究了理想的约瑟夫森结,现在必须考虑实际更多的物理因素影响。除了库珀对电流 I_s,由于结的有限电容 C,必须考虑位移电流 I_C。此外,单电子隧道电流 I_N 在有限温度下流过结。对实际约瑟夫森结的处理也应考虑在约瑟夫森结实验中应用电流偏置。Stewart 和 McCumber[11-12]提出的电阻电容分流结(RCSJ)模型就考虑了这些因素。RCSJ 模型通过图 4.4 的电路描述真实的约瑟夫森结。在这种并联电路中,偏置电流 I_{bias} 被分成理想的约瑟夫森结的库珀对电流,通过电容 C 的位移电流 I_C,和单电子电流 I_n,这表示为通过欧姆电阻 R 的电流,因此,对于低于 T_c 的有限温度,RCSJ 模型得到了实际约瑟夫森结的动力学行为的下列方程:

$$I_{bias}(t) = I_{Smax}\sin(\varphi(t)) + \frac{U}{R} + C\frac{dU}{dt} \qquad (4.13)$$

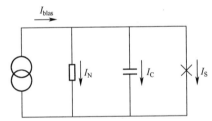

图 4.4 描述位移(I_C)和单电子电流(I_N)的实际约瑟夫森结的 RCSJ 模型

RCSJ 模型有助于区分两种不同类型的实际约瑟夫森结,即显示滞回或非滞回动态行为的结。如果在线性近似式(4.13)中 $\sin\varphi$ 被 φ 替代,约瑟夫森电感 $L_J = \hbar/(2eI_{smax})$ 被引入,则约瑟夫森方程式(4.7)用对 φ 的时间导数代替 U,然后得到 RLC 振荡器的方程。利用 RLC 振荡器本征频率的一般表达式,实际约瑟夫森结的本征频率或等离子体频率可写为

$$f_P = \frac{1}{2\pi\sqrt{L_J C}} = \sqrt{\frac{eI_{Smax}}{\pi\hbar C}} \qquad (4.14)$$

RLC 振荡器的品质因子,定义为它的本征频率与它的共振的最大值的全宽度之比,由

$$Q = 2\pi f_P RC \qquad (4.15)$$

为了描述 RCSJ 模型框架中的一个实际约瑟夫森结,将 McCumber 参数 β_c 作为品质因子的平方引入:

$$\beta_c = Q^2 = 2e\frac{I_{Smax}R^2 C}{\hbar} \qquad (4.16)$$

McCumber 参数用于区分滞回和非滞回结。如果 $\beta_c > 1$ 成立,则结处于欠阻尼,并展示出图 4.5(a)的滞回特性。如果仅施加直流偏置电流,则超电流增加,直到达到临界电流以增加偏差。对于较高的偏置电流,结切换到正常的传导状态,并且电压-电流特性接近正常状态电阻。当偏置电流再减小时,可以观察到滞回特性。

如果在直流偏置电流中加入微波激励,则可以观察到不同级数的夏皮罗台阶,它们在零偏置电流附近重叠。正如在 4.1.4.2 节中解释的那样,这种性能用于直流约瑟夫森电压标准。恒定电压台阶延伸的电流范围和所观察到的级数取决于所施加的微波功率。对于一定范围的微波功率和调制频率 ω_M,观察到亚稳态夏皮罗台阶。超出这些范围,约瑟夫森结表现出混沌行为[13]。如果隧道势垒是具有大电阻 R 和有限结电容 C 的绝缘体,则欠阻尼结满足关系 $\beta_c > 1$,如式(4.16)所示。这种类型的约瑟夫森结常称为超导体/绝缘体/超导体(SIS)结。

过阻尼约瑟夫森结满足 $\beta_c \leqslant 1$ 的关系,它可以通过使用正常金属(N)或正常金属和绝缘层的组合作为隧道势垒从而降低结电阻来实现。这些结分别被称为超导体/正常金属/超导体(SNS)和超导体/绝缘体/正常金属/绝缘体/超导体(SINIS)结。如图 4.5(b)所示,过阻尼结表现出非滞回特性。特别地,对于微波激励,可以看出直流偏置电流与电压台阶数之间的明确关系。这一特点为 4.1.4.3 节和 4.1.4.4 节中讨论关于交流约瑟夫森电压标准的发展提供了依据。

真约瑟夫森结物理学的深入分析参见文献[14-17]。

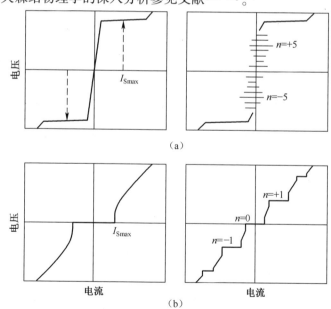

图 4.5 实际约瑟夫森结的电压-电流特性
(a)滞回(欠阻尼)结;(b)非滞回(过阻尼)结。

注:图(a)、(b)左侧,如果只有直流偏置电流应用的行为;图(a)、(b)右侧,除了直流偏置电流外,还包含微波激发的行为。注意,当微波功率和直流偏置被调谐并且调谐期间产生的不同电压被叠加时,观察到滞回(欠阻尼)结的特性。

4.1.4 约瑟夫森电压标准

从式(4.12)可以看出,约瑟夫森效应将电压与频率、基本常数 h 和 e 以及一个整数联系起来。由于频率可以用原子钟以非常高的精度实现(现在的相对不确定度小于 10^{-15},参见第2章和第3章),式(4.12)具有非常精确地实现电压测量的潜力。此外,在20世纪60年代,实验证明,约瑟夫森效应本身在 1×10^{-8} 量级上具有很高的复现性[18]。随后的测量结果显示,在 10^{-16} 和 10^{-19} 量级达到了更高的复现性[19-20]。这些发现促使人们努力构建基于约瑟夫森效应的电压标准。遇到的主要障碍是单个约瑟夫森结产生的电压的幅度过小,即使在吉赫兹范围内的频率也是如此。例如,在70GHz的频率下,最低夏皮罗台阶的电压仅为 $145\mu V$。因此,人们在约瑟夫森结阵列的研制上做了大量的工作。约瑟夫森阵列是一个多结的串联电路,其中结的电压加起来可以达到1V的实际电压水平,目前可以达到10V。今天,产生10V直流电压的约瑟夫森阵列已经商业化。除了激光,它们是少数已经进入市场的量子技术之一。用于在10V级别上进行交流测量的约瑟夫森阵列也取得了实质性的进展。目前已在多家国家计量机构投入使用,正在商业化。在4.1.4节中,将回顾约瑟夫森电压标准的技术和推动其发展的主要思想,以及它们目前的技术状况和对计量学的影响。约瑟夫森电压标准发展的更多细节参见文献[21-23]。

4.1.4.1 约瑟夫森阵列材料与技术综述

如前所述,单个约瑟夫森结在亚毫伏范围内产生电压,因此必须在直流串联电路中增加数千或上万个结的电压以获得实际的电压电平。为此,使用薄膜技术制造集成电路,这些技术包括溅射沉积超导层和电介质、通过光或电子束光刻进行图案化和蚀刻工艺。

在20世纪80年代,集成约瑟夫森阵列是基于铅/铅合金技术[24]。然而,这种技术没有提供所需的长期稳定性,可能是由于在房间温度和低温之间的湿度和热循环会对铝合金造成损坏。铌被证明是用作阵列中约瑟夫森结超导材料的一个更好选择。这种金属在9.5K的大的临界温度上结合了化学稳定性,铌可以很容易被普通金属铝覆盖,甚至具有可用于形成绝缘层的不稳定的天然氧化物。因此,Nb/Al/Al氧化物技术[25]提供了制作SIS和SINIS约瑟夫森阵列所需的所有成分。对于SNS约瑟夫森阵列的制造,铌可以与PdAu[26]或NbSi[27]等材料结合。因此,铌锂被选为当今约瑟夫森电压标准的超导材料。铌标准可以在液氦的温度,即4.2K下操作。使用NbN阵列[28]可以在10K左右的高温下操作。较高的温度允许NbN阵列在低温致冷器中工作。高温超导铜酸盐材料尚未导致电压标准的重大突破,因为它们的不均匀性阻碍了具有大量均匀的约瑟夫森结的高度集成电路的发展。

材料的选择决定了约瑟夫森阵列的工作范围。阵列的最大频率(命名为特征频率),即 f_c,在这一频率上阵列能被操控。它被特征电压 V_c 所限制:

$$f_c = V_c \frac{2e}{h} \quad (4.17)$$

特征电压 V_c 是由临界电流和正常状态电阻给出的:

$$V_c = I_{S\max}R \quad (4.18)$$

临界电流取决于超导材料的临界电流密度 $j_{S\max}$。只有理论上临界电流 $I_{S\max} = j_{S\max}A$,对于给定的材料,在给定的临界电流密度 $j_{S\max}$ 下,可以通过调整约瑟夫森结的面积 A 来任意调节临界电流。如果面积 A 增加,约瑟夫森阵列的尺寸也会增大,这就破坏了阵列交叉点的均匀性,并使微波设计变得更复杂。因此,为了获得约瑟夫森阵列的期望输出电压,必须仔细选择驱动频率、结数、台阶级数、材料参数和尺寸。下面的章节将更详细地讨论如何针对不同类型的约瑟夫森电压标准来处理这些约束。

作为对一般技术方面的总结,必须解决微波问题。约瑟夫森阵列的设计必须使得几乎所有的结都受到几乎相同的微波功率的激励。为此,将约瑟夫森结嵌入在高频传输线中,如低阻抗微带线或 50Ω 共面波导和共面带状线。必须采取措施避免反射和驻波的形成。一条微波传输线可以容纳的约瑟夫森结的数量受到沿该线微波功率衰减的限制。传输线不能太长,否则功率损耗变得太大。这种约束限制了每条线约瑟夫森结的数目。为了用微波均匀地激励大量结点,多个微波分支可以并联工作,微波被分路,产生的分波被送到不同的分支中。用于功率分路的微波组件可用于具有窄频谱的正弦微波。

4.1.4.2 直流约瑟夫森电压标准:常规伏特

自 20 世纪 80 年代以来,已经开发了用于产生和传播 1V 和 10V 直流电压的,约瑟夫森电压标准是第一个对计量学产生重大影响的约瑟夫森标准。如今,它们被世界各国计量研究机构常规使用于复现和维护直流电压标准。并且也可商用,商业校准实验室已经开始使用它们。它们的发展是由两种观点推动的:一是利用高滞回性 SIS 约瑟夫森结在零偏置电流附近的重叠夏皮罗台阶[29],这一概念消除了对单个结施加单独偏置的需求,有助于在串联阵列中集成大量的约瑟夫森结。第二个重要的想法是将这些结嵌入到高频传输线中,以确保均匀的微波激励。

1984 年,首次展示了能够提供了 1V 输出的约瑟夫森阵列。它是以铅/铅合金技术为基础的,采用微带线来分配微波功率[24]。目前,采用 Nb/Al/Al 氧化物技术制作的 SIS 约瑟夫森阵列,产生 10V 直流电压,典型的电流台阶宽度为几十微安。在大多数设计中,选择微带线被作为高频传输线。图 4.6 所示为约瑟夫森陈列布局。由于 SIS 结的正常态电阻很大特性电压非常大,可以施加 70GHz 的驱动频率 f,并且可以在更高阶的夏皮罗台阶上操作阵列。对于典型的参数,例如 $f = $ 70GHz 和台阶级数 $n = 5$ 以及 14000 个结足以获得 10V 输出。

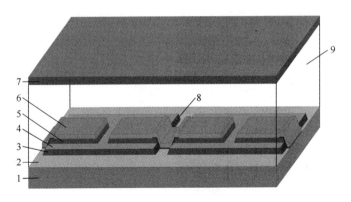

图 4.6 约瑟夫森阵列布局

注:图中展示了嵌入在微带线中的四个结,其接地板在结构顶部可见。
1—硅衬底;2—Al_2O_3 溅射层,典型厚度 30nm;3—铌隧道电极,170nm;4—阻挡层,1.5nm,由铝层的热氧化制成;5—铌隧道电极,85nm;6—布线层,400nm;7—铌接地平面,250nm;8—铌氧化物边缘保护,80nm;9—硅氧化物介电层(铌接地平面位于 2μm 厚的硅氧化物介电层上)。

图 4.7 为 PTB 制作的 10V 约瑟夫森阵列的照片。约瑟夫森芯片安装在芯片载体上。在左侧的鳍状线锥形天线耦合到波导(未示出),微波通过该波导传输到约瑟夫森阵列。操作时,将阵列浸入液氦中。

为了使用约瑟夫森标准校准二级电压标准,例如齐纳二极管,约瑟夫森标准的输出电压与二次标准在室温下的输出进行比较。为此,使用一种补偿技术,即用灵敏的纳伏表测量两个电压的差值,该电压表用作零值检测器。为了对约瑟夫森电压进行微调,可以调整约瑟夫森阵列的驱动频率。

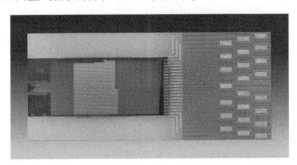

图 4.7 安装在芯片载体上的 10V 约瑟夫森阵列照片

注:阵列的尺寸为 24mm×10mm。

对于绝对测量,频率参照原子钟标准。热电压产生于约瑟夫森阵列和测量装置的室温部分之间的温差。然而,它们可以通过反转约瑟夫森电压的极性和次级标准的电压来补偿。

直流约瑟夫森标准的影响:常规电压标度。早在 20 世纪 80 年代,人们认识到,用 1V 约瑟夫森阵列产生的电压的复现性是非常高的,也就是说,优于 1×10^{-8},且与阵列的材料和几何形状无关。这一结果必须与国际单位制伏特实现的不确定度相比较。SI 伏特是使用电压平衡[30]和可计算的电容器[31]实现的,从而产生一个可追溯到仪表的电容 SI 值。电压平衡将静电力与重力相比较,从而实现了国际单位制中的伏特的相对不确定度为 10^{-7} 量级[32]。因此,用约瑟夫森效应产生的电压的复现性明显优于 SI 伏特的不确定度。计量学的首要目标是确保全球单位的统一性和测量的可比性。显然,如果约瑟夫森常数 K_J 的固定值被商定,则可以利用约瑟夫森效应的优良复现性和频率测量的较小不确定度来实现这一目标。因此,《计量公约》的总会议指示 1987 国际计量委员会建议约瑟夫森常数 K_J 的值,该值在分析约瑟夫森测量[33]时应该使用。在 1988 年,国际计量委员会建议采用当时可获得的最佳实验数据,且从 1990 年 1 月 1 日开始使用[34]。这个常规值或约定的 K_J 值表示为 K_{J-90}:

$$K_{J-90} = 483597.9 \text{ GHz/V} \tag{4.19}$$

为了使 K_{J-90} 与 SI 的 K_J 值兼容,将一个常规的相对不确定度 4×10^{-7} 分配给 K_{J-90}。目前,根据 2010 年基本常数的调整,K_J 和 K_{J-90} 之间的相对偏差变得很小,即 6.3×10^{-8}[35]量级。

本质上,使用关系式

$$U_{90} = \frac{nf}{K_{J-90}} \tag{4.20}$$

建立了一种新的、高复现性的电压标度 U_{90}。在式(4.20)中,由于不与 SI 的量进行比较,因此 K_{J-90} 可视为一个具有不确定度为零的常数。式(4.20)可以说是提供了单位伏特的表示,而如果利用了 SI 的定义,则获得的是伏特的实现。这个术语强调式(4.20)不提供 SI 伏特。尽管如此,K_{J-90} 现在用来表示、保持和传播单位伏特,更精确地说是"Volt$_{90}$",因为它具有优越的复现性。今天,基于 K_{J-90} 的电压测量的不确定度是 10^{-10} 或更好[36]。约瑟夫森效应用于协调电压测量是量子计量学的一个重大突破。

我们总结这一部分,展望新的 SI 将如何改变电压计量。如果将具有零不确定性的固定数值分配给基本电荷和普朗克常数,约瑟夫森常数 K_J 也将具有一个具有零不确定性的固定值。如果使用新的 K_J 值分析约瑟夫森测量,则会产生新单位制的 SI 伏特,因此,有可能利用最高精度的电压测量值为 SI 伏特提供参考。约定的常数 K_{J-90} 将被废除,这将结束两个不同单位的电伏特的存在。因此,电计量将在概念上变得更简单。然而,需要记住的是,新的 SI 伏特极有可能与目前使用的 Volt$_{90}$ 略有不同,偏差将由重新定义之前的基本常数的最新调整来确定。如果使用了 2010 年的调整,则相对偏差将达到在前面提到的 6.3×10^{-8} 量级。这样的偏差在许多测量中是可以忽略的。然而,在比较高精度电压测量时,必须仔细留意它们参考的电压标度。

4.1.4.3 可编程二进制交流约瑟夫森电压标准

电气计量中的许多重要测量涉及交流电压。一个典型的例子是在电网的 50Hz 或 60Hz 的线路频率下测量电功率和电能。传统上,交流伏特(以及交流安培)是通过热转换器实现和传播的。在一个热转换器中,由交流电量产生的热量与其对应的直流电产生的热量进行比较,可以高精度地确定。这是一种量热法,可以得到交流电量的均方根(RMS)值。热转换器可以测量交流伏特在毫伏到千伏范围内的 RMS 值,并且在 10Hz~MHz 频率范围内,相对不确定度可达到 1×10^{-6}。与热转换器不同,交流约瑟夫森电压标准具有高精度地确定交流电压的完整波形的潜力。此外,此标准还有望建立基于量子测量的其他电气量,如阻抗和电功率,以及基于量子特性的测量仪器(如模拟-数字转换器)。因此,自 20 世纪 90 年代以来,人们一直致力于利用约瑟夫森效应及其高复现性进行交流电压测量。

尽管滞回的 SIS 约瑟夫森结对直流电压测量有很大的影响,但它不适用于交流约瑟夫森标准。交流标准的输出电压随时间变化,可以通过在不同的夏皮罗台阶之间快速可靠地切换来直接实现,这种切换由于其电压-电流特性的模糊性而不能用滞回约瑟夫森结来实现,也就是说,这是由于电压级数的重叠。因此,交流标准采用非滞回约瑟夫森结。通过改变直流偏置电流,n 为 0、1 或 -1 电压级数可以在这些结中得到解决(图 4.5)。

本节将采用非滞回 SNS 或 SINIS 约瑟夫森阵列处理可编程二进制交流约瑟夫森电压标准。如果 $m(t)$ 是在时间 t 上激活的结的数目,即随着级数 $n\neq 0$,则阵列的输出电压随时间变化

$$U(t) = nm(t)K_J^{-1}f \tag{4.21}$$

通常,夏皮罗步数 n 为 ± 1。对于直流约瑟夫森阵列,f 被假定为正弦微波的恒定频率。图 4.8 中描述了二进制交流约瑟夫森阵列的布局。该数组被分为 $N+1$ 段分别包含 $2^0, 2^1, 2^2, \cdots, 2^n$ 个约瑟夫森结。段可以单独寻址。如果每个结产生电压 U_1,则可以产生 $-(2^{N+1}-1)U_1 \sim +(2^{N+1}-1)U_1$ 之间的任何电压。对于一个典型的 15GHz 频率,$U_1=31\mu V$,二进制交流约瑟夫森阵列可以认为是一个多位数/模转换器。作为二进制约瑟夫森阵列产生的交流电压的一个例子,图 4.9 示出了每周期 16 级的逐步近似的 50Hz 正弦波。

二进制交流约瑟夫森阵列的制作会遇到直流阵列没有遇到的技术挑战。二进制阵列必须在级数 $n=\pm 1$,而不是在级数 $n>1$ 作为直流阵列上进行操作。因此,必须增加约瑟夫森结的数目,以实现与以相同频率驱动的直流阵列相同的电压水平。另一方面限制了驱动频率的选择。如果采用 SNS 阵列,临界电流 I_{SMAX} 和正常态电阻 R 的乘积通常小于 SIS 阵列。因此,从式(4.17)和式(4.18)看出,特征电压和驱动频率减小。驱动频率的降低必须通过进一步增加结点数量来补偿。第一个实用的 SNS 类型可编程二进制 1V 阵列包含了 32768 个 PdAu 势垒结,并在 16GHz

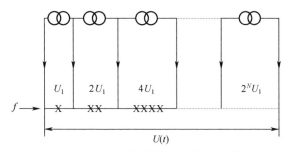

图4.8　二元分裂交流约瑟夫森阵列的示意布局

注：每一个粗体 X 代表一个提供电压 U_1 的约瑟夫森结。每个片段的结数来自一个二进制序列。每个段都有自己的电源，它提供偏置电流以选择夏皮罗阶梯数 n 为 1、-1(或 0,用来停用段)。

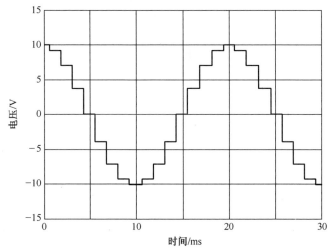

图4.9　逐步逼近50Hz正弦波产生的可编程二进制交流约瑟夫森电压标准

下运行[26]。如今,在美国国家标准与技术研究院(NIST)和日本国家先进工业科学技术研究所(AIST)可编程二进制 10V 阵列操作可以在 16~20GHz 进行[28,37]。这样的阵列由 300000 个结点组成。随着结数的增加,整个阵列的结点均匀性更难以实现。此外,微波的设计变得更加复杂,因为大量的微波分支必须并行操作。

为了减少所需的结数,德国联邦物理技术研究院(PTB)开发了基于 Nb/Al/Al 氧化物技术的 SINIS 阵列。该技术允许 $I_{Smax}R$ 产品被调谐用于在 70GHz 的操作。在 2007 年,PTB 提出了一个可编程的二进制 10V 的 SINIS 阵列,它只有 70000 个节点[38]。然而,这些 SINIS 阵列很薄,只有 1~2nm 厚的易损坏的 Al 氧化物绝缘层,以致其制造产量相当低。因此,PTB 和 NIST 联合开发 NbSi 作为替代势垒材料[27]。NbSi 势垒层的厚度为 10nm 左右,且不易损伤。此外,当 Nb 含量调谐接近到金属绝缘体转变的 $x=11\%$ 时,$N_{b\pi}S_{1-x}$ 可以实现大量 $I_{Smax}r$ 产品制造。目前,

PTB采用NbSi作为可编程10V阵列的势垒材料。该阵列的电流台阶宽度为1mA或更大,并且可以可靠地在70GHz工作。

从这个简单的概述可以看出,目前10V输出的二进制交流约瑟夫森阵列的制作是一项成熟的技术。最近已经被证明甚至有20V输出的阵列[39-40]。

二进制交流约瑟夫森标准的一个关键元素是可编程电流源,用于单独处理址阵列的二进制段。原则上,可以产生任何波形的逐步近似图。在实践中,必须考虑电流源的切换时间,即改变输入到约瑟夫森阵列的位模式所需的时间。这个时间与电压水平的数目一起,选择为近似输出波形的一个周期,限制输出电压的频率。例如,对于2μs的非典型切换时间,对应500kHz的速率,考虑到输出波形的每个周期由几十个电压水平组成,输出电压的最大频率被限制在10kHz范围内。

当稳定在一个电压水平上时,二进制约瑟夫森阵列的输出具有与直流约瑟夫森标准相同的高复现性。然而,在两个电压水平之间的切换过程中,约瑟夫森阵列的输出电压不是由式(4.21)确定的。它由瞬变给出,其振幅和形状不完全已知。使用上升时间在10ns范围内的现代电子器件,瞬态阶段可以被限制为小于100ns的时间窗上。然而,瞬变与二进制交流约瑟夫森阵列的RMS测量结果的不确定度。瞬变的影响随着每次切换次数的增加而增加,即随着每周期的电压水平的数目和输出电压的频率而增加。因此,频率被限制在千赫范围内。在4.1.4.5节中,将更详细地讨论瞬变是如何影响不同类型的测量的。在4.1.4.4节提出了一种概念上不同的交流约瑟夫森电压标准方法,它完全避免了未定义瞬变的问题。

4.1.4.4 脉冲驱动交流约瑟夫森电压标准

为了产生交流电压而改变激活约瑟夫森结数目m,一个概念上的直接替代方法是改变驱动频率f。然而,基于RCSJ模型的仿真表明,如果考虑正弦微波驱动,这种方法面临严重的限制。对于正弦激励,非滞回约瑟夫森阵列的稳定运行,即足够大的电流台阶宽度,仅在接近于特征频率的频率下才能获得(见式(4.17)和式(4.18))[41-42]。然而,如果使用足够短的电流脉冲来驱动约瑟夫森阵列[42-43],则可以实现频率调谐。一个具有m个约瑟夫森结阵列的输出电压由下式给出:

$$U(t) = nmK_J^{-1}f_R(t) \quad (4.22)$$

式中:$f_R(t)$为脉冲序列的重复频率,即连续脉冲之间的时间间隔的倒数;n为台阶数,$n=\pm 1$。

如果单个脉冲的宽度小于特征频率的倒数[42],则获得稳定的运行。然后可以在零和特征频率之间调谐重复频率$f_R(t)$。

考虑单脉冲电流的影响,可以看到脉冲驱动操作的基本物理特性。每个电流脉冲在约瑟夫森结上产生$2\pi n$的相位变化[44]。根据式(4.7)该相位变化对应于产生具有n磁通量量子$\Phi_0 = h/(2e) = K_J^{-1}$的区域电压脉冲。如果在频率$f_R(t)$上重复该过程,则根据式(4.22)得到电压。电压是由每次通过约瑟夫森结传递的磁通量的数量来确定的。

为了驱动约瑟夫森阵列,使用脉冲模式发生器生成各种电流脉冲序列,从而改变重复频率 $f_R(t)$。最先进的脉冲模式发生器输出最大重复频率为 15GHz 的双极性电流脉冲序列。双极性电流脉冲的使用允许产生真正的交变电压。如果没有双极脉冲模式发生器,单极脉冲拍发生器的输出可以与正弦微波相结合,以产生双极电流脉冲序列。然而,该方案涉及两个信号的灵敏同步,这影响了脉冲驱动的稳定性。

采用典型的特征频率为 10GHz 的 SNS 型非滞回约瑟夫森结用于脉冲驱动约瑟夫森电压标准。因此,电流脉冲串的最大重复频率与结点的特征频率相同。

脉冲驱动约瑟夫森电压标准的微波设计涉及直流或二进制交流约瑟夫森标准没有遇到的问题。这些问题是由电流脉冲的宽带频谱引起的。脉冲频谱从直流延伸到最大重复频率之外,也就是大约 30GHz。目前的微波分离器不支持这么大的带宽,不可能在单个电流源的输出驱动下并行操作多个阵列分支。因此,即使与二进制阵列设计相比,每个结的面积减小了,沿阵列的脉冲高频分量的衰减也将每个阵列的约瑟夫森结的数目限制为 5000~10000 个。这种约束限制了脉冲驱动阵列的最大输出电压。通过将两个各有 6400 个结的脉冲驱动阵列的输出[45]相结合,实现了 275mV(RMS)的总输出电压。阵列由两个同步电流脉冲串驱动[45]。

目前研究的目的是将输出电压提高到 1V。为此,有必要将 2 个以上,很可能多达 8 个阵列的输出组合起来,这些阵列由等量的同步电流脉冲发生器驱动。在本书编写时,PTB 和 NIST 在会议上都报告了产生 1V(RMS)的总输出电压。光电方案可以应用于产生大量的同步电流脉冲串[44]。在光电方案中,电脉冲通过电泵浦激光器转换为光学脉冲。用光分束器复制光脉冲,然后用合适的光电探测器将其转换回电流脉冲。

作为一个重要的优点,脉冲驱动约瑟夫森标准可以产生任意波形。特别是,它们可以产生没有瞬变影响的纯正弦电压。相应的频谱由基本频率上的单条窄线组成,不包含高次谐波。基本频率可以从直流到兆赫不等。

为了产生任意波形,通常使用一个转换器对可变脉冲间隔的短电流脉冲序列进行编码。图 4.10 显示了正弦波示例的工作原理。注意,由脉冲驱动约瑟夫森阵列产生的电压脉冲(图 4.10(c))的面积为磁通量 Φ_0。图 4.10(d) 的量化波形是通过图 4.10(c) 的电压脉冲的低通振荡获得的。滤波则去除了量化噪声。

图 4.11 的实验数据证明了用该方案实现的波形的质量。该图显示了一个具有 1.875kHz 频率的正弦波,由 8000 个结的脉冲驱动约瑟夫森阵列产生。功率谱清楚地表明,高次谐波被至少 -123dBc 抑制(6kHz 的小峰源于实验假象[46])。

通过比较脉冲驱动约瑟夫森阵列的输出与二进制交流约瑟夫森电压标准的输出,已经测试了脉冲驱动约瑟夫森阵列实现的电压量化的精度。在频率为 500Hz 和 RMS 值为 104mV 的情况下,两个系统的基频分量在 3×10^{-7}[47] 的不确定度内是一致的。在两个脉冲驱动的约瑟夫森阵列中产生的正弦波在 3×10^{-8}[48] 的不确定

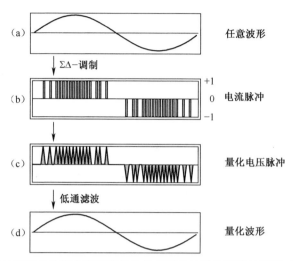

图 4.10 用脉冲驱动的约瑟夫森阵列产生任意形状的量化波形的例子(如正弦波所示)

注:任意波形图(a)用一个 ΣΔ 转换器在脉冲串中编码,其代码控制脉冲模式发生器的输出。脉冲模式发生器输出图(b)中所示的电流脉冲序列。电流脉冲驱动约瑟夫森阵列,其产生具有磁通量量子 Φ_0 图(c)区域的电压脉冲。低通滤波根据式(4.22)产生图(d)的量化波形。

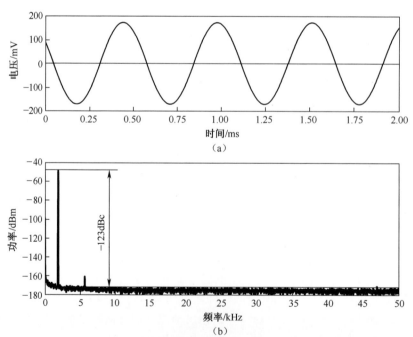

图 4.11 用 SNS 型脉冲驱动约瑟夫森阵列(Nb/NbSi/Nb,
8000 个结点)合成频率为 1.875kHz 的正弦波
(a)时间波形;(b)功率谱

注:在频谱中-171dBm 的噪声底部上方没有看到高次谐波,这表明高次谐波被至少-123dBc 抑制。

度内一致。因此,脉冲驱动约瑟夫森电压标准提供了高精度的任意波形。随着电压幅值的增加,它们必将在计量学中得到越来越多的应用。

4.1.4.5 交流约瑟夫森电压标准的应用

交流约瑟夫森电压标准计量学中的应用主要包括可编程二进制约瑟夫森阵列。这是因为它们的高输出电压10V提供高精度的测量。如果采用脉冲驱动阵列更小的输出电压,则这样的测量变得更加困难。目前,对二进制的约瑟夫森阵列计量应用的发展是一个非常活跃的领域。在这一部分给出了目前正在开发的最重要的测量技术的概述。

在处理真正的交流测量之前,应注意的是可编程二进制约瑟夫森标准也用来校准二次直流电压标准。与约瑟夫森标准相比,二进制约瑟夫森标准允许更快的极性反转。更快的极性切换增加了每个时间间隔可以获得的数据量,从而降低了测量不确定度。此外,可编程标准允许涉及多个电压的测量程序自动化。当然,直流校准不受不明确定义的瞬变的影响。

真正的交流测量是通过交流量子伏特计来实现的,它是用来测量一个未知的周期交流电压的波形[49-50]。为此,使用一个二进制约瑟夫森标准来合成一个交流参考电压,该同步参考电压被同步并锁相到未知电压。参考电压和未知电压之间的差值用一个采样电压表(用作零值检测器)来测量。这个概念类似于4.1.4.2节中所描述的直流电压校准,其中参考电压和测量值之间的差值也被取消。交流量子伏特计可以在音频范围内工作。由于采样技术,二元约瑟夫森阵列的输出仅用作参考,如果阵列已经解决了量化的电压步长。在切换期间采集的数据会被丢弃。这种时间阈值抑制瞬态的不利影响。可实现的不确定度取决于未知波形的频率和复杂度。对于正弦电压(仅包括四个水平)的简单近似,在低于400Hz[21]的频率中证明了10^{-9}量级的不确定度。

交流量子伏特计的概念也用来开发基于量子的电功率标准[51]。对基于量子的功率标准的另一种方法涉及使用模/数转换器,其使用二进制约瑟夫森标准[52-53]来表征。电功率标准达到10^{-6}量级的不确定度受限于它们的电压和电流互感器的不确定度。

在文献中报道了使用二进制约瑟夫森标准来测量RMS值的各种方法,例如,用于热转换器的校准。例如,在文献[2]中可以找到一个全面的总结。作为一个给定的事实,RMS测量受瞬变的影响,到目前为止,即使在最有利的测量条件下[54],不确定度也被限制在可实现的10^{-7}量级。

二进制约瑟夫森标准也已用于阻抗测量。通常,阻抗比由阻抗电桥确定。桥测量的思想是调节两个电压的比值,使得电压通过两个阻抗来确定相同的电流,该阻抗的比值有待确定。零值检测器监测电桥的平衡。如果电桥是平衡的,则阻抗比由电压比给出。在传统的电桥中,利用电感分压器手动调节电压比。在约瑟夫森阻抗桥中,电压由两个二进制约瑟夫森阵列[55]产生。约瑟夫森阻抗桥提供的优点是,平衡可以在几十赫兹到几千赫兹的频率范围内自动进行,这大大有助于阻抗的校准。在桥测量中,通过用二进制约瑟夫森阵列生成方波并在该波的基频上使用锁相检测[56],可以抑制瞬变的影响。因此,快速瞬变的高次谐波不影响测量。约瑟夫森阻抗桥达到与手动操作的传统电桥近似相同的不确定度。例如,对于两个 $10k\Omega$ 电阻器的测量不确定度为 10^{-8} 量级[55]。两个 $100pF$ 电容器的比率根据频率[21]其不确定度为 $10^{-8} \sim 10^{-7}$。当前的工作旨在扩展约瑟夫森阻抗电桥,以测量不同单位比率和不相似阻抗,如电阻和电容。约瑟夫森阻抗电桥和交流量子伏特计在二进制约瑟夫森阵列中具有很好的应用前景。

脉冲驱动约瑟夫森电压标准的一个有前景的应用是约翰逊噪声测温。约瑟夫森标准用于产生可计算的伪噪声电压波形,其功率与电阻器的热噪声功率[57]进行比较(参见 8.1.5 节)。该方法可以用低于 $1\mu V$[57]的电压幅度来实现。

脉冲驱动的约瑟夫森电压标准在电气计量中的应用由于其有限的幅值而至今尚不多见。脉冲驱动约瑟夫森电压标准很好地适用于 RMS 值的测量,如对热转换器的校准[58]。这些测量很大程度上得益于没有未定义的电压瞬变。另一种可能的应用是在更高的频率($10kHz$ 及更高频率下)的电子元件的测试,这是二进制约瑟夫森标准[59]所不能达到的。随着脉冲驱动的约瑟夫森阵列产生更大的电压振幅,其在相关领域将实现更广泛的应用。

4.2 磁通量量子与 SQUID

在 4.1 节中,介绍了磁通量量子 $\Phi_0 = h/(2e) = 2 \times 10^{-15} V \cdot s$,并为单位伏特的表示提供了基础。在这一节将讨论磁通量量子使用前面已经提到的 SQUID 进行的磁量超灵敏测量。约瑟夫森结的物理原理与超导环中磁通量量子化的物理原理相结合。磁通量量子化指的是磁通量在超导环中能维持的最小磁通量。此外,超导环的磁通量始终是磁通量量子的整数倍,这类似一个孤立的电荷量是基本电荷 e 的整数倍。磁通量量子化确实是考虑将 $\Phi_0 = h/(2e)$ 视为量子实体的理论基础,而不是两个基本常数的简单组合。

第一个 SQUID 在 1964 年[60]被证明,这发生在 Josephson 发表了关于超导隧道结构中的超流的开创性论文的 2 年之后[1]。从那时起,SQUID 技术已经基本成熟。目前,SQUID 在商业上已被广泛应用,并应用于生物磁学、无损检测和地球物理等领域。为了全面、深入地理解 SQUID 物理、技术和应用,感兴趣的读者可以参考专门的专著和评论文章(如文献[15,61-63])。在 4.2 节中,将重点介绍量子计量学中的 SQUID 的基本知识以及在测量中所选的应用。

4.2.1 外加磁场中的超导体

SQUID 由一个超导环组成,超导环被一个或两个约瑟夫森结切断,并被磁通量穿过。因此,在 4.2.2 节介绍 SQUID 之前,我们先向读者介绍外磁场中超导结构的物理原理,这样就从 4.2.1.1 节中的块状超导体开始,然后在 4.2.1.2 节中引入超导环的磁通量量子化的概念。在 4.2.1.3 节中讨论外磁场中的单约瑟夫森结。

4.2.1.1 迈斯纳-奥克森费尔德(Meissner Ochsenfeld)效应

迈斯纳-奥克森费尔德效应是指观察到的磁场不会深入到超导体中的现象。Meissner 和 Ochsenfeld 1933 年[64]首次在 PTB 的前身德国物理技术研究院观察到了这种效应。

为了描述磁场中的超导体,特别是迈斯纳-奥克森费尔德效应,从非常普遍的基础出发,即从量子力学电流密度 $J_S(R)$ 开始。电流密度由概率电流密度乘库珀对的电荷 $e_S = -2e$ 来获得,电流密度可以写为

$$j_S(r) = \frac{e_S \hbar}{2 m_S i}[\psi^*(r) \mathrm{grad} \psi(r) - \psi(r) \mathrm{grad} \psi^*(r)] - \frac{e_S^2}{m_S} A(r) \psi^*(r) \psi(r) \tag{4.23}$$

其中

$$\psi(r) = \sqrt{n_S(r)} \, e^{i\theta(r)} \tag{4.24}$$

根据式(4.2),上式(4.23)是 BCS 理论的宏观量子力学波函数。库珀对的质量通常由 m_s 表示。$A(r)$ 是磁感应强度 $B(r)$ 的矢量电势,即

$$B(r) = \mathrm{rot} A(r) \tag{4.25}$$

成立。虽然约瑟夫森效应是由相位差的时间变化 φ 决定的,但空间变化对磁场中超导体的描述将是重要的。因此,在上述方程中明确地指出了所有量的空间依赖性。在式(4.23)中代入式(4.24),得到

$$j_S(r) = \frac{n_S e_S^2}{m_S} \left[\frac{\hbar}{e_S} \mathrm{grad} \theta(r) - A(r) \right] \tag{4.26}$$

取两边的旋度,并考虑到任何梯度场的旋度为零,得到

$$\mathrm{rot} j_S(r) = -\frac{1}{\mu_0 \lambda^2} B(r) \tag{4.27}$$

式中

$$\lambda^2 = \frac{m_S}{\mu_0 n_S e_S^2} \tag{4.28}$$

通常,磁场常数也称为真空的磁导率。式(4.27)表明,库珀对电流密度和磁场是

相关的。

如果式(4.27)与麦克斯韦方程组相结合,则导出迈斯纳-奥克森费尔德效应,即

$$j_S(r) = \frac{1}{\mu_0}\mathrm{rot}B(r) \tag{4.29}$$

(忽略位移电流);并且有

$$\mathrm{div}B(r) = 0 \tag{4.30}$$

在式(4.27)代入式(4.29),使用标识的拉普拉斯算子 $\Delta = \mathrm{grad}(\mathrm{div}) - \mathrm{rot}(\mathrm{rot})$ 和式(4.30),得到

$$\Delta B(r) - \frac{1}{\lambda^2}B(r) = 0 \tag{4.31}$$

为了从式(4.31)中得到其物理现象,即迈斯纳-奥克森费尔德效应,假设磁场沿直角坐标系的 z 轴方向,并且仅依赖于 x 坐标。进一步假设超导体从 $x=0$ 延伸到 $+\infty$(真空从 $x=-\infty$ 延伸到0)。然后超导体中的磁场由下式给出:

$$B_z(x) = B_z(x=0)\exp\left(-\frac{x}{\lambda}\right) \tag{4.32}$$

因此,磁场呈指数衰减,在块状超导体内部可以忽略不计,在这里可以认为是零。这种磁场的衰减称为迈斯纳-奥克森费尔德效应。磁场仅在窄的边缘区域中是有限的,其宽度约为 λ,称为伦敦穿透深度,其命名来自菲列兹·伦敦和他的兄弟海因茨·伦敦,他们早在1935年就描述了磁场中的超导体[2]。典型超导体的伦敦穿透深度通常为 $10\mathrm{nm} \sim 100\mathrm{nm}$,随着温度的升高而增大,在达到临界温度 T_c 时发散(这里不考虑Ⅰ型和Ⅱ超导体的具体差异)。迈斯纳-奥克森费尔德效应的一个等效表述是说超导体将磁场从其内部排斥出去,并且表现得像完美的抗磁体。完美的抗磁性就是电阻的消失,这是超导状态的特征。

迈斯纳-奥克森费尔德效应从式(4.29)可以看出,是由于在超导体表面流动的屏蔽电流。以 $B_z(x)$ 的旋度产生 y 方向上的屏蔽电流,这个方向即垂直于磁场并平行于超导体和真空之间的界面:

$$j_{Sy}(x) = \frac{1}{\mu_0\lambda}B_z(x=0)\exp\left(-\frac{x}{\lambda}\right) \tag{4.33}$$

因此,磁场在边缘区域产生屏蔽电流,这又导致超导体的内部无场化。

4.2.1.2 超导环中的磁通量子化

考虑在 x-y 平面中的超导环和沿 z 轴的磁场,其可以根据式(4.25)由矢势 $A(r)$ 来表示。为了研究通过超导环所包围的区域 F 的磁通量 Φ_F,使用式(4.26)。用磁通量量子 $\Phi_0 = h/(2e)$ 和伦敦穿透深度 λ 来重写它:

$$\mu_0\lambda^2 j_S(r) = -\frac{\Phi_0}{2\pi}\mathrm{grad}\theta(r) - A(r) \tag{4.34}$$

式(4.34)可以沿着超导环中的闭合路径 C 积分。在计算 $A(r)$ 上的积分时,可以利用斯托克斯定理:

$$\oint_C A(r) \mathrm{d}s = \int_{F(C)} \mathrm{rot} A(r) \mathrm{d}f = \int_{F(C)} B(r) \mathrm{d}f = \Phi_F \tag{4.35}$$

因此,具有矢势的项通过环面积 F 产生磁通量 Φ_F。当算出包含相位 $\theta(r)$ 的项时,必须记住,宏观波函数 $\Psi(r)$ 必须不具有任何模糊性地被定义。这就要求这种关系

$$\oint_C \mathrm{grad}\theta(r) \mathrm{d}s = -2\pi n \tag{4.36}$$

成立且 n 是整数。然后,闭合路径 C 之前和之后的相位 $\theta(r)$ 仅由于相位的周期性而不同。由式(4.35)和式(4.36)的结果得到

$$\oint_C \mu_0 \lambda^2 j_S(r) \mathrm{d}s + \Phi_F = n\Phi_0 \tag{4.37}$$

假设环是无穷大的超导体,即它的宽度和厚度远大于伦敦穿透深度 λ。选择积分路径 C 为远离环表面几个 λ 的地方。在这种情况下,屏蔽电流密度 $j_S(r)$ 沿积分路径是可忽略的,并且式(4.37)简化为

$$\Phi_F = n\Phi_0 \tag{4.38}$$

式(4.38)表示通过超导环包围的区域的磁通量以磁通量量子为单位量化的(如果环具有足够大的宽度和厚度)。在此强调,这一结果来自没有约瑟夫森结的连续超导环。如果在环中嵌入约瑟夫森结,则式(4.38)不再适用,这种情况将在4.2.2节中进行研究。

对于一个不间断的超导环,问题是如何使得 Φ_F 可以量化,即外部磁场 $B(r)$ 和外部磁通量 Φ_{ext} 可以连续变化。磁通量量子化是屏蔽电流在环表面附近循环并导致内部无场的结果。屏蔽电流产生磁通量 Φ_S,其大小是使 Φ_S 加入到外部磁通量时得到磁通量量子整数倍。因此

$$\Phi_F = \Phi_{\mathrm{ext}} + \Phi_S = n\Phi_0 \tag{4.39}$$

成立。循环库珀对电流及其产生的磁通量将4.2.2节中处理 SQUID 时重新考虑。

4.2.1.3 外磁场中的约瑟夫森结与量子干涉

在这一节中,考虑外部磁场中的单个约瑟夫森结为描述设置 SQUID 奠定基础。为此,将讨论外部磁场如何改变约瑟夫森结上的相位差 φ,以及该场依赖性如何引起量子干涉。

根据式(4.5)有用的量是在约瑟夫森结上的超电流 I_S。然而,与4.1节相反,必须考虑形成约瑟夫森结的两个超导体的波函数的空间相关相位 θ_1 和 θ_2。如果矢量势 $A(r)$ 和电流密度 $j_S(r)$ 是已知的,则可以从式(4.34)获得空间相关相位 $\theta_1(r)$ 和 $\theta_2(r)$。考虑一个约瑟夫森结,其中隧道势垒位于 $x=0$ 附近,如图 4.12 所示。超导体 1 从 $x=-\infty$ 延伸到隧道势垒,超导体 2 从隧道势垒延伸到 $x=+\infty$。超

导体应由相同的材料制成,并在 y 轴方向上由-a/2 延伸至+a/2。磁通密度沿 z 轴指向,并且在隧道势垒中是恒定的。

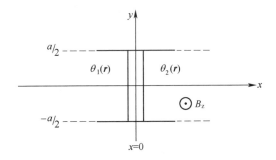

图 4.12 在 Z 轴方向上的磁场中的约瑟夫森结

注:x=0 的隧道势垒是灰色的。屏障的左、右波函数的相位分别为 $\theta_1(r)$ 和 $\theta_2(r)$。

在超导体中,由于式(4.32)所描述的迈斯纳-奥克森费尔德效应,磁通密度呈指数衰减。另外,对于每个超导体,可以使用式(4.25)和式(4.29)分别从磁通密度计算矢势和电流密度。两个量只有一个 y 分量,式(4.34)简化为

$$\frac{\mathrm{d}\theta(y)}{\mathrm{d}y} = -\frac{2\pi}{\Phi_0}(\mu_0\lambda^2 j_{Sy}(x) + A_y(x)) \qquad (4.40)$$

当 x 接近±∞时,矢势变得恒定(对应于消失的磁通密度),并且发现电流密度衰减到零(见式(4.33))。由于式(4.40)在任何点 x 都是有效的,所以它可以很容易地集成在 x=±∞处,其中电流密度为 0。这样做对于超导体 1 和超导体 2,获得了约瑟夫森结上的相位差:

$$\varphi(y) = \theta_1(y) - \theta_2(y) = \varphi_0 + \frac{2\pi}{\Phi_0}[A_y(+\infty) - A_y(-\infty)]y \qquad (4.41)$$

式中:φ_0 为 y = 0 的相位差。

具有矢势的项可以被重写,并且得到

$$\varphi(y) = \varphi_0 + \frac{2\pi}{\Phi_0}\oint A(r)\mathrm{d}s = \varphi_0 + \frac{2\pi}{\Phi_0}\Phi(y) \qquad (4.42)$$

积分沿 x-y 平面(垂直于磁场)的闭环进行。该环的宽度 y 和在 x 方向上的长度在数学上从-∞扩展到+∞,但从物理的角度来看,它可以被限制为伦敦穿透深度 λ 的几倍。通过这个区域的磁通量 $\Phi(y)$ 取决于它们的 y 坐标。当 $\Phi(y)$ 由磁通量子 Φ_0 改变时,相位差 φ 变化 2π,因此,超导电流密度

$$j_S(y) = j_{S\max}\sin(\varphi(y)) \qquad (4.43)$$

是 Φ_0 的周期函数,它取决于约瑟夫森结内的位置 y 而改变其方向。

通过使用式(4.41)和式(4.43)将超导电流密度 $j_S(y)$ 集成在隧道势垒区域上,得到了在约瑟夫森结上的超电流 I_S。积分得到

$$I_S = I_{S\max}\sin\varphi_0 \frac{\sin\left(\pi\dfrac{\Phi_A}{\Phi_0}\right)}{\pi\dfrac{\Phi_A}{\Phi_0}} \quad (4.44)$$

磁通量 $\Phi_A = \Phi(y=a)$。因此，Φ_A 为通过约瑟夫森结的磁通量。施加偏置电流，φ_0 项可以调整，但 $|\sin\varphi_0|\leqslant 1$ 始终成立。因此，磁场中的最大电流或临界电流由下式给出：

$$I_{S\max}(\Phi_A) = I_{S\max}\left|\frac{\sin\left(\pi\dfrac{\Phi_A}{\Phi_0}\right)}{\pi\dfrac{\Phi_A}{\Phi_0}}\right| \quad (4.45)$$

磁场下的临界电流如图 4.13 所示。磁通量引起的调制类似于在相干光照射的狭缝后面观察到的光学衍射图案。这一观察证实，不同相位的电流之间的干扰是调制临界电流的核心。

总结 4.2.1.3 节的结果，可以得到：

(1) 磁通改变约瑟夫森结上的相位差。

(2) 磁通量的自然单位是磁通量 Φ_0，因为 Φ_0 的磁通量变化引起 2π 的相变。

(3) 当不同相位的电流作用叠加时发生量子干涉。

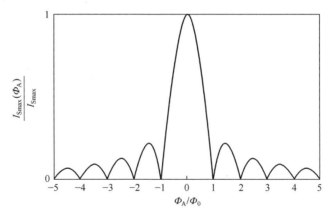

图 4.13　约瑟夫森结在磁场中的临界电流(归一化为零场临界电流)与磁通量(以磁通量量子为单位)的关系

4.2.2　SQUID 基础理论

原则上，磁场的测量可以利用单个约瑟夫森结的临界电流的磁通量依赖性来实现,如图 4.13 所示。然而,在这种方法中,场被集成的面积很小,这限制了给定磁通量分辨率的场分辨率。SQUID 由超导环组成,因此具有增加的场积分面积。环被一个或两个约瑟夫森结中断。为了介绍量子计量学中 SQUID 物理学的基础,将把讨论限制在直流 SQUID 中。在直流 SQUID 中,超导环被两个结中断,如图 4.14 所示。

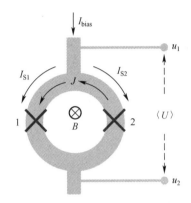

图 4.14　具有约瑟夫森结 1 和约瑟夫森结 2 的直流 SQUID 的示意图
注:SQUID 回路通过垂直于超导回路的磁场穿透。如 4.2.3.1 节中所讨论的,
在触点 u_1 和 u_2 之间测量电压。

考虑具有两个相同理想的约瑟夫森结的对称直流 SQUID。假设每个结的面积远小于超导环的面积 F,因此通过每个结的磁通量可以忽略不计。直流 SQUID 通过外部磁场 B 穿透到 SQUID 环路的平面,从而通过环路产生外部磁通 Φ_{ext}。SQUID 用直流电流 I_{bias} 偏置,分别通过约瑟夫森结 1 和约瑟夫森结 2 分裂成两个电流 I_{S1} 和 I_{S2}。对于这些电流,约瑟夫森方程(4.5)成立:

$$I_{S1,2} = I_{S\max}\sin\varphi_{1,2} \tag{4.46}$$

φ_1 和 φ_2 分别表示通过结点 1 和 2 之间的相位差。按照 4.2.1.2 节的思路,还必须考虑循环电流,在图 4.14 中称为 J。根据电流关系,循环电流对电流 I_{S1} 和 I_{S2} 有贡献:

$$I_{S1} = \frac{I_{\text{bias}}}{2} + J, I_{S2} = \frac{I_{\text{bias}}}{2} - J \tag{4.47}$$

SQUID 的表现是由相位差 φ_1 和 φ_2 与通过 SQUID 环的磁通量之间的关系决定的。这种关系可以从式(4.34)的积分导出,该条件是用函数式(4.36)表示的。类似于 4.2.1.2 节中的超导环的处理,则可以表述为

$$\frac{2\pi}{\Phi_0}\left[\oint_C \mu_0 \lambda^2 \boldsymbol{j}_S(\boldsymbol{r})\,\mathrm{d}s + \Phi_F\right] = 2\pi n + \varphi_1 - \varphi_2 \tag{4.48}$$

在式(4.48)中,约瑟夫森结的存在表现为 $\varphi_1 - \varphi_2$。此外,式(4.48)与不间断超导环的方程式(4.37)相同。根据在 4.2.1.2 节中提出的论点,如果 SQUID 环可

以视为无限大超导体，则积分项可以忽略。然后通过 Φ_F 给出总磁通量。磁通量 Φ_F 是外部磁通量 Φ_{ext} 和由在 SQUID 回路表面流动的环流 J 产生的磁通的总和：

$$\Phi_F = \Phi_{ext} + L J \tag{4.49}$$

式中：L 为 SQUID 回路的电感。

对于磁场中的一个约瑟夫森结，式(4.48)表明磁通量改变了相位项，并且应该用自然单位 Φ_0 来量化。

接下来讨论 SQUID 环中的量子干涉如何为超高灵敏度的磁量测量提供基础。根据 Kichhoff 定律，偏置电流必须等于 I_{S1} 与 I_{S2} 的和。与式(4.48)一起，其中积分项被忽略，Kichhoff 定律产生

$$\begin{aligned} I_{bias} &= I_{Smax}\left[\sin\varphi_1 + \sin\varphi_2\right] \\ &= 2I_{Smax}\cos\left(\frac{\varphi_1 - \varphi_2}{2}\right)\sin\left(\varphi_2 + \frac{\varphi_1 - \varphi_2}{2}\right) \\ &= 2I_{Smax}\cos\left(\frac{\pi\Phi_F}{\Phi_0}\right)\sin\left(\varphi_2 + \frac{\pi\Phi_F}{\Phi_0}\right) \end{aligned} \tag{4.50}$$

一般来说，式(4.50)的分析是复杂的，因为磁通量 Φ_F 取决于外部磁通量和循环电流，这也影响跨约瑟夫森结的相位差。然而，对于高度灵敏的 SQUID 测量，我们可以处理非常小的 SQUID 电感 L 的简单情况，为了得出更定量的参数，筛选参数

$$\beta_L = \frac{I_{Smax}L}{\Phi_0/2} \tag{4.51}$$

定义为 SQUID 环路中的最大磁通量。然后由条件 $\beta_L \ll 1$ 给出小电感 L 的情况。对于 $\beta_L \ll 1$，得到 $\Phi_F = \Phi_{ext}$，并且式(4.50)的电流 I_{bias} 仅由外部磁通 Φ_{ext} 调制。这种行为为外部磁通量或外部磁场的测量提供了基础。还应注意到，在这种情况下，通过 SQUID 环路的磁通量不被量化。通过适当选择 φ_2，将式(4.50)的正弦项调整为±1，得到最大电流。最大电流，即临界电流为

$$I_{Smax}(\Phi_{ext}) = 2I_{Smax}\left|\cos\left(\frac{\pi\Phi_{ext}}{\Phi_0}\right)\right| \tag{4.52}$$

如图 4.15 所示，临界电流是由磁通量 Φ_0 给出的周期性的外部磁通的周期函数。每当 $\Phi_{ext} = (n + 1/2)\Phi_0$ 的临界电流为零时，最大值出现 $\Phi_{ext} = n\Phi_0$。调制深度 ΔI_{Smax} 由 $2I_{Smax}$ 给出。图 4.15 的模式类似于双狭缝后面观察到的光学干涉图案，该双干涉狭缝由相干光照射。在 SQUID 情况下，SQUID 环路中的左路径和右路径之间发生量子干涉。量子干涉的结果，即它是建设性的还是破坏性的，取决于跨越约瑟夫森结 1 和约瑟夫森结 2 的相位 φ_1，φ_2。相位差由磁通量产生，如式(4.48)所示。为了进一步模拟光学，当绘制与磁场的关系时，图 4.15 所示的图案具有由单个结的图案给出的包络。同样，在光学中，双狭缝图案具有由单缝衍射轮廓给出的包络。在讨论直流 SQUID 时，忽略了这种单结效应，因为单个结的面积远小于 SQUID 环路的面

积。因此,单结图案的磁场周期比SQUID图案的磁场周期大得多。

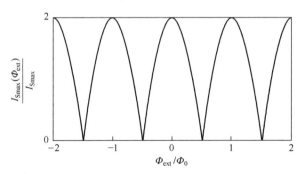

图4.15 对于可忽略的SQUID电感,直流SQUID(归一化为单个约瑟夫森结的零场临界电流)的临界电流相对于以磁通量量子为单位的外部磁通量

为了完整性,还简要地讨论了大的SQUID电感L的情况,对应于$\beta_L \gg 1$。在这种情况下,即使是一个小的循环电流J都会增加一个不可忽略的磁通量到外部磁通量。假设外部磁通量从零增加。这种磁通量变化引起循环屏蔽电流J,使得相关的磁通量LJ补偿外部磁通量的增加,并且总磁通量保持为零。当外部磁通超过$\Phi_0/2$时,更有利于改变屏蔽电流J的方向,使得其磁通量与外部磁通量相加,以将总磁通量调整为一个磁通量量子Φ_0。随着外部磁通量的进一步增加,这种行为重复。增加更多的磁通量,使得总磁通量总是由Φ_0的整数倍给出。显然,这种情况不利于外部磁通量的测量。事实上,对于大的调制深度ΔI_{Smax}可以近似于$\Delta I_{Smax} = \Phi_0/L = 2I_{Smax}/\beta_L$,这远小于$\beta_L \ll 1$获得的调制深度$\Delta I_{Smax} = 2I_{Smax}$。极限$\beta_L \gg 1$满足

$$LJ \leq \Phi_0/2 \ll LI_{Smax} \qquad (4.53)$$

因此,$J \ll I_{Smax}$成立,使得循环屏蔽电流对相位φ_1和φ_2的影响微乎其微,在这种情况下两个相位几乎相等。因此,在式(4.48)中$(\varphi_1 - \varphi_2)$是很小的,并且无约瑟夫森结的超导环的物理性质被恢复。特别是发现了总磁通量是由整数个磁通量量子给出的。

4.2.3 SQUID在测量中的应用

目前可用的最灵敏的磁性测量仪器是由低温超导体(如铌)制成的直流SQUID。商用仪器具有$(1 \sim 10)\mu\Phi_0/\sqrt{Hz}$和$(1 \sim 10)fT/\sqrt{Hz}$的噪声层,分别用于测量磁通量和磁通密度。这些数字对应于$10^{-31} \sim 10^{-32}$ J/Hz的能量分辨率。能量分辨与基本海森堡极限接近,并且对应于在地球引力场中将电子提升1mm～1cm所需的能量。在这一节中,简要讨论实际直流SQUID及其输出方案,将SQUID描绘为高灵敏度的磁通-电压转换器。然后讨论如何在磁力仪中实现直流

SQUID,以及如何利用它们的高分辨率来精确地测量电流、电阻和用于生物磁测量。

4.2.3.1 实际直流SQUID

在实际的直流SQUID中,图4.14的约瑟夫森结正如在4.1.3节中引入的实结。SQUID可以用RCSJ模型来描述。在实际直流SQUID中采用了具有McCunbe参数$\beta_c \leq 1$的非滞后过阻尼结。对于外加磁通$\Phi_{ext} = n\Phi_0$和最小值$\Phi_{ext} = (n+1/2)\Phi_0$,实际SQUID的临界电流是最大的。因此,它们的磁通量依赖性类似于在4.2.2节中导出的理想SQUID。SQUID用直流电流I_{bias}偏置,在SQUID<U>上的时间平均电压降位于u_1和u_2之间,如图4.14所示。

原则上,可以通过增加偏置电流来实现直流SQUID的磁通量测量,从0开始增加直到观察到有限电压<U>。电压下降表明偏置电流等于并开始超过所施加磁通量的临界电流。如果对于不同的磁通量重复该测量,则获得临界电流的磁通量依赖性,这是磁通量的灵敏测量方法。然而,这是一个繁琐的程序。因此,在实践中SQUID偏置电流稍高于最大临界电流($\Phi_{ext} = n\Phi_0$临界电流)。然后,在外部磁通量变化的情况下测量电压降<U>。图4.16示出了两个极限磁通条件$\Phi_{ext} = n\Phi_0$和$\Phi_{ext} = (n+1/2)\Phi_0$的电压下降<$U$>与偏置电流$I_{bias}$关系。工作偏置电流是$I_{bias,op}$,如图4.16所示,电压下降<$U$>随着$\Phi_{ext}$对恒定工作电流$I_{bias,op}$的变化而变化。电压降<$U$>是$\Phi_{ext}$的周期函数,其周期性$\Phi_0$是临界电流。然而,最大值<$U$>对应于临界电流的最小值,反之亦然。因此,对于$\Phi_{ext} = (n+1/2)\Phi_0$,电压最大值出现,而对于$\Phi_{ext} = n\Phi_0$则观察到电压极小值。

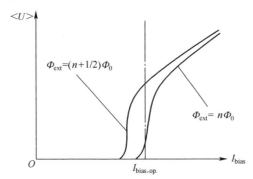

图4.16 对于极限磁通条件$\Phi_{ext} = n\Phi_0$和$\Phi_{ext} = (n+1/2)\Phi_0$,
实际直流SQUID的时间平均电压与偏置电流的关系示意图
注:操作偏置电流$I_{bias,op}$由垂直线表示。

在这种模式下操作的SQUID可以认为是以小于磁通量量子Φ_0的分辨率的磁通到电压转换器。然而,由于SQUID信号的固有周期性,电压<U>不提供磁通量的明确测量。这个问题可以通过在磁通锁定环中操作SQUID来解决。磁通锁定回路在SQUID环中输入额外的磁通量,以保持在SQUID中的磁通量是恒定值,而外部磁通变化。

这种负反馈方案在图4.17中示出。电压<U>被放大和集成。所得到的信号借助电感在SQUID环中产生相反的磁通量,并在电阻器上产生输出电压U_{out}。该方案线性化SQUID响应,因为U_{out}与外部磁通量的变化成正比,即使这种变化远大于磁通量量子。为了提高灵敏度,应用了磁通调制方案和锁定检测(图4.17未示出)量。通过这些改进,直流SQUID达到了4.2.3节开始时提到的出色的磁通量分辨率。

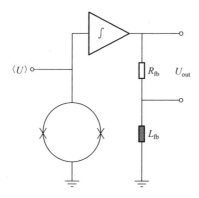

图4.17　一种在磁通锁定回路中运行的直流SQUID的简化电路

注:输出电压U_{out}通过SQUID环与外部磁通的变化成比例。

4.2.3.2　SQUID磁强计和磁特性测量系统

磁强计测量磁通密度或磁场。当SQUID用于这些测量时,必须考虑其有效面积。对于给定的磁通量分辨率,如果面积增加,则可以提高场分辨率。然而,面积增加导致SQUID电感L增加,这降低了调制深度,如4.2.2节中所讨论的。为了在高场分辨率下保持足够大的调制深度,采用磁通量变换的概念。磁通变压器由一个带有初级电感L_p和次级电感L_s的闭合超导环组成,如图4.18所示。

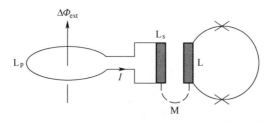

图4.18　具有初级电感L_p和次级电感L_s的超导磁通变压器

注:通过互感M将通过变压器的磁通耦合到SQUID中。

当外部磁通量由 $\Delta \Phi_{\text{ext}}$ 改变时,在磁通变压器中感应电流 I。磁通量量子化需要由该电流产生的磁通量补偿 $\Delta \Phi_{\text{ext}}$,使得在外部磁通变化之前和之后,通过变压器回路的磁通量为 $n\Phi_0$。因此,根据下式 $\Delta \Phi_{\text{ext}}$ 确定了电流:

$$\Delta \Phi_{\text{ext}} + (L_{\text{p}} + L_{\text{s}})I = 0 \tag{4.54}$$

通过互感 M,电流在 SQUID 中引起磁通量变化为

$$\Delta \Phi_{\text{SQUID}} = -MI = \frac{M}{L_{\text{p}} + L_{\text{s}}} \Delta \Phi_{\text{ext}} \tag{4.55}$$

在给定的磁场下,磁通量变化 $\Delta \Phi_{\text{ext}}$ 随磁通变压器的面积线性增加。从式(4.55)看出,这导致了 SQUID 中磁通量变化 $\Delta \Phi_{\text{SQUID}}$ 的增加(没有证据表明电感项随着区域的减小而减小)。因此,可以通过选择较大的磁通变压器面积来增加 SQUID 磁强计的磁场灵敏度。由此不增加 SQUID 电感,避免了对 SQUID 调制深度的不利影响。如前面提到的,可以实现在 $\text{fT}/\sqrt{\text{Hz}}$ 范围内使用具有噪声基底的磁通变换磁强计。

SQUID 磁强计能够以出色的分辨率测量磁通密度。然而,它们不是量子标准,因为有效 SQUID 区域没有量化。在 4.2.4 节中,将讨论磁通密度单位特斯拉的基于量子的实现。这种实现利用核磁共振(NMR)技术,这使得特斯拉的主要标准得以实现。SQUID 磁强计可以根据这样的主要标准来校准以获得对 SI 的可追溯性。

下面将通过使用 SQUID 梯度仪和 SQUID 仪器测量材料的磁矩,来简要讨论这一部分关于 SQUID 的磁性测量。一阶 SQUID 梯度计是一种特殊的磁通变压器,其中图 4.18 所示的单个超导传感器环或线圈被两个传感器线圈所取代。线圈的布置如图 4.19 所示。线圈具有相反的卷绕方向,如果磁场在两个线圈中具有相同的值,则会使得两个线圈的信号彼此抵消。因此,一阶梯度计仅对沿 z 方向的磁场梯度敏感。这对于高灵敏度的测量是特别重要的,因此必须抑制背景场的影响。只要背景场在线圈的分离上是恒定的,这个概念就可以很好地发挥作用。通常是这样的,如地球的磁场。如果在所谓的二阶梯度计中使用四个线圈,则来自磁场梯度的信号也被抑制。然后,该仪器仅对 z 方向磁场的二阶导数敏感。

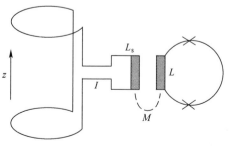

图 4.19 一阶 SQUID 梯度仪

采用二阶 SQUID 梯度计测量小磁矩。正在研究的磁性样品以恒定的速度通过线圈布置。由于二阶梯度计的背景场抑制很好，SQUID 信号完全来自于样品的磁场。记录下 SQUID 信号与样本位置的关系。为了确定磁矩，将测量曲线与具有已知磁矩的参考样品获得的校准曲线进行比较。用 SQUID 磁特性测量系统可以检测到低至 $10^{-11}\mathrm{A}\cdot\mathrm{m}^2$ 的磁矩。

4.2.3.3 低温电流比较器：电流和电阻比

在低温电流比较器（CCS）中还使用了 SQUID 的优异磁通灵敏度[65]。这些比较器允许用相对不确定度 10^{-9}，更好地确定电流和电阻比。众所周知电阻比的实现在电气计量中是极其重要的，因为它允许建立电阻标度。这个尺度的锚点是由量子霍耳效应（QHE）所提供的欧姆表示。如第 5 章将要讨论的，量子霍耳效应可以用来将电阻与基本电荷和普朗克常量联系起来，具有非常低的不确定度。然而，它只提供了一组有限的非十进制电阻值。对于电气工程中的实际应用，需要十进制电阻值从毫欧到兆欧范围。在国家计量研究所，利用 CCC 的量子霍耳电阻得到了高精度的十进制电阻值。

此外，用 CCC 确定的精确电流比对于单电子传输器件产生的量化电流的放大是重要的。量化电流与基本电荷直接相连，如第 6 章中将要讨论的，但电流水平仅在皮安到纳安范围。因此，需要对其进行放大。

在 CCC 中，电流比测量是基于安培定律和迈斯纳-奥克森费尔德效应相结合的。对具有大于伦敦穿透深度 Λ 的壁厚的超导管，适合该原理。在管内，沿着管轴的导线携带电流 I，如图 4.20 所示。电流产生磁通密度 $\boldsymbol{B}$。为了防止磁通密度穿透超导体，在管的内表面上产生屏蔽电流 I_{inner}。将安培定律应用于超导管内的闭合积分轮廓（其中磁通密度为零）：

$$\oint B \mathrm{d}s = \mu_0 (I + I_{\mathrm{inner}}) = 0 \tag{4.56}$$

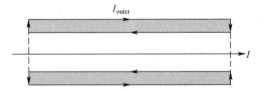

图 4.20　超导管的截面（灰色）

注：电流 I 通过管内的导线。外管表面的电流 I_{outer} 等于电流 I。

屏蔽电流流过超导管的外表面，并且 $I_{\mathrm{outer}} = -I_{\mathrm{inner}} = I$。

其次，考虑了带有两个导线的超导管，它携带电流 I_1 和 I_2。显然，外表面电流 $I_{\mathrm{outer}} = I_1 + I_2$ 将为零，并且仅当 $I_1 = -I_2$，也就是说，如果相等大小的电流在相反方向上流动。这种条件可以用 SQUID 器件来测试，以检测 I_{outer} 在超导管外产生的磁场。因此,SQUID 用作非常灵敏的零检测器。重要的是,如果管的长度大于直径,则外表面电流不依赖于管内的导线的具体位置。这是 CCC 概念的基础,保证了 CCC 的高精度。

管排列实现电流比 $I_2/I_1 = 1$。在 CCC 中,管被超导环所取代,超导环的两端重叠但彼此电隔离。在环面内,两个具有相反绕组方向的线圈承载电流 I_1 和 I_2。如果绕组数为 n_1 和 n_2,则任何合理的电流比

$$\frac{I_2}{I_1} = \frac{n_1}{n_2} \tag{4.57}$$

可以实现。SQUID 零值检测器放置在环面的中心,它监测磁通量并产生反馈信号,该反馈信号调节电流中的一个直到满足式(4.57),即直到两个线圈的安匝相等。

如前所述,CCC 广泛用于精密电阻比较。一个基于 CCC 的电阻桥的电路图如图 4.21 所示。将未知电阻 R_X 与电阻标准 R_N 进行比较。绕组数 n_X 和 n_N 的两个线圈具有相反的绕组方向。安培匝间的平衡用 SQUID 装置进行监测,通过电压表测量电阻上的电压降之间的差值。当桥完全平衡时,满足方程 $I_X n_X = I_N n_N$ 和 $I_X R_X = I_N R_N$。因此,电阻比为

$$\frac{R_X}{R_N} = \frac{n_X}{n_N} \tag{4.58}$$

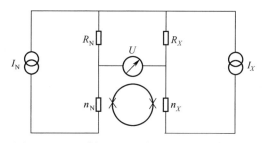

图 4.21　基于低温电流比较器的电阻电桥电路

在实践中,需要一个辅助电路(图 4.21 中未示出)来完全平衡该桥。辅助电路的详细讨论可以参见文献[66-67]。基于 CCC 的电阻桥通过在低频(通常低于 1Hz)周期性地反转电流极性来操作,以补偿不希望的热电动势。10^{-9} 甚至更好的不确定度得到了实现。

4.2.3.4　生物磁性测量

SQUID 不仅有助于测量电气单元,而且还发现了"现实世界"的应用。实例包括石油和天然气的地球物理测量以及无损材料测试,其中 SQUID 可用于检测飞机部件中的内部缺陷。在所需磁场分辨率方面,最具挑战性的实际应用是测量生物

磁信号。在本节中,简要地讨论生物磁性测量,以说明基于量子的 SQUID 器件的前所未有的灵敏度如何推动测量的极限。

研究最深入的生物磁信号是由人类心脏(心磁图(MCG))[68]和人脑(脑磁图(MEG))所产生的生物磁信号[69]。由于 MCG 和 MEG 是非侵入性的诊断工具,对它们的研究尤其令人感兴趣。

MCG 是心电图(ECG)的磁对应物,其中电信号是由心跳产生的。它们的时间形状提供了心脏功能的信息。在 MCG 中,测量相应的磁场。ECG 信号是通过附着在胸腔上的电极获得的,因此,源于身体表面的电流作用。相反,MCG 信号以非接触模式测量,并且由心脏产生的总电流分布导致。因此,MCG 包含 ECG 无法获得的额外信息。

在 MEG 中,测量由大脑的电活动产生的磁场分布。从场分布上,获得磁场的源的位置(通常被建模为电流偶极子),进而获得脑功能。MEG 将毫秒级的高时间分辨率与厘米级的定位精度相结合,并且是无创性的,如前所述。这种组合使得它成为一个有吸引力的诊断工具。相比之下,它的电对应物,即无创脑电图,提供的精确度要低得多。

MCG 和 MEG 对测量提出的挑战在于磁信号的弱点。MCG 信号的峰值幅度是几十皮特斯拉,MEG 信号甚至更小,信号电平低于 1pT。测量必须覆盖几个 100Hz 的带宽,以获得关于信号的时间形状的期望信息。因此,必须使用具有 $fT/\sqrt{Hz}$ 范围内的噪声水平的磁场检测器来获得足够大的信号噪声比。因此,SQUID 是 MCG 和 MEG 首选的磁场传感器。

除了探测器的灵敏度外,还需要屏蔽外部静电和交变磁场。这些磁场大约是微特级,否则将完全掩盖生物磁信号。因此,测量是在磁屏蔽室中进行的。迄今为止,在 PTB 柏林研究所建立了屏蔽系数最高的磁屏蔽室。它包括 7 个具有不同厚度的钼金属的磁性层和由 10mm 的铝组成的一个高导电涡流层。在内部测量室中,噪声水平远低于 $1fT/\sqrt{Hz}$,其白噪特性达到 1MHz(除了在低频下的 $1/f$ 贡献)。

生物磁测量的检测系统由 SQUID 阵列组成,而不是单个 SQUID 探测器。多达几百个 SQUID 传感器被用来测量由与心脏或大脑的活动相关的生物电流引起的磁场分布,然后从测量的磁场分布重构电流分布。这是一个逆向问题,它比正向计算更具挑战性,其中场是由已知的源分布确定的。图 4.22 为一个多通道 SQUID 系统的照片,它在柏林夏里特医学院的本杰明富兰克林医院的磁屏蔽室中拍得。

4.2.4 可溯源磁通密度测量

磁通密度可以用 SQUID 磁强计以优异的分辨率测量,如 4.2.3 节所述。然而,这些仪器不提供对国际单位制的可追溯性。获得可追溯性的一种概念上简单的方法是,在 SI 值已知的情况下,使用可计算的磁场线圈并使其接通电流。在实

图 4.22　用于 MCG 测量的八十三通道 SQUID 系统对准在患者上方

践中,这个概念面临着严重的局限性,因为它难以建立所需高精度线圈的几何形状。因此,NMR 技术已被许多国家计量机构用于实现、维持和传播磁通密度的 SI 单位特斯拉。这些努力为可追溯的磁性测量提供了基础。

NMR 测量将磁通密度与核子的磁矩联系起来,也就是说,是一个基本常数。因此,NMR 实验可认为是量子计量的一个典型例子。为了捕捉 NMR 测量的本质,考虑沿 z 轴的自旋分量 $Sz=\pm 1/2\hbar$ 的质子。如果沿 z 轴施加直流磁场 B_z,则两个自旋态在能量上向上和向下移动:

$$E_{\pm} = \pm \left(g\frac{e}{2m_p}s_z \right) B_z \tag{4.59}$$

括号中的表达式是磁矩的 z 分量、g 为朗德因子和 m_p 为质子质量。根据式(4.59),自旋态之间的能量分裂可以表示为

$$\Delta E = \hbar\omega = \gamma'_p B_z \tag{4.60}$$

式中:ω 为(角)自旋翻转频率,也称为进动频率,因为在经典图像中,质子自旋以角频率 ω 环绕磁场。常数是由两次磁矩除以 ℏ 所给出的质子的旋磁比。更严格地说,素数作为上标被认为是在纯水的球形样品中考虑了质子(在 25℃)。因此,γ'_p 是屏蔽质子回旋磁比。根据 2010 年[35]基本常数的调整,其近似值为 $2.675\times 10^8 s^{-1}\cdot T^{-1}$,相对不确定度为 2.5×10^{-8}。式(4.60)允许基于频率测量来实现特斯拉,该频率测量可以以高精度执行。

使用两种不同的方法来确定频率。对于几毫特斯拉和以下的磁通密度,水样

通过磁场脉冲极化,也就是说,上自旋状态被填充。极化脉冲被关断后,在时域中观察到自由旋进衰减。振荡自由进动衰减信号直接显示进动频率。由于内禀自旋-自旋弛豫时间和穿过水样的磁通密度的不均匀性,信号衰减。因此,后者必须是小的,以便该技术是可应用的。为了说明 Free-Precesion 技术在国家计量研究所实现特斯拉的应用范围,以 PTB 的数据为例。在 PTB 中,该技术用于实现磁通密度在 $10\mu T \sim 2mT$ 范围内的单位。下边界是由精确补偿地球磁场的要求确定的。相对不确定度从 $10^{-4}(10\mu T)$ 变化到 $10^{-6}(2mT)$ [70]。

NMR 吸收技术可用于毫特斯拉范围内和更高的磁通密度[70]。利用谐振器电路监测射频(RF)磁场的吸收,以确定进动频率 ω 和由此产生的未知直流磁通密度 B_z [71]。由于 B_z^2 [71] 的吸收功率尺度,该技术不能扩展到低场范围。在 PTB 中,采用吸收技术实现磁通密度可以从 $1\sim 2mT$ 到 2T,其相对不确定度为 10^{-5}。

参考文献

[1] Josephson, B.D. (1962) Possible new effects in superconductive tunneling. *Phys. Lett.*, **1**, 251-253.

[2] London, F. and London, H. (1935) The electromagnetic equations of the supraconductor. *Proc. R. Soc. London, Ser. A*, **149**, 71-88.

[3] Ginzburg, V.L. and Landau, L.D. (1950) On the theory of superconductivity. *Zh. Eksp. Teor. Fiz.*, **20**, 1064-1082. English translation in Landau, L.D. (1965) *Collected Papers*, Pergamon Press, Oxford, p. 546.

[4] Bardeen, J., Cooper, L.N., and Schrieffer, J.R. (1957) Microscopic theory of superconductivity. *Phys. Rev.*, 106, 162-164.

[5] Bardeen, J., Cooper, L.N., and Schrieffer, J.R. (1957) Theory of Superconductivity. *Phys. Rev.*, 108, 1175-1204.

[6] Bednorz, J.G. and Müller, K.A. (1986) Possible high Tc superconductivity in the Ba-La-Cu-O system. *Z. Phys. B: Condens. Matter*, **64**, 189-193.

[7] Wu, M.K., Ashburn, J.R., Torng, C.J., Hor, P.H., Meng, R.L., Gao, L., Huang, Z.J., Wang, Y.Q., and Chu, C.W. (1987) Superconductivity at 93 K in a new mixed-phase Y-Ba-Cu-O compound system at ambient pressure. *Phys. Rev. Lett.*, 58, 908-910.

[8] Schilling, A., Cantoni, M., Guo, J.D., and Ott, H.R. (1993) Superconductivity above 130 K in the Hg-Ba-Ca-Cu-O system. *Nature*, **363**, 56-58.

[9] Ren, Z.-A., Che, G.-C., Dong, X.-L., Yang, J., Lu, W., Yi, W., Shen, X.-L., Li, Z.-C., Sun, L.-L., Zhou, F., and Zhao, Z.-X. (2008) Superconductivity and phase diagram in iron-based arsenic-oxides ReFeAsO$_{1-\delta}$ (Re = rare-earth metal) without fluorine doping. *Eur. Phys. Lett.*, **83**, 17002 (4 pp).

[10] Shapiro, S. (1963) Josephson currents in superconducting tunneling: the effect of microwaves

and other observations.*Phys. Rev. Lett.*, **11**, 80–82.

[11] Stewart, W.C. (1968) Current-voltage characteristics of Josephson junctions.*Appl. Phys. Lett.*, **12**, 277–280.

[12] McCumber, D.E. (1968) Effect of AC impedance on DC voltage-current characteristics of superconductor weak-link junctions. *J. Appl. Phys.*, **39**, 3113–3118.

[13] Kautz, R.L. and Monaco, R. (1985) Survey of chaos in the rf-biased Josephson junction. *J. Appl. Phys.*, **57**, 875–889.

[14] Barone, A. and Paterno, G. (eds) (1982)*Physics and Applications of the Josephson Effect*, John Wiley & Sons, Inc.,New York.

[15] Likharev, K.K. (1986) *Dynamics of Josephson Junctions and Circuits*, Gordon and Breach Science, New York.

[16] Kautz, R.L. (1996) Noise, chaos, and the Josephson voltage standard. *Rep. Prog.Phys.*, **59**, 935–992.

[17] Kadin, A.M. (1999) *Introduction to Superconducting Circuits*, John Wiley & Sons, Inc., New York.

[18] Clarke, J. (1968) Experimental comparison of the Josephson voltage-frequency relation in different superconductors.*Phys. Rev. Lett.*, **21**, 1566–1569.

[19] Tsai, J.-S., Jain, A.K., and Lukens, J.E.(1983) High-precision test of the Universality of the josephson voltage-frequency relation. *Phys. Rev. Lett.*, **51**, 316–319.

[20] Jain, A.K., Lukens, J.E., and Tsai, J.-S.(1987) Test for relativistic gravitational effects on charged particles. *Phys. Rev.Lett.*,**58**, 1165–1168.

[21] Behr, R., Kieler, O., Kohlmann, J., Müller, F., and Palafox, L. (2012) Development and metrological applications of Josephson arrays at PTB. *Meas. Sci.Technol.*, **23**, 124002 (19pp).

[22] Harris, R.E. and Niemeyer, J. (2011) in *100 Years of Superconductivity*(eds H.Rogalla and P. H. Kes), Taylor & Francis,Boca Raton, FL, pp. 515–557.

[23] Jeanneret, B. and Benz, S.P. (2009) Applications of the Josephson effect in electrical metrology. *Eur. Phys. J. Spec.Top.*, **172**, 181–206.

[24] Niemeyer, J., Hinken, J.H., and Kautz,R.L. (1984) Microwave-induced constant voltage steps at one volt from a series array of Josephson junctions. *Appl. Phys.Lett.*, **45**, 478–480.

[25] Gurvitch, M., Washington, M.A., and Huggins, H.A. (1983) High quality refractory Josephson tunnel junctions utilizing thin aluminum layers. *Appl.Phys. Lett.*, **42**, 472–474.

[26] Benz, S.P., Hamilton, C.A., Burroughs,C.J., Harvey, T.E., and Christian, L.A.(1997) Stable 1 volt programmable voltage standard. *Appl. Phys. Lett.*, **71**,1866–1868.

[27] Mueller, F., Behr, R., Weimann, T.,Palafox, L., Olaya, D., Dresselhaus, P.D.,and Benz, S.P. (2009) 1 V and 10 V SNS programmable voltage standards for 70GHz. *IEEE Trans. Appl. Supercond.*, **19**,981–986.

[28] Yamamori, H., Ishizaki, M., Shoji,A., Dresselhaus, P.D., and Benz, S.P.(2006) 10 V programmable Josephson voltage standard circuits using NbN/TiN$_x$/NbN/TiN$_x$/NbN doublejunction stacks. *Appl. Phys. Lett.*, 88,042503 (3 pp).

[29] Levinsen, M.T., Chiao, R.Y., Feldman,M.J., and Tucker, B.A. (1977) An inverse AC Jo-

sephson effect voltage standard. *Appl. Phys. Lett.*, **31**, 776–778.

[30] Funck, T. and Sienknecht, V. (1991) Determination of the volt with the improved PTB voltage balance. *IEEE Trans. Instrum. Meas.*, **IM-40**, 158–161.

[31] Thompson, A.M. and Lampard, D.G. (1956) A new theorem in electrostatics and its application to calculable standards of capacitance. *Nature*, **177**, 888.

[32] Flowers, J. (2004) The route to atomic and quantum standards. *Science*, **306**, 1324–1330.

[33] Giacomo, P. (1988) News from the BIPM. *Metrologia*, **25**, 115–119, (see also Resolution 6 of the 18th meeting of the CGPM (1987), BIPM http://www.bipm.org/en/CGPM/db/18/6/ (accessed 22 August 2014)).

[34] Quinn, T.J. (1989) News from the BIPM. *Metrologia*, **26**, 69–74.

[35] Mohr, P.J., Taylor, B.N., and Newell, D.B. (2012) CODATA recommended values of the fundamental physical constants: 2010. *Rev. Mod. Phys.*, **84**, 1527–1605.

[36] Wood, B.M. and Solve, S. (2009) A review of Josephson comparison results. *Metrologia*, **46**, R13–R20.

[37] Dresselhaus, P.D., Elsbury, M., Olaya, D., Burroughs, C.J., and Benz, S.P. (2011) 10 V programmable Josephson voltage standard circuits using NbSi–barrier junctions. *IEEE Trans. Appl. Supercond.*, **21**, 693–696.

[38] Müller, F., Behr, R., Palafox, L., Kohlmann, J., Wendisch, R., and Krasnopolin, I. (2007) Improved 10V SINIS series arrays for applications in AC voltage metrology. *IEEE Trans. Appl. Supercond.*, **17**, 649–652.

[39] Yamamori, H., Yamada, T., Sasaki, H., and Shoji, A. (2008) 10 V programmable Josephson voltage standard circuit with a maximum output voltage of 20V. *Supercond. Sci. Technol.*, **21**, 105007 (6pp).

[40] Müller, F., Scheller, T., Wendisch, R., Behr, R., Kieler, O., Palafox, L., and Kohlmann, J. (2013) NbSi barrier junctions tuned for metrological applications up to 70 GHz: 20 V arrays for programmable Josephson voltage standards. *IEEE Trans. Appl. Supercond.*, **23**, 1101005 (5 pp).

[41] Kautz, R.L. (1995) Shapiro steps in large-area metallic-barrier Josephson junctions. *J. Appl. Phys.*, **78**, 5811–5819.

[42] Benz, S.P. and Hamilton, C.A. (1996) A pulse-driven programmable Josephson voltage standard. *Appl. Phys. Lett.*, **68**, 3171–3173.

[43] Monaco, R. (1990) Enhanced AC Josephson effect. *J. Appl. Phys.*, **68**, 679–687.

[44] Williams, J.M., Janssen, T.J.B.M., Palafox, L., Humphreys, D.A., Behr, R., Kohlmann, J., and Müller, F. (2004) The simulation and measurement of the response of Josephson junctions to optoelectronically generated short pulses. *Supercond. Sci. Technol.*, **17**, 815–818.

[45] Benz, S.P., Dresselhaus, P.D., Rüfenacht, A., Bergren, N.F., Kinard, J.R., and Landim, R.P. (2009) Progress toward a 1V pulse-driven AC Josephson voltage standard. *IEEE Trans. Instrum. Meas.*, **58**, 838–843.

[46] Benz, S.P., Dresselhaus, P.D., Burroughs, C.J., and Bergren, N.F. (2007) Precision measurements using a 300 mV Josephson arbitrary waveform synthesizer. *IEEE Trans. Appl. Supercond.*, **17**, 864–869.

[47] Jeanneret, B., Rüfenacht, A., Overney, F., van den Brom, H., and Houtzager, E. (2011) High precision comparison between a programmable and a pulsedriven Josephson voltage standard. *Metrologia*, **48**, 311–316.

[48] Kieler, O.F., Behr, R., Schleussner, D., Palafox, L., and Kohlmann, J. (2013) Precision comparison of sine waveforms with pulse-driven Josephson arrays. *IEEETrans. Appl. Supercond.*, **23**, 1301404(4pp).

[49] Behr, R., Palafox, L., Ramm, G., Moser, H., and Melcher, J. (2007) Direct comparison of Josephson waveforms using an AC quantum voltmeter. *IEEE Trans. Instrum. Meas.*, 56, 235–238.

[50] Rüfenacht, A., Burroughs, C.J., and Benz, S.P. (2008) Precision sampling measurements using AC programmable Josephson voltage standards. *Rev. Sci.Instrum.*, **79**, 044704 (9pp).

[51] Waltrip, B.C., Gong, B., Nelson, T.L., Wang, Y., Burroughs, C.J., Rüfenacht, A., Benz, S.P., and Dresselhaus, P.D. (2009) AC power standard using a programmable Josephson voltage standard. *IEEE Trans. Instrum. Meas.*, **58**, 1041–1048.

[52] Ihlenfeld, W.G.K., Mohns, E., Behr, R., Williams, J., Patel, P., Ramm, G., and Bachmair, H. (2005) Characterization of a high resolution analog-to-digital converter with a Josephson AC voltage source. *IEEE Trans. Instrum. Meas.*, **54**, 649–652.

[53] Palafox, L., Ramm, G., Behr, R., Ihlenfeld, W.G.K., Müller, F., and Moser, H. (2007) Primary AC power standard based on programmable Josephson junction arrays. *IEEE Trans. Instrum. Meas.*, 56, 534–537.

[54] Behr, R., Williams, J.M., Patel, P., Janssen, T.J.B.M., Funck, T., and Klonz, M. (2005) Synthesis of precision waveforms using a SINIS Josephson junction array. *IEEE Trans. Instrum. Meas.*, **54**, 612–615.

[55] Lee, J., Schurr, J., Nissilä, J., Palafox, L., and Behr, R. (2010) The Josephson two-terminal-pair impedance bridge. *Metrologia*, 47, 453–459.

[56] Hellistö, P., Nissilä, J., Ojasalo, K., Penttilä, J.S., and Seppö, H. (2003) AC voltage standard based on a programmable SIS array. *IEEE Trans.Instrum. Meas.*, **52**, 533–537.

[57] Benz, S.P., Pollarolo, A., Qu, J., Rogalla, H., Urano, C., Tew, W.L., Dresselhaus, P.D., and White, D.R. (2011) An electronic measurement of the Boltzmann constant. *Metrologia*, **48**, 142–153.

[58] Lipe, T.E., Kinard, J.R., Tang, Y.-H., Benz, S.P., Burroughs, C.J., and Dresselhaus, P.D. (2008) Thermal voltage converter calibrations using a quantum AC standard. *Metrologia*, **45**, 275–280.

[59] Toonen, R.C. and Benz, S.P. (2009) Nonlinear behavior of electronic components characterized with precision multitones from a Josephson arbitrary waveform synthesizer. *IEEE Trans. Appl. Supercond.*, **19**, 715–718.

[60] Jaklevic, R.C., Lambe, J., Silver, A.H., and Mercereau, J.E. (1964) Quantum interference effects in Josephson tunneling. *Phys. Rev. Lett.*, **12**, 159–160.

[61] Gallop, J.C. (1991) *SQUIDs, the Josephson Effects and Superconducting Electronics*, Adam Hilger, Bristol.

[62] Koelle, D., Kleiner, R., Ludwig, F., Dantsker, E., and Clarke, J. (1999) Hightransition-temperature superconducting quantum interference devices. *Rev. Mod. Phys.*, **71**, 631–686.

[63] Clarke, J. and Braginski, A.I. (eds) (2006) *The SQUID Handbook*, vol. 1 and 2, Wiley-VCH Verlag GmbH, Berlin.

[64] Meissner, W. and Ochsenfeld, R. (1933) Ein neuer Effekt bei Eintritt der Supraleitfähigkeit. *Naturwissenschaften*, **21**, 787–788 (in German).

[65] Harvey, K. (1972) A precise low temperature DC ratio transformer. *Rev. Sci. Instr.*, **43**, 1626–1629.

[66] Piquemal, F. (2010) in *Handbook of Metrology*, vol. 1 (eds M. Gläser and M. Kochsiek), Wiley-VCH Verlag GmbH, Weinheim, pp. 267–314.

[67] Drung, D., Götz, M., Pesel, E., Barthelmess, H.J., and Hinnrichs, C. (2013) Aspects of application and calibration of a binary compensation unit for cryogenic current comparator setups. *IEEE Trans. Instrum. Meas.*, **62**, 2820–2827.

[68] Koch, H. (2004) Recent advances in magnetocardiography. *J. Electrocardiol.*, **37**, 117–122.

[69] Cohen, D. and Halgren, E. (2004) Magnetoencephalography, in *Encyclopedia of Neuroscience*, 3rd edn (eds G. Adelman and B.H. Smith), Elsevier, New York.

[70] Weyand, K. (2001) Maintenance and dissemination of the magnetic field unit at PTB. *IEEE Trans. Instrum. Meas.*, **50**, 470–473.

[71] Weyand, K. (1989) An NMR marginal oscillator for measuring magnetic fields below 50 mT. *IEEE Trans. Instrum. Meas.*, **38**, 410–414.

第5章
量子霍耳效应

量子霍耳效应(QHE)是在强磁场作用下的二维电子系统中发生的。1980年,冯·克里青(Klitzing)在研究低温下硅金属氧化物半导体场效应晶体管(MOSFET)的磁输运特性时首次发现[1]。1985年,Klitzing因其发现而被授予诺贝尔物理学奖。因为QHE可以提供量子化电阻,所以人们很快就知道它将对计量产生巨大的影响。这些量子化电阻只取决于基本电荷 e、普朗克常量 h 和整数。事实上,QHE在目前已经彻底改变了电阻计量学。各国计量研究机构主要用来复现和传播直流量子霍耳电阻标准。近年来,QHE也用于交流电阻测量,即阻抗测量,并且已经表明电容单元(F),可以直接基于QHE进行测量[2-3]。

从物理学的角度来看,QHE涉及的事实是,在强磁场中的二维电子气(2DEG)中,非相互作用的电子失去了所有的运动自由度。它们的能谱是离散的,就像原子的能谱一样。在本章中,重点讨论QHE这方面情况,即使没有提供QHE的完整描述,这些也提供了对基本物理的理解,更详细的讨论可以参见文献[4-6]。

本章的结构如下:首先复习固态物理的一些基础知识,这是了解QHE基础所必需的;然后介绍半导体结构,其中可以观察到QHE;最后讨论QHE本身,并阐述它对计量学的影响。

5.1 三维和二维半导体的基本物理性质

考虑三维块状半导体晶体,其尺寸对于德布罗意波长的尺度可认为是宏观的,或二维层状半导体结构,假设其各层的平面内尺寸在德布罗意波长的尺度上是宏观的。因此,假设尺寸量子化只发生在与层垂直的方向上。除了这个方向,k 的允许值由半导体晶体的尺寸决定,并且由于晶体尺寸为宏观的原因波矢还是准连续的。电子(和空穴)及其色散的本征能由带结构 $E(k)$ 表示。电子和空穴决定了半导体晶体的传输及光学性质。更确切地说,这些性质由最高占用能带和最低未占用能带控制,分别记为价带和导带。这些能带被具有能量 E_g 的带隙分开。这些能带在极值附近的色散通常可以由自由电子关系近似,但自由电子质量被有效质量 m^* 代替。质量的重整化考虑了晶格在这种近似中的影响。下面只考虑"准自由"电子,它可以用有效质量近似描述。此外,假设频带结构是各向同性的。从三维半导体开始,然后转到二维半导体,讨论了两种情况下磁场的影响。

5.1.1 三维半导体

在三维各向同性半导体中给出准自由电子的能量色散公式:

$$E(\boldsymbol{k}) = \frac{\hbar^2 |\boldsymbol{k}|^2}{2m^*} = \frac{\hbar^2}{2m^*}(k_x^2 + k_y^2 + k_z^2) \tag{5.1}$$

式(5.1)简单地表示具有质量 m^* 的自由粒子的动能。如果在霍耳测量中沿 z 方向施加磁场,则 $B=B_z$。如果散射不太强,则电子将沿 x-y 平面中的回旋轨道运动。该条件可用不等式 $\omega_c \tau \gg 1$ 表示,其中 τ 为散射时间,并且

$$\omega_c = \frac{eB}{m^*} \tag{5.2}$$

为回旋加速器(角)频率。磁场改变了能量色散。

在量子力学处理中,获得沿 z 方向排列的磁场:

$$E(k_z) = \frac{\hbar^2 k_z^2}{2m^*} + \left(l_c + \frac{1}{2}\right)\hbar\omega_c \pm \frac{1}{2}g\mu_B B \tag{5.3}$$

式中:l_c 为整数($l_c = 0,1,2,3$);g 为电子的朗德因子;$\mu_B = e\hbar/(2m_e)$ 为玻尔磁子,其中 m_e 为电子质量。

式(5.3)的解释很简单:等式右边第一项表示 z 方向自由运动的动能;第二项是对应于 x-y 平面中回旋运动的能量,量子力学这种运动对应于一个谐振子,其中 l_c 是各自的量子数。具有 $l_c = 0,1,2,3,\cdots$ 的不同量子带称为朗道能级,其以俄罗斯物理学家列夫·朗道(Lev Landau)命名;第三项是电子的塞曼能量,其自旋分量 $s_z = \pm 1/2\hbar$ 平行或反向平行于磁场 $B=B_z$ 方向。由于塞曼能量 $g\mu_B B/2$ 远小于朗道能级的分离 $\hbar\omega_c$,因此将在下面的讨论中忽略它。

了解 QHE 的一个重要物理量是态密度 $D(E)$,它指定了电子从 E 到 $E+\mathrm{d}E$(在真实空间中的每一个体积,其中 $\mathrm{d}E$ 为能量的无穷小的增加)内的电子可用状态的数目。对于电子占据的这些状态,必须考虑泡利不相容原理。由式(5.1)可知,在零磁场中获得三维半导体中的准自由电子公式为

$$D^{3D}(E) = \frac{1}{2\pi^2}\left(\frac{2m^*}{\hbar^2}\right)^{3/2} E^{1/2} \tag{5.4}$$

式中:$D^{3D}(E)$ 的平方根能量依赖性如图 5.1 所示。

在磁场中,态密度由下式给出[7]:

$$D^{1D}(E) = \frac{\hbar\omega_c}{(2\pi)^2}\left(\frac{2m^*}{\hbar^2}\right)^{3/2}\sum_{l_c}\left(E - \left(l_c + \frac{1}{2}\right)\hbar\omega_c\right)^{-1/2} \quad (5.5)$$

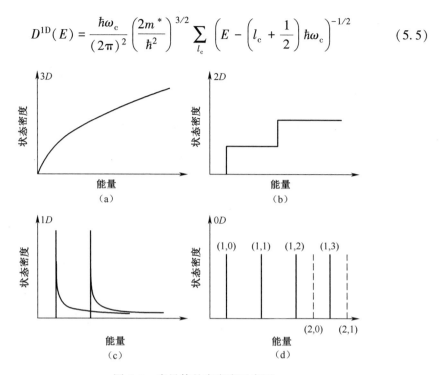

图 5.1 半导体的态密度示意图
(a)三维;(b)二维;(c)一维;(d)零维。
注:通过对三维和二维半导体分别施加磁场,得到了一维和零维系统,并显示了朗道能级。
只有两个最低子带勾画出两个和一维的情况。零维半导体的离散朗道能级由量子数标记。

如上标所指出的,这是一维半导体的态密度对于表征其特性的平方根能量倒数的依赖性。$D^{1D}(E)$ 在图 5.1 中还与 $D^{3D}(E)$,及零维和二维半导体的态密度一起表示出,这将在 5.1.2 节中讨论。根据式(5.5),$D^{1D}(E)$ 在每个朗道能级的底部具有奇点。然而,在实际系统中,这种奇点会被冲掉。例如,由于散射引起的能级展宽。尽管这一特征不包括在式(5.5)中,但该式表明,$D^{1D}(E)$ 根据因子 $\hbar\omega_c$ 随磁场的增大而增大。

总结这一部分,应强调的是,磁场将三维半导体转变为一维半导体。如果磁场在 z 方向上施加,则准自由电子的运动相对于波矢量分量 k_x 和 k_y 被量子化,并且仅关于 k_z 自由。能量色散分裂成朗道能级,可以占据朗道能级的电子数随着磁场强度的增加而增加。

5.1.2 二维半导体

在一维或多维上约束准自由电子的运动能够改变它们的波函数、色散和态密度状态。如5.1.1节中讨论的,约束可以由一个磁场引发,约束也可以由适当小的几何结构来实现。发生尺寸量子化的长度范围由电子的德布罗意波长给出,在一个尺寸约束中创建一个二维半导体。假设约束是由于在 z 方向上具有无限势垒高度的矩形势阱。

在这个简单的情况下,电子的能量色散为

$$E(k_x, k_y) = E_{\mathrm{QW}}(l_z) + \frac{\hbar^2}{2m^*}(k_x^2 + k_y^2) \tag{5.6}$$

式中:$E_{\mathrm{QW}}(l_z)$ 为量子化能量,且有

$$E_{\mathrm{QW}}(l_z) = \frac{\hbar^2}{2m^*} \frac{\pi^2 l_z^2}{L_z^2} \tag{5.7}$$

式中:l_z 为量子数,$l_z = 1, 2, \cdots$;L_z 为量子阱的宽度。

因此,从 z 方向的约束得到量化的能级。量子化能量随量子数 l_z 的平方增加,并随着量子阱宽度的减小而增大。

约束将态密度从平方根函数变为阶梯函数:

$$D^{\mathrm{2D}}(E) = \frac{m^*}{\pi \hbar^2} \sum_{l_z} \Theta(E - E_{l_z}) \tag{5.8}$$

式中:$\Theta(E)$ 为赫维赛德(Heaviside)函数,$\Theta(E < 0) = 0$,$\Theta(E \geq 0) = 1$。

二维情况下的状态密度如图5.1所示,该图说明 $D^{\mathrm{2D}}(E)$ 在 $D^{\mathrm{3D}}(E)$ 为零的带边处是有限的。这种差异对于许多器件应用(特别是光电器件)具有重要的影响[8]。有限势垒高度的真实势阱对电子的限制不影响上面描述的尺寸量子化的主要特征,然而,它改变了一些重要的方面。对于有限势垒高度,具有量子数 l_z 且给定量子态的量子化能量还是比较低的,并且束缚量子态数是有限的。

为了转到能够显示 QHE 的半导体系统中,结合势阱与磁场的影响,这在5.1.1节中讨论过。同样,假设势阱限制了 z 方向上的电子运动,并且沿着 z 轴施加磁场,$B = B_z$。因此,磁场应用于形成量子阱的半导体层,这将在5.2节中详细地讨论。结合上面的结果,很明显,这种排列方式创造了一个零维半导体系统,其中电子运动在所有三个维度中都受到限制。然后,电子的能量由量子化能量 $E_{\mathrm{QW}}(l_z)$ 和与 x-y 平面中回旋运动对应的能量之和给出。由式(5.3)和式(5.7),可得(再次忽略塞曼项)

$$E(l_z, l_c) = \frac{\hbar^2}{2m^*} \frac{\pi^2 l_z^2}{L_z^2} + \left(l_c + \frac{1}{2}\right) \hbar \omega_c \tag{5.9}$$

能量不再依赖于波矢量,也就是说,没有色散,因为电子不能自由移动。能量谱由一系列离散的能量组成,由量子数 (l_z, l_c) 描述其特征,类似于原子的光谱。因此,态密度 $D^{\mathrm{0D}}(E)$ 示出相邻朗道能级之间的能隙,如图5.1所示。量子化能量 $E_{\mathrm{QW}}(l_z)$ 通常大于回旋能量,这在图5.1中解释。因此,仅考虑 $l_z = 1$ 的最低量子阱

态的朗道能级就足够了,下面将使用这一描述。电子占据的朗道能级(和每个区域)的态的数量由下式计算:

$$D^{0D} = \frac{e}{h}B \tag{5.10}$$

因此,态密度随着磁场的增加而线性增加。因此,随着磁场按恒定电子密度增加,较高的朗道能级逐渐耗尽。在足够高的场中,所有电子将占据 $l_c = 0$ 的最低的朗道能级。控制磁场对朗道能级占有的可能性对于描述 QHE 至关重要,将在 5.3.2 节中讨论。

5.2 真实半导体中的二维电子系统

在 2DEG 中观察到 QHE。因此,在本节中将讨论如何在真实半导体中实现 2DEG。首先介绍真实半导体的性质,如 GaAs 和 AlGaAs,以及它们的异质结和异质结构。也将简要地介绍外延生长技术。由于目前在量子计量学中作为电阻标准的量子霍耳器件大多是基于这种材料系统,因此选用了 GaAs/AlGaAs 半导体系统作为例子。讨论并展示二维半导体的概念是如何变成物理现实的。

QHE 是一种电子传输效应,因此,具有适当传输特性的自由传导电子必须通过适当的掺杂技术插入半导体异质结构中来观察 QHE。一种用于此目的的特殊的掺杂技术称为调制掺杂,它产生的电子气体具有高迁移率的电荷载流子所需的 QHE。调制掺杂在本节末尾讨论。

5.2.1 半导体异质结构的基本性质

二维电子系统可以通过半导体异质结来实现,这些结构最先由赫伯特·克勒默(Kroemer)[9] 提出。鉴于这项技术的发展,Kroemer 和 Alferov 年获得了 2000 诺贝尔物理学奖。异质结是在具有不同带隙能量的两个半导体之间或半导体与金属或绝缘体之间形成的界面。半导体/绝缘体异质结的一个突出例子是 MOSFET 中的 Si/SiO_2 界面。异质结构由一个或多个异质结组成。

半导体/半导体异质结的突出例子是 GaAs/AlGaAs 界面。GaAs 是由元素周期表Ⅲ族(Ga)和Ⅴ族(As)元素组成的Ⅲ-Ⅴ族化合物半导体。其他的Ⅲ-Ⅴ族半导体还有 InP、InAs、AlAs 和 GaSb。GaAs 是一种直接带隙半导体,其最高价带的最大值和最低导带的最小值位于布里渊区的中心(Γ 点)。在室温下,带隙能量 E_g = 1.42eV。与此相反,AlAs 具有间接带隙,即最高价带的最大值和最低导带的最小值位于布里渊区的不同点。价带最大值位于 Γ 点,与 GaAs 相同。导带的最小值接近于(1,0,0)方向上布里渊区的边界,即接近 X 点。在室温下,间接带隙的能量

$E_g = 2.16\text{eV}$。关于 GaAs 和 AlAs 的能带结构和材料参数的详细信息可以参见文献[10]。

除了二元化合物 GaAs 和 AlAs 外,还可以生成三元混合晶体 AlGaAs。在混合晶体中,Ga 和 Al 原子在Ⅲ族元素的晶格格位上随机分布。该三元Ⅲ-Ⅴ族化合物半导体的 Ga 和 Al 原子的分数可以连续变化。该性质由 $Al_xGa_{1-x}As$ 命名,Al 摩尔分数 x 在 0~1 之间变化。随着 Al 摩尔分数 x 的增加,带隙能量在 1.42(GaAs, $x=0$)~2.16eV(AlAs, $x=1$)之间变化。对于 $x<0.4$,$Al_xGa_{1-x}As$ 具有和 GaAs 一样的直接带隙。对于较大的 x,获得与 AlAs 相同的间接带隙。如 5.1 节所讨论的,具有各向同性有效质量 m^* 的有效质量近似值足以描述电子 GaAs 和直接带隙 $Al_xGa_{1-x}As$ 中的 Γ 点。由于 QHE 在数开尔文温度及以下的低温下被观察到,因此进一步注意到带隙能量随着温度的降低而增加,如在 4K 时 GaAs 中的带隙能量为 1.52eV。带结构的主要特征不随温度而变化。

关于异质结的生长,半导体技术和量子计量受益于 GaAs 和 $Al_xGa_{1-x}As$ 对所有 x 值显示几乎相同的晶格常数。该特征允许 GaAs/$Al_xGa_{1-x}As$ 的制备为异质结构,其具有外延晶体生长技术的几乎完美的单晶界面。图 5.2 示出了这样的高质量界面,其显示了 GaAs/AlAs/GaAs 异质结构的透射电子显微镜(TEM)图像。在没有观察到晶体缺陷的界面上单晶结构得以延续。

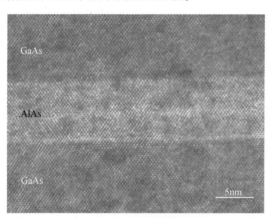

图 5.2 GaAs/AlAs/GaAs 异质结构的 TEM 图像
注:单个点代表 GaAs(顶部、底部)和 AlAs(中心)的单分子单元。

5.2.2 半导体异质结构的外延生长

采用分子束外延(MBE)[11]或金属有机气相外延(MOVPE),也称为金属有机化学气相沉积(MOCVD)[12],实现了 GaAs/$Al_xGa_{1-x}As$ 作为异质结构的高质量外延晶体生长。MBE 在超高度真空室中进行,衬底压力低于 10^{-10}Pa。该低压反映了生长室中的超低杂质浓度。MBE 生长室的示意图如图 5.3 所示。连接到生长室中的是泄流室,其含有高纯度固态 Ga、Al 和 As。将泄流室加热至 1000℃,使原料蒸发。如果打开泄流室前面的阀门,则气态原料被释放到真空室。在真空室中,原料凝聚在衬底上,在那里它们相互反应。衬底经常被旋转,以在大面积上实现空间均匀的晶体生长。Ga、Al 和 As 之间的反应由衬底的温度和原料的流速控制,这可以通过泄流室的温度来调节。例如,对于具有理想化学计量比的 GaAs 晶体的生长,需要衬底温度在 600℃ 以上。晶体的生长速率低,通常为 1μm/h,相当于每秒生长出一层 GaAs 单层(厚度 0.28nm)。由于晶体的生长速率低,外延层的厚度可以用单个原子层的分辨率精确地控制。可以利用反射高能电子衍射(RHEED)原位监测层的生长。图 5.3 所示的 Si 泄流室以可控的方式向 GaAs 或 $Al_xGa_{1-x}As$ 层添加掺杂剂。生长室的超高度真空和原料的高纯度确保在 MBE 生长的 GaAs/$Al_xGa_{1-x}As$ 异质结构中异质杂质的浓度是非常低的。

在 MOVPE 中,金属原料 Ga 和 Al 以金属有机化合物的形式提供,如三甲基镓。V 族元素以氢化物形式提供,如胂(AsH_3)。作为另一种选择,还开发和应用了毒性较小的 V 族前体,如用叔丁基拉辛作为 A_S 化合物的生长[13]。使用载体气体(如氢),将金属有机化合物输送到 MOVPE 反应室。在反应室中,它们与衬底表面的 V 族前体发生化学反应,GaAs/$Al_xGa_{1-x}As$ 异质结构在其外延生长。与 MBE 相反,MOVPE 不需要超高真空,而是在 10^4Pa 的压力下进行。

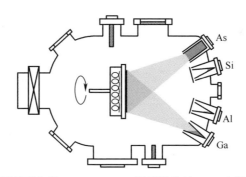

图 5.3　用于外延生长 GaAs/Al_xGa_{1-x} 异质结构的 MBE 生长室的示意图

注:图中未示出实现低于 10^{-10}Pa 的基础压力的真空泵。

5.2.3　半导体量子阱

使用 MBE 或 MOVPE,可以将 GaAs 薄层夹在两层 $Al_xGa_{1-x}As$ 之间。图 5.4(a)描述了该量子阱异质结构的带隙能量与生长方向,即与层垂直的方向 z 的关系。假定 Al 摩尔分数 $x=0.3$,从而得出在室温下 $Al_xGa_{1-x}As$ 的 $E_g=1.8$eV。如前所述,在室温下 GaAs 的带隙能量 $E_g=1.42$eV。

对于异质结构的电子性质,最重要的是能带排列,图 5.4(b)示出了布里渊区的 $\varGamma$ 点。GaAs 的导带位于 $Al_x Ga_{1-x}As$ 导带下方,而价带则相反。这称为 I 型或跨立式能带排列,并导致在导带和价带中形成势阱。理想的势阱具有与 GaAs 和 $Al_x Ga_{1-x}As$ 原子之间原子光滑界面对应的矩形形状,如图 5.2 的 TEM 图像所示。势阱的深度由导带的带边不连续性 ΔE_c 和价带 ΔE_v 给出。在 $\varGamma$ 点,它们的总和必须等于 GaAs 和 $Al_x Ga_{1-x}As$ 的带隙能量之间的差值,即 $\Delta E_g = \Delta E_c + \Delta E_v$ 必须成立。导带和价带之间的带隙差划分取决于界面的详细电子结构。对于 GaAs/AlGaAs 系统,大致为 $\Delta E_c/\Delta E_v = 3/2$。

总结这一讨论,我们注意到,对于足够薄的 GaAs 层(通常 $L_z < 100$ nm),在导带和价带中,即对于电子和空穴,都形成了有限势垒高度的矩形量子阱。因此,二维半导体得以实现,其中还可以引入二维电子气。

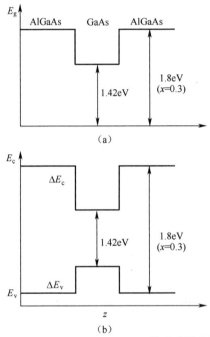

图 5.4　$Al_x Ga_{1-x}As/GaAs/Al_x Ga_{1-x}As(x=0.3)$ 量子阱异质结构带隙能量 E_g 的空间变化以及导带和价带随生长方向 z 的空间变化

注:图中没有考虑层之间的电荷载流子交换,这将导致空间电荷区域和带弯曲。

5.2.4　调制掺杂

半导体技术的巨大成功在很大程度上取决于移动载体的浓度可以通过掺杂的数量级而变化。掺杂是指用更多的(供体)或更少的电子(受体)的原子替代主晶格原子。在低温下,需要在宽禁带半导体中进行电子输运研究,因为对于 $k_\beta T \ll$

E_g，本征传导电子的密度可以忽略不计。在这种情况下，供体提供所需要的额外的移动电子，在研究 QHE 时就需要如此。然而，在电子从供体转移到导带之后，带正电的供体充当散射中心。在低温下，电离供体的散射是电子迁移率 $\mu = e\tau/m^*$（τ 为散射时间）的限制因素，这是半导体技术应用的关键参数之一，也是 QHE 的关键参数之一，调制掺杂可以大大降低散射[14]。在调制掺杂结构中，供体与移动电子在空间上分离，大大减少了离子化供体的散射。在低温下电子迁移率超过 $10^7 cm^2/(V \cdot s)$[15]。该值与在 GaAs 中的室温电子迁移率 $8000 cm^2/(V \cdot s)$ 相比非常高。

通过在一个 AlGaAs 势垒的薄层中引入 Si 供体，可以将调制掺杂的概念应用于量子阱异质结构。掺杂层必须通过未掺杂 AlGaAs 隔离层从 GaAs 阱中分离出来。在升高的温度下，供体被热激发，并在 GaAs 阱中俘获它们的额外电子。因此，在量子阱中形成具有高电子迁移率的 2DEG。在低温下，移动电子保留在量子阱中，并为 QHE 的研究提供了合适的场所。这种考虑显示了调制掺杂的另一个优点，除了在很大程度上增加了电子迁移率外，在调制掺杂异质结构中，与均匀掺杂的半导体相比，在低温下，移动电子不会冻结。调制掺杂在高频场效应晶体管（MOSFET）或高电子迁移率晶体管（HEMT）中得到了广泛应用。

如果考虑到能带弯曲，2DEG 也可以在单个异质结处形成。考虑图 5.5 的调制掺杂结构，从底部到顶部，该结构由 GaAs 衬底和缓冲层、未掺杂的 $Al_{0.3}Ga_{0.7}As$ 隔离层和 $Al_{0.3}Ga_{0.7}As(Si)$ 掺杂层组成。需要薄的 GaAs 帽层以防止 AlGaAs 在实际结构中的氧化。图 5.5(b) 示意性地示出了导带和价带轮廓以及费米能级 E_F，

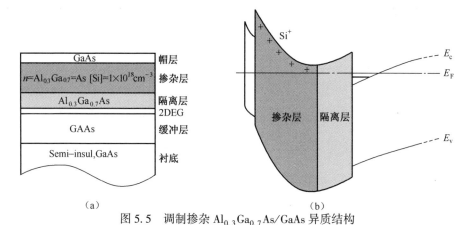

图 5.5 调制掺杂 $Al_{0.3}Ga_{0.7}As/GaAs$ 异质结构

注：图(a) 展示了 GaAs 衬底和缓冲层、未掺杂 $Al_{0.3}Ga_{0.7}As$ 隔离层（厚度为 10nm 的量级）、$Al_{0.3}Ga_{0.7}As(Si)$ 掺杂层（典型厚度为 50nm，掺杂有典型浓度为 $10^{-18} cm^{-3}$ 的 Si 施主）以及典型厚度为 10nm 的 GaAs 帽层的层序。图(b) 示意带剖面。在导带中，在 GaAs 和 $Al_{0.3}Ga_{0.7}As$ 隔离层的界面处形成三角形势阱。E_F 为费米能级。在导带剖面中的浅灰色显示的是三角势阱的最低量化能量状态。它保持一个 2DEG（如浅灰色）的层序列。

其可以分离未被占据的和被占据的电子态。费米能级在热力学平衡中是恒定的。供体被电离,供体的额外电子已经穿过隔离层转移到 GaAs,在那里它们被离子化供体电场吸引到界面。电荷转移伴随着带弯曲,使得在 GaAs 和 $Al_{0.3}Ga_{0.7}As$ 隔离层的界面处形成三角势阱。势阱的最低量子化能级位于费米能级以下。因此,量子化的能级被电子填充,在 GaAs 和 $Al_{0.3}Ga_{0.7}As$ 隔离层的界面处形成 2DEG。与矩形量子阱相比,图 5.5 所示类型的异质结构可以通过 MBE 或 MOVPE 更容易生长,因此它们用于大多数量子霍耳电阻器中。

5.3 霍耳效应

对 QHE 的理解需要经典霍耳效应的基本知识,因此在考虑 QHE 之前下面给出了后者的简要描述。

5.3.1 经典霍耳效应

5.3.1.1 三维经典霍耳效应

经典霍耳效应是由埃德温·霍耳(Edwin Herbert Hall)于 1879 发现的,它是指在外部磁场中放置的载流导线中会产生的电压。如图 5.6 所示,电压降方向垂直于电流和磁场的方向。

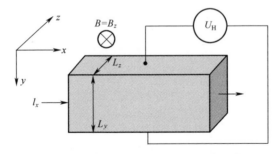

图 5.6 三维导体中霍耳效应观测的实验装置

霍耳效应是洛伦兹力作用于磁场中运动电荷载流子的结果。假设只有电子对电流有贡献,霍耳效应导致电子在如图 5.6 所示的导体的上表面累积。电子积累产生 y 方向上的电场 E_y。由于在 y 方向上电流为零,所以洛伦兹力必须由稳态下的电场 E_y 的影响来平衡。在 y 方向上得到总力 F_y:

$$F_y = (-e)E_y - (-e)v_xB_z = 0 \quad (5.11)$$

式中: $-e$ 是电子的电荷; v_x 为电子速度, $v_x = \hbar k_x/m^*$。

因此,霍耳场由 $E_y = v_x B_z$ 给出,霍耳电压由 $U_H = E_y L_y = v_x B_z L_y$ 给出。电流为

$$I_x = j_x L_y L_z = (-e) n_{3D} v_x L_y L_z \tag{5.12}$$

式中:j_x 为三维导体中的电流密度;n_{3D} 为电子密度。

霍耳电压为

$$U_H = -\frac{1}{en_{3D}} \frac{1}{L_z} I_x B_z = R_H \frac{1}{L_z} I_x B_z \tag{5.13}$$

霍耳系数可定义为 $R_H = -1/(en_{3D})$,是载流子密度的量度。事实上,霍耳效应通常用来确定金属和半导体中的载流子密度。对于载流子密度,可以进行更一般的描述,它需要考虑电子和空穴电流。对于目前的讨论,最重要的量是霍耳电阻,定义为

$$R_{xy} = \frac{U_H}{I_x} \tag{5.14}$$

霍耳电阻应当与纵向电阻 $R_{xx} = U_x/I_x$ 区别开来,其中 U_x 为电流方向上的电压降。

5.3.1.2 二维经典霍耳效应

5.3.1.1 节在三维上描述的霍耳效应可以直接拓展到二维电子气体上来。考虑在 x-y 平面上的 2DEG,它垂直于磁场 $B = B_z$。维度 L_z 变得没有意义,那么三维电子密度 n_{3D} 将被二维电子密度 n_{2D}(单位面积电子数)所取代。在二维上,霍耳电压变为

$$U_H = -\frac{1}{en_{2D}} I_x B_z \tag{5.15}$$

霍耳电阻可以用式(5.14)和式(5.15)中的 U_H 共同表示出来。纵向电阻在三维的情况下定义为:$R_{xx} = U_x/I_x$。

通常考虑电阻率 ρ,而不是电阻 R,因为电阻率表征材料或电子系统的物理性质而不依赖于其尺寸。注意到,在二维空间中,$R_{xx} = \rho_{xx} L_x/L_y$。因此,纵向电阻率和电阻具有相同的物理维度。此外,霍耳电阻和霍耳电阻率相等,并且与二维导体的尺寸无关:

$$R_{xy} = \rho_{xy} = -\frac{1}{en_{2D}} B \tag{5.16}$$

式中:分量 ρ_{xx} 和 ρ_{xy} 的出现表明电阻率 $\boldsymbol{\rho}$ 是张量,它由下面的关系式定义:

$$\begin{pmatrix} E_x \\ E_y \end{pmatrix} = \begin{pmatrix} \rho_{xx} & \rho_{xy} \\ -\rho_{xy} & \rho_{xx} \end{pmatrix} \begin{pmatrix} j_x \\ j_y \end{pmatrix} \tag{5.17}$$

电阻率张量 $\boldsymbol{\rho}$ 的倒数是电导率张量 $\boldsymbol{\sigma}$,定义为

$$\begin{pmatrix} j_x \\ j_y \end{pmatrix} = \begin{pmatrix} \sigma_{xx} & \sigma_{xy} \\ -\sigma_{xy} & \sigma_{xx} \end{pmatrix} \begin{pmatrix} E_x \\ E_y \end{pmatrix} \tag{5.18}$$

ρ 和 σ 的分量是相关的。我们明确地陈述了这里的一些关系,因为它们在 QHE 规则中有影响：

$$\rho_{xx} = \frac{\sigma_{xx}}{\sigma_{xx}^2 + \sigma_{xy}^2} \tag{5.19}$$

$$\sigma_{xx} = \frac{\rho_{xx}}{\rho_{xx}^2 + \rho_{xy}^2} \tag{5.20}$$

5.3.2 量子霍耳效应物理性质

对于 QHE 的描述,在 5.1 节的结果上,仍然限制了讨论到最低量子阱态的朗道能级,忽略了塞曼分裂。在 5.1.2 节中已经看到,每个朗道能级(和单位面积)的电子态数线性取决于二维半导体中的磁场。考虑在 0℃ 温度下具有给定电子密度 n_{2D} 的 2DEG。因此,不同的朗道能级之间的热激发被抑制。改变磁场,可以调整态密度 $D^{0D} = eB/h$,使得朗道能级 $l_c = 0,1,\cdots,i-1$ 被电子完全填充,而所有其他朗道能级($l_c > i-1$)都是空的。填充因子 $f = n_{2D}/D^{0D}$,其中 $f = i$ 即为一个整数。一个等价的说法是,费米能级位于朗道能级 $l_c = i-1$ 和 $l_c = i$ 之间的能隙。此外,电子密度由 $n_{2D} = ieB/h$ 给出。将这个表达式代入式(5.16),可得到霍耳电阻的绝对值：

$$R_{xy}(i) = \frac{h}{e^2}\frac{1}{i} \tag{5.21}$$

对于整数填充因子,霍耳电阻只取决于基本常数和一个整数。

此外,在完全填充的朗道能级中,由于缺少空的最终状态,电子的散射被抑制,纵向电阻 R_{xx} 消失,$R_{xx} = 0$,因此纵向电阻率为零,$\rho_{xx} = 0$。式(5.19)和式(5.20)意味着纵向电导率也为零,$\sigma_{xx} = 0$。如果费米能级位于朗道能级之间的能隙中,则电流由霍耳电压驱动。

目前提出的简单的论证预测了磁场奇异值(当且仅当磁场正好对应于整数填充因子)的特定的电阻值 $R_{xx} = 0$ 和 $R_{xy}(i) = h/(e^2)$。然而,在整数填充因子周围的扩展磁场范围上观察到电阻值 $R_{xx} = 0$ 和 $R_{xy}(i) = h/(ie^2)$。这一发现如图 5.7 的实验数据所示,可由在 0.1K 处由 GaAs/AlGaAs 异质结构获得。霍耳电阻显示出明显的平台 $R_{xy}(i) = h/(ie^2)$,并且在相应的场范围内 R_{xx} 变为零。这个实验结果称为 QHE,是由 Klitzing 在 1980 年[1]于 Si MOSFET 研究 2DEGS 时发现的。比率 h/e^2 称为 Klitzing 常数,$R_K = h/e^2$。因此,量子化霍耳电阻可以表示为

$$R_{xy}(i) = \frac{R_K}{i} \tag{5.22}$$

为了强调 QHE 与量子计量学范式(离散量子的计数方式)之间的密切关系,

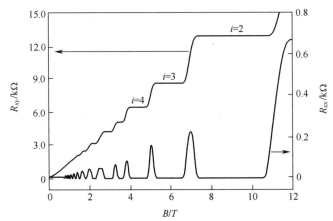

图 5.7 实验确定了在温度 $T=0.1K$(测量电流 $1\mu A$)下霍耳电阻 R_{xy} 和纵向电阻 R_{xx} 随 GaAs/AlGaAs 异质结构磁通密度的函数(同时指出了一些整数填充因子)

填充因子可以重写。假设 A 是样品的面积,Φ 是通过它的磁通量,并且引入磁通量量子 $\Phi_0 = h/e$(电荷 e,因为考虑单电子而不是考虑含有电荷 $2e$ 的库珀对,如第 4 章所描述)。然后,得到

$$f = \frac{n_{2D}}{D^{0D}} = \frac{An_{2D}}{AB\dfrac{e}{h}} = \frac{N_e}{\dfrac{\Phi}{\Phi_n}} = \frac{N_e}{N_\Phi} \tag{5.23}$$

式中:N_e、N_Φ 分别为样品中的电子数和磁通量量子。

式(5.23)表明,填充因子可以解释为电子数和磁通量量子数之间的比率。

霍耳电阻在磁场或填充因子的扩展范围内被量子化的实验结果极大地促进了理论工作。理论一直由实验观察指导,霍耳电阻平台的宽度取决于单个样品的特定性质。更确切地说,由于具有非常高的电子迁移率($10^6 cm^2/(V\cdot s)$ 及以上)的 2DEG,平台的宽度开始收缩。在低温下,当声子散射强烈降低时,电子迁移率是无序诱导散射的量度。因此实验结果表明,在 QHE 的描述中应该包括无序情况。

无序是由非理想异质结和残余杂质引起的,也是 $Al_xGa_{1-x}As$ 等三元混合晶体的固有性质。无序存在于任何真实的半导体混合晶体异质结构中,由此引起空间变化的电势。朗道能级不均匀地展宽,并且它们被更好地描述为朗道带[16]。电子态位于非均匀加宽朗道带的上、下能量边界上,如图 5.8 所示。这些局域态中的电子是不动的,对电子传输没有贡献。只有在朗道带的中心才会发现扩展状态,扩展状态下的电子以通常的方式传输电流。当磁场(或更一般地,填充因子)改变时,费米能级通过朗道带移动。然而,只要费米能级通过局域态,移动电子的密度就不会改变。因为只有移动电子对电流有贡献,所以霍耳电阻也不改变,并且还可以观察到一个平台状态。因此,一个涉及无序的模型可以定性地解释 QHE 的基本特征。

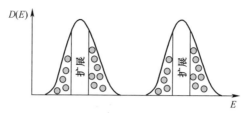

图 5.8 非均匀展宽朗道带态密度的示意图
点—局部化状态接近带的下边界和上边界。

尽管 QHE 取得了进展,包括无序理论描述的 QHE,这种方法不能描述 QHE 的所有方面。事实上,即使在目前,对实际样品中的 QHE 还没有完整的理论描述。这样的理论应该包括有限样本大小、有限温度和 2DEG 的关联关系。

真实的半导体 2DEG 的有限尺寸在 Büttiker[17]研究的 QHE 的边缘通道模型中讨论,并在下面简要地介绍,更详细的说明参见文献[18]。

边缘通道模型认为 2DEG 的电子密度下降到零,而朗道能级在有限尺寸的样品的边界处向上弯曲。结果,在 2DEG 内部完全填充的朗道能级在靠近样品边缘的点处刺穿费米能级。在这些点上,朗道能级被部分占据。因此,一维的导电通道是靠近样品边缘产生的,每一个填充的朗道能级都有一个。这些边缘通道的经典近似情况是沿边界移动的磁场中电子跃迁的轨道。边缘通道中的电子传输端口可以用 Launouer-Büttiker 形式描述一维导体中的传输[19-21]。在这种方法中,认为电流是驱动力,并计算得到电场分布。这里通过透射和反射系数以及一维导体上的化学电势差描述电流。如果将这种方法应用于零磁场的完美一维导体,在其中没有发生散射(弹道传输),则可以发现电阻的倒数(电导)以 e^2/h 的单位量子化[22]。对于 QHE,必须考虑相反方向电流的边缘通道,其位于 2DEG 的对侧边缘。然后,QHE 的边缘通道模型表明,如果在相反方向的边缘通道之间的电子是可以忽略的,霍耳电阻被量化,即 $R_{xy}(i) = h/(ie^2)$。

边缘通道模型的缺点是假设电流只流经 QHE 样本的边界。这个假设与实验观测相矛盾[6],因此,已经开发了更复杂的 QHE 模型[6,23,24],然而这些内容超出了本书介绍的范围。

还需要更多的理论工作全面地描述 QHE 的所有细节,然而,霍耳电阻的高精度量化及其对量子计量学的巨大影响是毋庸置疑的,QHE 对计量的影响将在 5.4 节重点介绍。

要强调的是,已经讨论了整数 QHE,它必须区别于分数量子霍耳效应(FQHE)。FQHE 发生在 2DEG,其中电子迁移率远远高于 $10^6 cm^2/(V·s)$,且位于高于 10T 和毫开尔文温度的非常强的磁场。在这些条件下,在填充因子的分数值(如 1/3、2/3、2/5、3/7)[25] 处观察到霍耳电阻 $R_{xy}(f) = h/(fe^2)$ 的稳定水平。FQHE 是由劳克林(Laughlin)[26]最先指出的,它是由多体相互作用产生的新量子态的特征。1998年,崔琦(Tsui)、施特默(Stormer)和劳克林(Laughlin)因发现FQHE而获得了诺贝尔物理学奖。

5.4 量子霍耳电阻标准

尽管尚未给出真实半导体样品中QHE的完整理论描述,但是QHE对电阻计量产生了巨大的影响。本节首先回顾QHE对直流电阻测量的影响。目前,量子霍耳电阻标准经常被国家计量研究所用来复制和传播直流欧姆。这一努力已使得量子霍耳电阻标准的采用达到常规欧姆规模。这个概念类似于传统的、基于约瑟夫森的电压标准,在4.1.4.2节已经提及。

近年来,交流电阻测量也受益于QHE。已经表明,如果在施加了交流电流的特殊设计的QHE电阻器上测量霍耳电压,则可获得可再现的量子化阻抗值[3]。阻抗可以直接与电容进行比较,从而获得以QHE为基础的法拉表示[2],在5.4节的末尾将讨论交流状态中的量子霍耳测量。

5.4.1 直流量子霍耳电阻标准

5.4.1.1 传统电阻计量和量子电阻计量的比较

量子化霍耳电阻器性能的基准是由传统电阻计量来设定的,如图5.9所示。实现SI欧姆的起点是可计算的电容器的出现[27]。这样的电容器允许实现电容C的SI值,它可溯源到米。从SI法拉,可以导出容性阻抗的SI值$(\omega C)^{-1}$。人工电阻标准的交流电阻然后与千赫频率下的正交电桥容性阻抗相关联。人工电阻标准必须具有可计算的交流/直流差值[28-29],以便得到它们的直流电阻,从而最终实现SI欧姆。用这种方法,可以在10^{-8}量级的相对不确定度下实现SI欧姆[30-31]。实现了SI欧姆后,电阻值未知的值可以根据SI电阻标准校准。

由于SI欧姆的维护和传播受到它们对环境条件的敏感性影响,如温度和压力。因此,仅用一个人工制品的标准很难将电阻量度保持在每年瞬时漂移小于10^{-7}范围内[32]。

与这些基准值相比,QHE极大改善了电阻计量。各种测量结果表明QHE具有高可复现性。如果遵循QHE计量准则[33],量子霍耳电阻已经被验证具有10^{-10}量级的不确定度,并更好地独立于特定的样品性质或2DEG的类型。例如,GaAs/AlGaAs异质结构的QHE测量在3.5×10^{-10}的不确定度内与Si MOSFET测量保持一致[34]。最近,QHE测量GaAs/AlGaAs异质结构和石墨烯发现在9×10^{-11}的不确定度内一致[35-36]。这一结果尤其值得注意,因为石墨烯是一种特殊的材料。石

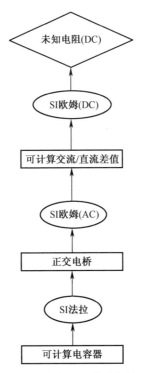

图 5.9 根据可计算电容对未知电阻器进行校准,从而实现 SI 欧姆

注:图中未示出用于放大或缩小电容和电阻的各种测量桥。

墨烯由排列在六角晶格上的单层碳原子组成,它的电子性质与 GaAs/AlGaAs 异质结构或 Si MOSFET 的电子性质有很大的不同,从而产生半整数 QHE[37-39]。

遵守可靠的直流 QHE 测量准则[33]可以确保样品性质和实验条件足够接近 5.3.2 节中所提及的 QHE 的理想情况。理想化情况下的假设包括 0℃温度对 2DEG 的接触影响可忽略,以及由于有限的测量电流引起的影响可忽略。如果遵守这些准则,则 QHE 的可复现性优于传统电阻计量中所实现的不确定性。因此,QHE 提供了实用的量子电阻标准[40]。QHE 将宏观电学量电阻与基本电荷和普朗克常数联系起来。因此,只要基本常数不随时间变化,QHE 电阻与空间和时间无关(见 3.3.4 节)。关于 QHE 的普遍性,注意到理论并没有预测 QHE 是否依赖引力场[41]。量子电动力学预测其修正值仅为 $1/10^{20}$ [42]。

5.4.1.2 常规欧姆

在 20 世纪 80 年代末,QHE 的高可复现性可以协调电阻测量确保它们在全球范围内的兼容性已经是很显然的事了。为此,必须同意一个固定值的常数 R_K。在 1987 年,《计量公约》的总会议指示国际计量委员会(CIPM)推荐一个值,该值应用于基于 QHE 测量的电阻的测定[43]。在 1988 年,CIPM 推荐使用当时可用的最佳实验数据来确定的值,并且从1990年1月1日开始使用[44]。这个常规值或约定的R_K值由R_{K-90}表示。与约瑟夫森常数K_{J-90}的常规值一起被引入(见4.1.4.2节),其公式为

$$R_{K-90} = 25812.807\Omega \qquad (5.24)$$

为了确保R_{K-90}和SI中R_K的兼容性,R_{K-90}被赋予一个常规相对不确定度。在R_{K-90}首次被引入时其不确定度为2×10^{-7},后来减小为1×10^{-7}。因为R_K和R_{K-90}之间的相对偏差在1.7×10^{-8},根据2010年[45]的基本常数的调整,该值仍保持在不确定度范围之内。

与4.1.4.2节的约瑟夫森的例子非常相似:

$$R_{90} = \frac{R_{K-90}}{i} \qquad (5.25)$$

式(5.25)建立了一个新的、高度可重复的电阻R_{90}。在式(5.25)中,由于没有与SI量的比较,R_{K-90}可视为不确定度为零的常数。式(5.25)提供了单位欧姆的表示,而不是根据SI的定义实现欧姆。尽管如此,自1990以来,单位欧姆,更精确地为"Ohm_{90}"则是使用R_{K-90}去表示、维持和传播,从而利用了QHE的卓越可复现性。从那时起,国际计量局(BIPM)和各国国家计量研究机构之间的现场电阻比较表明,最初的量子霍耳电阻标准的不确定度在10^{-9}量级[46]。

在新的SI中,基本电荷和普朗克常数将被分配具有零不确定度的固定数值。重新定义将以类似的方式影响常数R_K,因为在新的SI中,R_k将是一个不确定度为零的固定值,并且QHE可用于实现SI欧姆测量。约定的常数R_{K-90}将被废除。电阻测量的结果与电压测量的结果相似,这在4.1.4.2节中已经讨论。

5.4.1.3 直流量子霍耳电阻标准和电阻标度技术

如图5.5所示的GaAs/AlGaAs异质结构主要用作量子霍耳电阻标准。异质结构制成只有几百微米大小的霍耳棒。图5.10为霍耳棒的示意图,图5.11是量子霍耳电阻标准的照片。这种量子霍耳标准的2DEG具有典型的电子迁移率$\mu=5\times10^5$ $cm^2/(V\cdot s)$,载流子密度$n_{2D}=5\times10^{11}cm^{-2}$[46]。后者对应于10 T的磁场,用于观测$i=2$平台的稳定值。测量是在液氦低温恒温器中1K左右的温度下进行的。

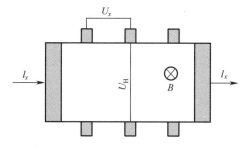

图5.10 具有2个电流触点和6个电压触点(每一侧3个)的典型霍耳棒的示意图

图 5.11 GaAs/AlGaAs 量子霍耳电阻标准的照片
（展示了安装在芯片载体中的两个霍耳棒）

出于计量的目的,大多使用 i 为 2 和 4 的平台。使用奇数填充因子是不利的,因为在实际结构中,最高填充的朗道能级仅通过最小塞曼能量分裂从最低的空载朗道能级分离。i 为 2 和 4 平台产生的电阻值 $R_{K-90}/2$ 和 $R_{K-90}/4$ 分别约为 12.906kΩ 和 6.453kΩ。从这些值出发,利用电势测量方法和电流比较器电桥建立电阻标度,从毫欧到太欧[40]。在不同的比较器中,低温电流比较器(CCC)是最准确的仪器[47]。它允许电阻以 10^{-9} 和更高的相对不确定度进行标度(参见 4.2.33 节)。CCC 用于在氦温度下的量子霍耳电阻标准与具有 10 数量级(如 100Ω)的室温电阻标准进行比较。这种测量是在室温下建立实用的 10 数量级电阻值的第一步。

电阻值覆盖范围的广泛性引出了一个问题,即 QHE 棒(图 5.10)是否可以串联或并联。原则上,m 个 QHE 棒的串联电路应该产生精确的量化电阻值 mR_{K-90}/i。同样,利用并联电路应该可重复产生小的电阻 $R_{K-90}/(mi)$。

对于这种方法,量化的霍耳电阻 $R_{xy}(i) = R_{K-90}/i$ 是四端测量的结果(如纵向电阻 $R_{xx}=0$)。如图 5.10 所示,两个单独的关联对用于电流和电压测量。因此,接触到 2DEG 的电阻对测量结果没有贡献。相反,接触电阻和连接导线的电阻会影响 QHE 棒串联或并联电路的测量。为了缓解这一问题,提出了多重连接技术。它减少了接触电阻 R_c 对近似 $(R_c/R_{XY})^n$ 的贡献,其中 $n-1$ 是附加连接的数目[48]。由于接触电阻具有低于 1Ω 的典型值,所以它们的效果可以使用多个连接减小到可忽略的水平。

量子霍耳电阻器的串联和并联阵列制作为具有标称电阻值从 $R_{K-90}/200$ ~ $50R_{K-90}$[49-50]的集成电路。在某些阵列中标称值与实测值之间的一致性被证明达到 1×10^{-9} 级的不确定度[49]。量子霍耳电阻器阵列是否会对电阻计量产生重大影响将在未来被证实。

5.4.1.4 常数 R_K 与精细结构常数的关系

常数 $R_K=h/e^2$ 可以用精细结构常数 α 表示，电磁相互作用强度的无量纲比例因子为

$$R_K = \frac{h}{e^2} = \frac{\mu_0 c}{2\alpha} \tag{5.26}$$

在目前的 SI 中，磁场常数 μ_0 和真空中的光速 c 不确定度为零的常数（参见第 2 章）。因此，精细结构常数的实验测定确定了常数 R_K 具有相同的相对不确定度；反之亦然。精细结构常数可以从原子物理测量中非常精确地导出，如电子的反常磁矩的测量。根据原子物理学数据，由基本常数的调整 α 和 R_K 在 2010 年得出[45]，且相对不确定度达到 3.2×10^{-10}。

基于关系 $R_K=iR_{xy}(i)$，QHE 提供了一种用于确定精细结构常数的替代方法。QHE 测量不依赖于量子电动力学计算，而与使用反常磁矩的方法相反。因此，QHE 测量可以作为独立的测试。为了从 QHE 数据导出 α，必须确定量子霍耳电阻 $R_{xy}(i)$ 的 SI 值。这个测量可以用图 5.9 的校准链进行，其中未知电阻是量子霍耳电阻标准。由此，$R_{xy}(i)$ 的 SI 值被追溯到 SI 的法拉。测量可以以 10^{-8} 量级的相对不确定度进行[30-31]。在这种不确定度下，从原子物理学获得的精细结构常数的值与从 QHE 获取该值之间存在一致性[45]。

5.4.2 交流量子霍耳电阻标准

在 5.4.1 节中，假设直流电流被施加到量子霍耳器件。在本节中，假设交流电流被引导通过 QHE 系统中的霍耳棒。相应的物理性质称为交流量子霍耳效应。作为在计量中使用交流 QHE 的动机，考虑图 5.12，它说明了如何基于 QHE 测量电容。在图 5.9 的校准过程中，起始点是欧姆表示的直流量子霍耳电阻标准。随后，用可计算的交流/直流差值[28-29]进行电阻标准的直流校准。人工标准的交流电阻是从已知的交流/直流差值导出的。使用正交电桥，可以获得法拉的表示，从而可以根据 QHE 对未知电容器进行校准。因此，电容测量和电感测量可以得益于 QHE 的高复现性。因此，QHE 可用于一般的阻抗计量。如果交流量子霍耳电阻标准可用，这个重要的校准过程就大大简化了，如图 5.12 所示。特别地，如果使用交流 QHE，则测量不再依赖于人工电阻标准。

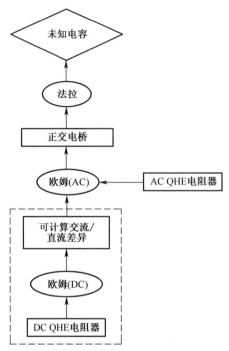

图5.12 根据直流量子霍耳电阻标准(虚线框)或交流量子霍耳电阻标准校准未知电容器
注:图中未示出放大或缩小电容和电阻所需的各种测量桥。

在交流状态下的 QHE 测量必须在千赫频率下进行,以与阻抗测量技术兼容。这些交流 QHE 测量多年来引发诸多困难。一般来说,交流 QHE 平台不像直流测量那样平坦,此外,还表现出人们不希望的频率和电流依赖性[51]。这些发现归因于霍耳棒内部及霍耳棒与其周围环境之间的电容损耗[51-52]。

为了解决电容性损耗电流问题,人们提出了一种特殊的双屏蔽技术[52]。该技术的基本思想是确保到达 QHE 电阻器的电流低端的电流完全等于产生霍耳电压的电流。如果满足此条件,则可以准确地确定霍耳电阻。

双屏蔽 QHE 电阻器如图 5.13 所示。霍耳棒被两个金属屏蔽层包围,由一个狭小的缝隙隔开,间隙沿霍耳电压测量线对齐,右侧屏蔽层连接到电流低端子,这种连接确保了产生霍耳电压的电容电流 I_{CL} 能够到达电流低端子。接下来考虑电容电流 I_{CH},它不产生霍耳电压,因为它不跨越霍耳电压线。该电流通过左侧屏蔽层反馈到原点,而不是按要求到达电流低端子。

双屏蔽技术在交流 QHE 测量中取得了突破性进展。它确保正确测量霍耳电阻,不受交流损耗的影响。使用双屏蔽 QHE 电阻器可以观察平坦的 QHE 平台。在千赫频率范围内,量子化的交流霍耳电阻的残余频率依赖性仅为 $1.3×10^{-9} kHz^{-1}$。因此,交流量子霍耳电阻标准与其直流对应的标准一样,具有可复现性和可靠性。

文献[2]表明,法拉可以追溯到交流 QHE,具有 6×10^{-9} 的不确定度。这一结果表明,交流 QHE 可以很大程度上影响阻抗计量,与直流 QHE 已经影响电阻计量非常相似。

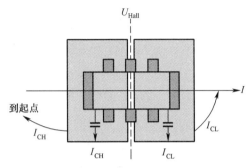

图 5.13　双屏蔽交流量子霍耳电阻标准的示意性顶视图

注:屏蔽层(浅灰色)显示为透明的。下标 CL 和 CH 分别代表当前低端子和电流高端子。

参考文献

[1] von Klitzing, K., Dorda, G., and Pepper, M. (1980) New method for high-accuracy determination of the fine-structure constant based on quantized hall Resistance. *Phys. Rev. Lett.*, **45**, 494-497.

[2] Schurr, J., Bürkel, V., and Kibble, B.P. (2009) Realizing the farad from two ac quantum Hall resistances. *Metrologia*, **46**, 619-628.

[3] Schurr, J., Kucera, J., Pierz, K., and Kibble, B.P. (2011) The quantum Hallimpedance standard. *Metrologia*, **48**, 47-57.

[4] Prange, R.E. and Girvin, S.M. (eds) (1990) *The Quantum Hall Effect*, Springer, New York.

[5] Janssen, M., Viehweger, O., Fastenrath, U., and Hajdu, J. (eds) (1994) *Introduction to the Theory of the Integer Quantum Hall Effect*, Wiley-VCH Verlag GmbH, Weinheim.

[6] Weis, J. and von Klitzing, K. (2011) Metrology and microscopic picture of the integer quantum Hall effect. *Philos. Trans. R. Soc. London, Ser. A*, **369**, 3954-3974.

[7] Madelung, O. (1981) *Introduction to Solid State Theory*, Springer, Heidelberg, Berlin, New York.

[8] Weisbuch, C. and Vinter, B. (eds) (1991) *Quantum Semiconductor Structures: Fundamentals and Applications*, Academic Press, San Diego, CA.

[9] Kroemer, H. (1963) A proposed class of hetero-junction injection lasers. *Proc. IEEE*, **51**, 1782-1783.

[10] Madelung, O. (ed) (1987) *Landolt-Börnstein Numerical Data and Functional Relationships in Science and Technology*, Group III, vol. **22**, Springer, Berlin.

[11] Cho, A.Y. and Arthur, J.R. Jr., (1975) Molecular beam epitaxy. *Prog. Solid State Chem.*, **10**,

157–191.

[12] Stringfellow, G.B. (1999) *Organometallic Vapor–Phase Epitaxy: Theory and Practice*, 2nd edn, Academic Press, San Diego, CA, London.

[13] Stolz, W. (2000) Alternative N–, P– and As–precursors for III/V–epitaxy. *J. Cryst. Growth*, **209**, 272–278.

[14] Dingle, R., Störmer, H.L., Gossard, A.C., and Wiegmann, W. (1978) Electron mobilities in modulation–doped semiconductor heterojunction superlattices. *Appl. Phys. Lett.*, **33**, 665–667.

[15] Umansky, V., de-Picciotto, R., and Heiblum, M. (1997) Extremely highmobility two dimensional electron gas: evaluation of scattering mechanisms. *Appl. Phys. Lett.*, **71**, 683–685.

[16] Prange, R.E. (1981) Quantized Hall resistance and the measurement of the fine–structure constant. *Phys. Rev. B*, **23**, 4802–4805.

[17] Büttiker, M. (1988) Absence of backscattering in the quantum Hall effect in multiprobe conductors. *Phys. Rev. B*, **38**, 9375–9389.

[18] Haug, R.J. (1993) Edge–state transport and its experimental consequences in high magnetic fields. *Semicond. Sci. Technol.*, **8**, 131–153.

[19] Landauer, R. (1957) Spatial variation of currents and fields due to localized scatterers in metallic conduction. *IBM J. Res. Dev.*, **1**, 223–231.

[20] Landauer, R. (1970) Electrical resistance of disordered one–dimensional lattices. *Philos. Mag.*, **21**, 863–867.

[21] Büttiker, M. (1986) Four–terminal phasecoherent conductance. *Phys. Rev. Lett.*, **57**, 1761–1764.

[22] van Wees, B.J., van Houten, H., Beenakker, C.W.J., Williamson, J.G., Kouwenhoven, L.P., van der Marel, D., and Foxon, C.T. (1988) Quantized conductance of point contacts in a twodimensional electron gas. *Phys. Rev. Lett.*, **60**, 848–850.

[23] Wei, Y.Y., Weis, J., von Klitzing, K., and Eberl, K. (1998) Edge strips in the quantum Hall regime imaged by a single–electron transistor. *Phys. Rev. Lett.*, **81**, 1674–1677.

[24] Siddiki, A. and Gerhardts, R.P. (2004) Incompressible strips in dissipative Hall bars as origin of quantized Hall plateaus. *Phys. Rev. B*, **70**, 195335 (12 pp).

[25] Tsui, D.C., Störmer, H.L., and Gossard, A.C. (1982) Two–dimensional magnetotransport in the extreme quantum limit. *Phys. Rev. Lett.*, **48**, 1559–1562.

[26] Laughlin, R.B. (1983) Anomalous quantum Hall effect: an incompressible quantum fluid with fractionally charged excitations. *Phys. Rev. Lett.*, **50**, 1395–1398.

[27] Thompson, A.M. and Lampard, D.G. (1956) A new theorem in electrostatics and its application to calculable standards of capacitance. *Nature*, **177**, 888.

[28] Gibbings, D.L.H. (1963) A design for resistors of calculable a.c./d.c. resistance ratio. *Proc. IEE*, **110**, 335–347.

[29] Kucera, J., Vollmer, E., Schurr, J., and Bohacek, J. (2009) Calculable resistors of coaxial design. *Meas. Sci. Technol.*, **20**, 095104 (6 pp).

[30] Small, G.W., Rickets, B.W., Coogan, P.C., Pritchard, B.J., and Sovierzoski, M.M.R. (1997) A new determination of the quantized Hall resistance in terms of the NML calculable cross capac-

itor. *Metrologia*, **34**, 241-243.

[31] Jeffery, A.M., Elmquist, R.E., Lee, L.H., Shields, J.Q., and Dziuba, R.F. (1997) NIST comparison of the quantized Hall resistance and the realization of the SI ohm through the calculable capacitor. *IEEE Trans. Instrum. Meas.*, **46**, 264-268.

[32] Witt, T.J. (1998) Electrical resistance standards and the quantum Hall effect. *Rev. Sci. Instrum.*, **69**, 2823-2843.

[33] Delahaye, F. and Jeckelmann, B. (2003) Revised technical guidelines for reliable dc measurements of the quantized Hall resistance. *Metrologia*, **40**, 217-233.

[34] Hartland, A., Jones, K., Williams, J.M., Gallagher, B.L., and Galloway, T. (1991) Direct comparison of the quantized Hall resistance in gallium arsenide and silicon. *Phys. Rev. Lett.*, **66**, 969-973.

[35] Janssen, T.J.B.M., Fletcher, N.E., Goebel, R., Williams, J.M., Tzalenchuk, A., Yakimova, R., Kubatkin, S., Lara-Avila, S., and Falko, V.I. (2011) Graphene, universality of the quantum Hall effect and redefinition of the SI system. *New J.Phys.*, **13**, 093026 (6 pp).

[36] Janssen, T.J.B.M., Williams, J.M., Fletcher, N.E., Goebel, R., Tzalenchuk, A., Yakimova, R., Lara-Avila, S., Kubatkin, S., and Fal'ko, V.I. (2012) Precision comparison of the quantum Hall effect in graphene and gallium arsenide. *Metrologia*, **49**, 294-306.

[37] Novoselov, K.S., Geim, A.K., Mozorov, S.V., Jiang, D., Katsnelson, M.I., Grigorieva, I.V., Dubonos, S.V., and Firsov, A.A. (2005) Two-dimensional gas of massless Dirac fermions in graphene. *Nature*, **438**, 197-200.

[38] Zhang, Y., Tan, Y.-W., Stormer, H.L., and Kim, P. (2005) Experimental observation of the quantum Hall effect and Berry's phase in graphene. *Nature*, **438**, 201-204.

[39] Novoselov, K.S., Jiang, Z., Zhang, Y., Morozov, S.V., Stormer, H.L., Zeitler, U., Maan, J.C., Boebinger, G.S., Kim, P., and Geim, A.K. (2007) Room-temperature Quantum Hall effect in graphene. *Science*, **315**, 1379.

[40] Jeckelmann, B. and Jeanneret, B. (2001) The quantum Hall effect as an electrical resistance standard. *Rep. Prog. Phys.*, **64**, 1603-1655.

[41] Hehl, F., Obukhov, Y.N., and Rosenow, B. (2005) Is the quantum Hall effect influenced by the gravitational field? *Phys. Rev. Lett.*, **93**, 096804 (4 pp).

[42] Penin, A.A. (2009) Quantum Hall effect in quantum electrodynamics. *Phys. Rev. B*, **79**, 113303 (4 pp).

[43] Giacomo, P. (1988) News from the BIPM. *Metrologia*, **25**, **115-119**(see also Resolution **6** of the **18**th Meeting of the CGPM (**1987**), BIPM http://www.bipm.org/en/CGPM/db/18/6/(accessed 22 August 2014)).

[44] Quinn, T.J. (1989) News from the BIPM. *Metrologia*, **26**, 69-74.

[45] Mohr, P.J., Taylor, B.N., and Newell, D.B.(2012) CODATA recommended values of the fundamental physical constants: 2010. *Rev. Mod. Phys.*, **84**, 1527-1605.

[46] Piquemal, F. (2010) in *Handbook of Metrology*, vol. **1** (eds M. Gläser and M. Kochsiek), Wiley-VCH Verlag GmbH, Weinheim, pp. 267-314.

[47] Harvey, K. (1972) A precise low temperature dc ratio transformer. *Rev. Sci. Instrum.*, **43**,

1626 -1629.
[48] Delahaye, F. (1993) Series and parallel connection of multiple quantum Hall-effect devices. *J. Appl. Phys.*, **73**, 7914-7920.
[49] Poirier, W., Bounouh, A., Piquemal, F., and Andre, J.P. (2004) A new generation of QHARS: discussion about the technical criteria for quantization. *Metrologia*, **41**, 285-294.
[50] Hein, G., Schumacher, B., and Ahlers, F.J. (2004) Preparation of quantum Hall effect device arrays. Conference on Precision Electromagnetic Measurements Digest 2004, pp. 273-274, ISBN 0-7803-8493-8.
[51] Ahlers, F.J., Jeanneret, B., Overney, F., Schurr, J., and Wood, B.M. (2009) Compendium for precise ac measurements of the quantum Hall resistance. *Metrologia*, **46**, R1-11.
[52] Kibble, B.P. and Schurr, J. (2008) A novel double-shielding technique for ac quantum Hall measurement. *Metrologia*, **45**, L25-27.

第6章
单电荷传输设备与新安培

量子计量学的范例是通过单量子数的计算,把宏观物理量与基本常数联系起来。对于电流和单个电荷通过导体的转移,这个概念变得特别明显。单电荷转移需要分别控制正常导体和超导体中的单电子和单库珀对。它对计量的重要性通过设想安培的新定义而增加了更多,这将安培与基本电荷 e 联系起来(见2.2节)。如果单电荷以频率 f 的时钟方式传输,则单电荷转移有可能实现新的安培定义。该方法产生量子化电流为

$$I = nef = \frac{ne}{T} \tag{6.1}$$

式中:n 为每个周期转移的基本电荷数。

式(6.1)可看作教科书上的定义,即电流是每时间间隔 $T=1/f$ 通过导体截面的电荷量。在这个意义上,量子化电流源是新安培定义的最直接体现。作为另一种选择,新安培定义也可以利用欧姆定律通过量子霍耳和约瑟夫森效应来实现。

为了适用于式(6.1),必须通过导体逐个隔离和转移单个电荷。单电荷转移的基础物理将在6.1节讨论。6.2节给出了由常规金属、超导体和半导体制成的量化电流源的概述。超导体和半导体的基本原理分别在第4章和第5章中进行了总结。单电荷转移的详细评论可以参见文献[1-4]。在6.2节总结讨论基于单电荷转移的量子电流标准的前景。

量子电流标准的一个重要应用是电学量子计量的基本一致性测试,称为量子计量三角形(QMT),它首先在文献[5]中提出,6.3节将描述 QMT。一致性检验的目的是验证约瑟夫森效应、量子霍耳效应以及单电荷转移与基本常数 e 和 h 的关系。

6.1 单电子传输的基本物理性质

本节讨论在常规金属的电路中单电荷转移的基本原理。单电子隧穿(SET)依

赖于两个基本的物理现象,即电子对势垒和库仑阻塞的隧穿。库仑阻塞发生在具有大电容充电能量的小结构中。这些现象也是半导体和超导体中单电荷转移理论的基础。

6.1.1 单电子隧穿

金属中的电子是非定域的,因此,即使在电子电荷 e 被量化的情况下,通过金属线连接到电压源 U 的电容器 C 上的电荷也可以取任何值 $Q=CU$。如图 6.1(a) 所示的实例,引出了如何在金属中操纵单电子的问题。注意到在导线断开的情况下,电容板总会装载固定数量的电子,即量子化电荷,则可以获得第一个线索,这种情况可以通过打开如图 6.1(b) 所示开关实现。开关的打开导致电子在电容器上的局部化。当然,断开导线无法进一步调整电容器上的电子数量,因此不是一种实用的方法。然而,具有足够大电阻的隧道元件可以代替开关实现局部化。在最简单的形式中,隧道元件由被足够薄的绝缘层隔开的两个金属触体组成,非常类似于第 4 章中所描述的约瑟夫森隧道结。隧道元件(具有电阻 R_T 和电容 C_T)和电容板形成了单电子量子盒,如图 6.1(c) 所示。

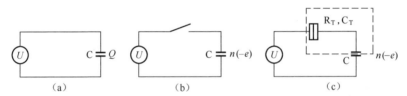

图 6.1 不带电荷量子化的闭合金属电路、电容器上具有固定数目的量子化电荷 n 的开放金属电路以及允许操纵单个电子的单电子量子盒(虚线框)之间的比较

单电子量子盒允许单电子电荷被操纵,并且可以在两个基本条件满足的情况下用作 SET 器件的构件。首先,在电容器上增加额外的电子所需的充电能量, E_C^{1e} 必须大于热能 $k_B T$,以防止电子的随机热传递:

$$E_C^{1e} = \frac{e^2}{2 C_\Sigma} \gg k_B T \tag{6.2}$$

式中: C_Σ 为总电容($C_\Sigma = C + C_T$)。

式(6.2)表明,可靠的 SET 操作需要非常小的电容(0.1~1 fF),对应于具有纳米尺寸的结构。此外,特别是对于计量应用,温度必须很低(通常在毫开尔文范围内)。

第二个条件涉及量子涨落,其能量 E_{QF} 必须比 E_C^{1e} 小得多。根据海森堡不确定关系,可以写出 $E_{QF} = h/\tau$,其中 τ 为 RC 时间常数, $\tau = R_T C_\Sigma$。因此,得到第二个条件:

$$R_T \gg \frac{1}{\pi}\frac{h}{e^2} \approx \frac{R_K}{4} \qquad (6.3)$$

式(6.3)表明,隧道电阻必须足够大,足以在单电子量子盒中实现电子的局域化。

6.1.2 SET 晶体管中的库仑阻塞

如果满足条件式(6.2)和式(6.3),则可以使用的 SET 晶体管实现单电子操纵。如图 6.2 所示,SET 晶体管是三端器件,它由两个单电子量子盒连接而成,在隧道元件之间形成一个小电荷岛。该岛通过栅极电容 C_G 耦合到栅极电压 U_G。另外,源极电压 U_{SD} 可以施加到 SET 晶体管(如图 6.2 中对称地示出)。利用 SET 晶体管,早在 1987 年[6-7]就观察到 SET 现象的明显特征。

为了理解 SET 晶体管的操作,必须考虑其不同的能量项以及它的化学势。电荷岛的总静电能量由下式给出:

$$E_{\text{el-st}} = \frac{(-en_{\text{exc}} + Q_0)^2}{2C_\Sigma} \qquad (6.4)$$

式中:n_{exc} 为岛上过剩电子的数量,$n_{\text{exc}} = N - N_0$(N 为电子的总数,N_0 为平衡中的电子数,也就是说,对于 $U_{SD}=0$ 和 $U_G=0$,它补偿了电荷岛的正背景电荷)。

栅电极诱导连续可变电荷 $Q_0 = C_G U_G$。对于 0℃下的非相互作用电子,如果将所有 N 个电子的单粒子能量 ε_i 加在静电能上,则得到电荷岛的总电子能量为

$$E(N) = \sum_{i=1}^{N}\varepsilon_i + \frac{(-en_{\text{exc}} + C_G U_G)^2}{2C_\Sigma} \qquad (6.5)$$

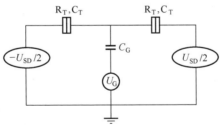

图 6.2 晶体管的等效电路(电荷岛显示为黑点)

研究输运现象的重要量是化学势 μ,它定义为在系统中附加电子所需的能量。化学势反映了粒子数(也考虑为未带电粒子)的变化以及由此引起的静电能的变化(只考虑带电粒子)。如果化学势是恒定的,则不会发生粒子的净转移,并且电流为零。

由 N 个电子的对应项减去具有 $N-1$ 个电子的电荷岛的总电子能,来计算电荷岛的化学势:

$$\mu_c(N) \equiv E(N) - E(N-1) = \varepsilon_N + \frac{(n_{exc} - 1/2)e^2}{C_\Sigma} - e\frac{C_G}{C_\Sigma}U_G \qquad (6.6)$$

式(6.6)等号右边的最后两个项的和是静电势 $-e\phi_N$，而第一项是电化学势 $\mu_{elch}(N)$。通过栅极电压 U_G 可以调节静电势。注意，即使它们通常被称为电位，但是 $\mu_c(N)$、$\mu_{elch}(N)$ 和 $-e\phi_N$ 具有能量的量纲。

如果电荷岛上的电子数在恒定的栅极电压下改变一个，则化学势改变 $\Delta\mu_c$，可以从式(6.6)计算得出：

$$\Delta\mu_c = \varepsilon_{N+1} - \varepsilon_N + \frac{e^2}{C_\Sigma} \qquad (6.7)$$

对于具有小电容的小金属岛，有 $\varepsilon_{N+1} - \varepsilon_N \ll e^2/C_\Sigma$。因此，该岛的化学势水平由库仑能 e^2/C_Σ 分离。

金属 SET 晶体管的化学势如图 6.3 所示。该岛的化学势显示为被 $N-1$、N 或 $N+1$ 电子占据时的情况。此外，电子源(左) μ_L 和电子漏极(右) μ_R 的化学势分别与源漏电压有关：

$$\mu_L - \mu_R = eU_{SD} \qquad (6.8)$$

在图 6.3 中，假设 $\mu_L - \mu_R$ 小于库仑能 e^2/C_Σ。在不失一般性的前提下，可以进一步假设电荷岛是由 N 个电子占据的。图 6.3 说明了库仑阻塞，即由于库仑能抑制了电子转移。图 6.3 表明，电子不能从源极到电荷岛移动，因为它位于 $\mu_c(N+1)$ 以下。同样地，由于 $\mu_c(N)$ 位于 μ_R 下面，从电荷岛到漏极的电子流动也会被抑制。因此，电荷岛上电子的数量在 N 处保持不变，并且没有电流流动。当然，需要假设 $k_B T$ 远小于库仑能来保证这个论点的成立。

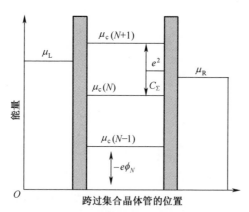

图 6.3　用于固定栅极电压 U_G 和小源漏电压 U_{SD} 的金属 SET 合晶体管的化学电势

注：隧道势垒(灰色)将左边(电子源极)和右边(电子漏极)的金属线与电荷岛分开。

如果调整栅极电压 U_G(进而改变 $-e\phi_N$)以实现

$$\mu_L > \mu_c(N+1) > \mu_R \qquad (6.9)$$

则可以解除库仑阻塞。

在这种情况下,电子可以从源极隧穿到岛,并进一步通向漏极引线。电子逐一传递,也就是说,发生单电子转移。两个或多个电子的同时转移是不可能的,因为 $\mu_c(N+2)$、$\mu_c(N+3)$ 等电子的位置远远高于 μ_L,因此,电荷岛上的电子数在 $N \sim N+1$ 之间振荡。

前面的讨论得到以下观点,可作为时钟单电荷转移和量化电流源的基础:

(1) 在一个 SET 晶体管中,电子转移或者一个接一个地发生,或者被库仑阻塞所抑制(对于 $|eU_{SD}| = |\mu_L - \mu_R| < e^2 C_\Sigma$)。

(2) 通过调节栅极电压可以实现这两种状态之间的切换。

6.1.3 库仑阻塞振荡与单电子检测

再次假设,SET 晶体管上的源漏电压很小,使得 $|eU_{SD}| = |\mu_L - \mu_R| < e^2 C_\Sigma$ 成立。在此条件下,如果连续调整栅极电压,则会发生库仑阻塞振荡。电压调节可以使 SET 晶体管的状态在库仑阻塞和单电子转移之间周期性地变化。6.1.2 节所介绍的物理学适用于库仑阻塞振荡的每个周期。从一个周期到另一个周期的过程中,只有电子数在变化。如果一个周期涉及电子数为 N 和 $N+1$,则下面的周期涉及 $N+1$、$N+2$ 等。该特征如图 6.4(b)所示,其中电荷岛上的过剩电子数 n_{EXC} 相对于栅极电压 U_G 绘制。U_G 轴以 e/C_G 为单位缩放,这是库仑阻塞振荡的周期长度。周期长度由式(6.6)确定,这表明栅极电压 e/C_G 的变化通过 e^2/C_Σ 来改变电荷岛的化学势。图 6.4(a)是源漏电流 I_{SD} 与栅极电压的示意图。电流出现带有陡坡的脉冲峰(每当电荷岛上电子的数量与单个电子的转移相对应而振荡时)。这一特性被用在 SET 晶体作为静电计的应用中,其电荷分辨率达到了前所未有的 $10^{-5} e/\sqrt{Hz}$。对于电荷检测,传感器电极耦合到设置晶体管的电荷岛,并且工作点被选择在电流峰值的侧面上。

当源漏电压较大时,即对于 $|eU_{SD}| = |\mu_L - \mu_R| \geq e^2 C_\Sigma$,不会产生库仑阻塞。参考图 6.3,原因是显而易见的。源漏电压较大时,μ_L 位于 $\mu_c(N+1)$ 以上,或者 μ_R 位于 $\mu_c(N)$ 之下,任何一种情况都排除了库仑阻塞。通过图 6.5 稳定性图可以简洁地总结出 SET 晶体管的完整动态,其中电荷岛上的过剩电子的数目在栅极电压和源漏电压的平面内作了图示。

最后注意到,如果 U_{SD} 在恒定的栅极电压 $U_G \neq (i+1/2)e/C_G$(i 是整数)下调谐,则稳定性图也说明了 SET 晶体管的性能。当 $U_{SD} \ll 0$ 时,会观察到负电流,在 $U_{SD} = 0$ 附近会出现库仑阻塞。当 $U_{SD} \gg 0$ 时,会观察到正电流。这种行为也由图 6.9 的实验数据示出,这也是第 8 章讨论库仑阻塞测温法的基础。

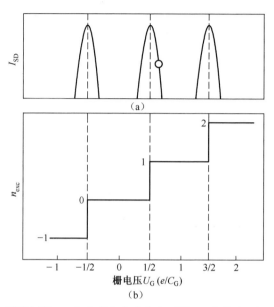

图 6.4 源漏电流 ISD 和电荷岛上多余电子数 n_{exc} 与栅电压 U_G 的关系

注:该点标记一个 SET 静电计的工作点。

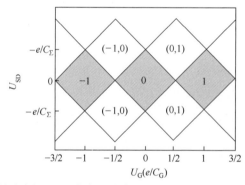

图 6.5 SET 晶体管的稳定性图(电荷岛上多余电子数 n_{exc} 与栅极电压 U_G 和源漏电压 U_{SD})

注:在灰色区域,库仑阻塞发生,n_{exc} 具有恒定值。在白色区域中,n_{exc} 在对应于非零电流的指示值之间振荡。

6.1.4 时钟单电子转移

根据式(6.1)的时钟单电子转移可以用单电子量子盒实现。然而,单个普通的金属 SET 晶体管不足以达到这个目的。这一结论可以理解为,在"导通"状态下,当库仑阻塞解除时,源漏电流依赖于电子隧穿,这是一个随机过程。因此,即使电子一个接一个地隧穿,也不能控制在给定的时间间隔内从源极到漏极的电子的确切数量。

如果两个(或多个)SET晶体管串联连接,则单电子的可控时钟转移是可行的。图6.6示出了带有两个电荷岛的SET泵。电荷岛的化学势可以通过周期性栅极电压U_{G1}和U_{G2}单独调节。电荷岛彼此分离,源极和漏极由三个隧道结引出。图6.6(b)示出了周期性栅极电压,它们彼此相移。相移使单个电子从源极转移到漏极的循环成为可能。首先,岛1的化学势通过U_{G1}的增加而降低,使得电子可以从源极隧穿到岛上;随后,岛1的化学势再次升高(通过降低U_{G1}),而岛2的化学势由U_{G2}的增加而降低。在这个阶段中,电子从岛1隧穿到岛2。在循环的最后一部分,U_{G2}的降低提高了岛2的化学势,使得电子发射到漏极引线。这种对接的单电子转移不需要施加源漏偏置电压(实际上,它对小的反向偏置是可行的)。因此,该装置称为SET泵,而不是SET旋转栅门装置,其操作依赖于源漏偏置。

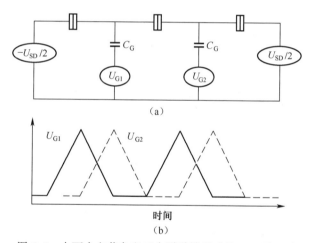

图6.6 由两个电荷岛和三个隧道结组成的SET泵以及岛的化学势由周期栅电压控制

可以用稳态性图分析SET泵的动态特性,在栅极电压U_{G1}和U_{G2}的平面上显示电荷岛1和岛2上的过剩电子数(n_1,n_2)。图6.7是图6.6所示的SET泵的稳定性图的示意图。如果栅极电压变化使得三点被包围,则实现单电子泵浦。如图6.7所示,逆时针旋转产生从源到电荷岛1、电荷岛2和进一步到漏极的时钟单电子转移。稳定性图以直观的方式示出了顺时针旋转时,单电子电流的方向是相反的。因此,单电子泵浦是可逆的过程,其方向由栅电压之间的相对相位决定。

从1991年第一个金属SET[8]出现起,金属SET泵已经对计量学产生了很大影响,因此,在6.2.1节中将讨论金属SET料泵的性能。

在1990年证明了通过金属SET旋转装置的单电子传输[9]。该装置由三个电荷岛分隔的四个隧道结组成。在中心电荷岛上施加一个单一的交流栅极电压。为了实现单电子转移,必须施加源漏电压。正如前面提到的,这个属性把设备分类为旋转栅门。到目前为止,由普通金属制成的旋转栅门尚未达到SET泵的精度。因此,我们将不详细地讨论它们。然而,旋转栅门的主题将在半导体和超导量化电流源的内容中再次出现,具体内容见6.2.2节和6.2.3节。

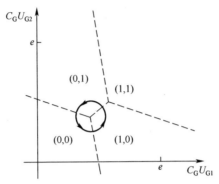

图6.7 由两个栅极电压 U_{G1} 和 U_{G2} 驱动的SET泵的稳定性图

注:闭合轨道对应于从源极到漏极的单电子泵浦。

6.2 量化电流源

本节讨论时钟同步单电子传输的不同实现方式,重点放在量化电流源相对于其实现新安培的基准参数的性能上:时钟频率,它根据式(6.1)确定量化电流的大小;产生量化电流的精度。后者不是由频率的不确定度决定的,如果从原子钟中得出,频率的不确定度可以为 10^{-14},并且甚至更好(见第3章)。量化电流的不确定度由传输误差决定。这个量描述了实际转移的基本电荷数与式(6.1)中的期望值 n 之间的差别。在数学上,传递误差可以表示为 $|n - \langle n_S \rangle|/n$,$\langle n_S \rangle$ 为每周期时钟频率 f 的时间平均转移的基本电荷数。传输误差和时钟频率常常是相互关联的,因此需要优化整体性能。文献[4]给出了SET器件的全面综述。

6.2.1 金属单电子泵

大多数金属SET设备是由Al制成的,Al是稳定的天然氧化物,具有良好的介电性能,可以形成绝缘隧道势垒。Al/Al氧化物SET晶体管的扫描电子显微镜图像如图6.8所示。对于根据6.1节所述的概念进行SET装置的操作,施加弱磁场以抑制Al中的超导电性。该场的应用产生了一个正常的金属/绝缘体系统。如图6.9所示,可以在Al/Al氧化物SET晶体管中实现明显的库仑阻塞。

金属SET泵的时钟频率由隧穿过程的时间常数 $\tau = R_T C_\Sigma$ 决定。这个时间常

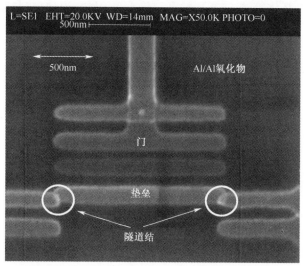

图6.8　Al/Al 氧化物 SET 的组晶体管 SEM 图像

注:由于特定的制造过程(双角度阴影蒸发[10-11]),每个结构被观察两次。

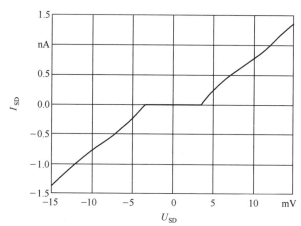

图6.9　在 25mK 的温度和 1T 的磁场下测量的 Al/AlO$_x$/ Al/AlO$_x$/ Al SET 晶体管的源漏电流与源漏电压的关系(注:选择栅电压使库仑阻塞最大化,观察到 7meV 的"库仑间隙"。)

数不能轻易地减少,这是因为必须保持 $R_T \gg R_K$,C_Σ 的减少需要制造非常精细的纳米结构。时钟频率必须满足条件 $f \ll (R_T C_\Sigma)^{-1}$;否则,隧穿事件由于隧道的随机性质而被忽略。降低频率会增加在驱动电压的每个周期中发生遂穿事件的概率。对于高精度单电子泵浦,时钟频率必须限制在 10MHz 范围内,这与皮安电流相对应。

即使在足够低的时钟频率下,也可能发生其他类型的传输误差。误差的主要来源是高阶隧穿,也称为共同隧穿[12-13]。共同隧穿是指两个或多个电子在任一方向上通过 SET 晶体管或 SET 泵的联合隧穿。例如,当单电子隧穿被能量禁止时,在库仑阻塞状态下考虑具有一个电荷岛和两个隧穿势垒的 SET 晶体管。一种类型的共隧穿过程包括一个电子从源极到岛的转移,另一个从电荷岛转移到漏极。这个过程使电荷岛上的电荷保持不变,不破坏能量守恒,而是有效地将电子转移到漏极。转移过程可视为通过库仑能量产生的穿过势垒的量子隧穿。显然,这种共隧穿过程会引起传输误差。共隧穿概率随着 SET 泵中隧道结数的增加而降低[14]。

除了共隧穿外,在分析金属 SET 输泵的精度时,还需要考虑光子辅助隧穿[15-16]。在这个过程中,光子的吸收提供了在库仑势垒上提升电子所需的能量。光子辅助隧穿速率很大程度上取决于 SET 装置对电磁辐射的屏蔽作用[17]。

由于可以通过更多的隧道结来提高精度,NIST 制造了 7 结 SET 泵,并且实验证明了在 5.05 MHz[18]的时钟频率下能够实现 $1.5×10^{-8}$ 传输误差。这是复杂技术实现的一个极好的结果,它涉及 6 个栅极电压的同步调谐。除了金属 SET 泵的优点,这些结果也说明了它们的主要缺点。它们的时钟频率和电流是有限的,需要复杂的多栅设置实现低不确定度。后一个问题加剧了长期稳定问题,这是由于不受控制的背景电荷改变了金属 SET 泵在运行过程中的性能。背景电荷的性质和动力学性质尚不完全清楚。

使用更少的隧道结抑制共隧穿的另一种方法是将 SET 器件嵌入高阻抗环境[19]。PTB 在 2001 年研制了第一个 R 泵,它具有与泵串联的三个隧道结和 60kΩ 片上电阻器[20]。3 结 R 泵未达到计量精度。因此,研制了 5 结 R 泵,它能够实现 10^{-8}[21]的传递误差。在量子电学计量学的基本一致性测试中使用了 7 结 SET 泵和 5 结 R 泵,这将在 6.3 节[22-23]中讨论。

6.2.2 半导体量化电流源

半导体结构中的时钟单电子转移由一般原理支配,这在 6.1 节对金属 SET 器件的概述中讲到。与它们的金属对应物一样,半导体量子化电流源由电荷岛和隧道势垒构成,夹在源极和漏极储层之间。这可以实现不同的驱动方案,如旋转栅门或泵送操作。

半导体 SET 器件与金属器件有如下两个重要的区别:

(1) 在半导体中自由电子的密度比金属小得多。较小的密度产生更大的德布罗意波长,其大小与电荷岛的大小相同。因此,必须首先考虑大小量化(参见 5.1 节),然后必须将量子化能量添加到库仑能 e^2/C_Σ 中。相比于等间距的金属电荷岛的水平,其结果是一个更复杂的电位水平结构。半导体 SET 器件中的电荷岛应该看作量子点,即具有类似原子能谱的零维结构。

(2) 隧道的障碍。在金属 SET 器件中,隧道势垒的高度和宽度是固定的,由材料特性和绝缘层的厚度决定。相反,半导体隧道势垒的高度和宽度可以通过外部栅极电压调谐。本节将讨论隧道势垒的可调谐性是半导体 SET 器件在较高频率下工作的关键。

6.2.2.1 GaAs 基 SET 器件

大多数半导体量化电流源由 GaAs/AlGAs 或 Si/SiO$_2$ 制成。首先讨论 GaAs/AlGAs 的 SET 器件,这种器件的制作始于 GaAs/Al$_x$Ga$_{1-x}$As 异质结构中的高迁移率 2DEG。关于 GaAs/Al$_x$Ga$_{1-x}$As 异质结构的生长和性质的进一步介绍参见 5.2 节。为了制造量子点,可以在异质结构的顶部沉积金属电极。负电压的应用耗尽了电极下面的 2DEG 并产生了势垒。通过适当形状的电极可以产生通过隧道势垒连接到源极和漏极储层的量子点。用这种方法制作的旋转栅门装置首次实现了在半导体结构中时钟单电子转移实验[24]。

可替代的方案是,首先通过蚀刻实现一维导电通道,其去除通道两侧的 2DEG。该通道通过金属栅电极交叉,以确定隧道势垒,进而在势垒之间形成量子点。图 6.10 所示为 GaAs/AlGaAs SET 泵的原理。交流电压和直流电压都被施加到左栅电极(入口门)。右出口门的电位仅由直流电压调节。

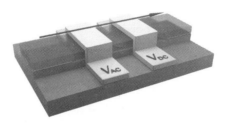

图 6.10 GaAs/AlGaAsSET 泵的原理
注:一维通道宽度 700nm,栅宽 100nm,栅间距 250nm。交流电压和直流电压被施加到左栅极,而只有一个直流电压被施加到右栅极。

图 6.10 的 SET 装置是非绝热 GaAs/AlGaAsSET 泵[25]。图 6.11 说明了其工作原理,示意性地描绘了泵循环的不同阶段。显示的是沿着固定的直流栅电压和调制入口隧道势垒的交流电压沿导电通道的电势。在图 6.11(a)中,入口势垒很高,电子从源极储层到点的隧穿被抑制。当入口势垒降低并变得更透明时,如果点电位水平位于源费米能级(图 6.11(b))之下,电子隧穿到量子点。随后入口势垒的增加使捕获的电子高于费米能级(图 6.11(c))。当捕获的电子获得能量时,它们面临越来越低且更透明的出口势垒,最后,从点流出到漏极储层(图 6.11(d))。对于足够小的结构和较低的温度,库仑阻塞确保每个周期传递少量整数的电子。整数数值可以通过调整直流栅极电压来选择,为了实现高精度的操作,每个周期通常只进行单电子传输。在不涉及细节的情况下,如果在兆赫至吉赫范围内,动态量子点的参数不会瞬时跟随时钟频率。这种行为将泵浦方案分类为非绝热泵方案。

非绝热行为是重要的,因为在绝热极限中,不能应用单个周期调制信号获得方向电流[26]。

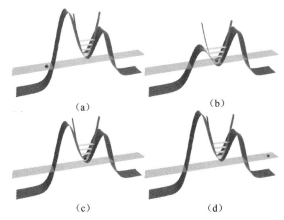

图 6.11 SET 泵的泵循环的示意图

注:显示了量子点(深灰色)、量子点的能级(浅灰色)和费米能级(浅灰色带)随时间变化的电势。转移电子显示为暗灰色点。

本节综述了 GaAs/AlGaAs SET 泵的发展和现状。所有实验结果均在 100mK 范围内的低温下获得。图 6.10 的 SET 泵的前身是一个类似的 GaAs/AlGaAsSET 泵,但它是由两个相移的交流栅极电压驱动的。利用该装置,在 547MHz 的时钟频率[27]有 10^{-4} 的量化电流的相对不确定度。可以观察到高达 3 GHz 的泵浦运转。在文献[25]中证明了单交流栅极电压的泵浦。单栅极泵浦方案大大简化了操作,并为多个组件的片上集成铺平了道路。在文献[28]中,实现了三个泵并联电路,提高了输出电流。还有文献列出了 GaAs/AlGaAs SET 泵和量子霍耳电阻器的片上集成,以产生全半导体的最化电压源[29]。此外,单栅极 GaAs/AlGaAsSET 泵具有较宽的工作裕度[30],并且它们的精度可以通过磁场的应用而得到改善[31-32]。后一效果还没有完全理解。然而,应用 14 T 的磁场,在 0.95GHz[33]中的实验证明了产生了 $1.2×10^{-6}$ 相对不确定度的量化电流。在本实验中,将量化电流直接与参考电流进行比较,该参考电流可追溯到约瑟夫森效应和 QHE[33]。所引用的不确定度由参考电流的不确定度决定,并且量化电流的不确定度甚至可能会更低。

如果将量化电流作为施加到出口栅极的直流电压的函数分析,则可以获得关于传输误差的其他信息。图 6.12 表明了在 200MHz 的时钟频率下获得的明显的电流平台。定性地说,电流坪的存在证明了电流的量子化。此外,在传输过程的理论模型的帮助下,可以定量地分析电流—电压特性[34]。理论模型将当前平台的宽度与传输误差联系起来。该模型预测图 6.12 的量化电流的传输误差为 10^{-8}。这一结果证实了 GaAs/AlGaAs SET 泵具有实现与金属 SET 泵所示低的不确定度的巨大希望,但是其频率要高出2个数量级。

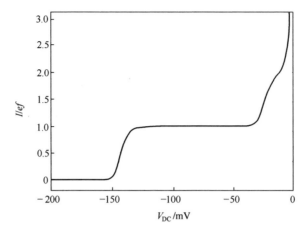

图6.12 以ef为单位的电流,与出口门电压的关系
注:时钟频率f=200MHz,温度300mK,零磁场。

6.2.2.2 Si基SET器件

基于Si/SiO$_2$的SET器件的工作原理与GaAs/AlGaAs器件的工作原理相似,通过窄的Si线的电流由MOSFET控制。当它们在关闭状态下,MOSFET产生不透明的隧道势垒,并在它们之间形成量子点。如果MOSFET切换到导通状态,势垒的透明度将会增加。基于可调谐势垒概念,集泵浦[35]和SET旋转栅门操作可以实现[36]。一般来说,Si技术允许制作非常精细的纳米结构,其中库仑能会增加。因此,可以在温度升高到20K的条件下观察到SET操作,其明显高于GaAs/AlGaAs器件的工作温度。

在文献[35]中,设定泵浦频率为1MHz,温度为25K。传递误差为10^{-2}。随后,在20K处实现了旋转栅门操作,产生了具有类似不确定度的量化电流,但条件是在100MHz[36]的相当高的频率下。在文献[36]中,使用了类似的Si-MOSFET器件,在文献[37]中介绍了单栅极SET泵。

在这项工作中,实现了纳SET泵安量化电流的产生,可以在2.3 GHz的时钟频率下每周期泵送三电子。传递误差估计在1×10^{-2}量级。由两个隧穿势垒中断的金属NiSi纳米线组成的器件产生的量化电流的较低传输误差在文献[38]中也有报道。用Si MOSFET来制作势垒,器件采用硅绝缘衬底上的赫(SOI)技术制作。在650 MHz的时钟频率和0.5K的温度条件下,可以实现不确定度为10^{-3}量级的量化电流。最近,不确定度为10^{-5}量级的量化电流可以在500MHz的频率下用Si金属氧化物半导体(MOS)技术制造的SET泵[39]演示验证。该器件需要在100mK的温度下运行。

作为展望,我们想提到的是,在石墨烯结构中也观察到了在吉赫频率下对接的单电子转移[40]。该结构由两个耦合的石墨烯量子点和由光刻方法制作的源极和漏极引线组成,石墨烯器件对量子化电流产生的影响将取决于石墨烯器件技术的进展。

6.2.3 超导量化电流源

本节讨论超导起重要作用的金属器件。从混合器件开始,它包含常规金属和超导金属。本节最后,简要介绍处于超导状态所有金属元素的器件。

考虑一个 SET 晶体管,类似于图 6.2 所示的晶体管,它由一个正常的金属电荷岛与超导源极和漏极引线之间用固定的绝缘隧道势垒隔开。文献[41]介绍了这种 SINIS 结构(S 为超导体,I 为绝缘体,N 为常规金属),以及互补的 NISIN 结构,SUNIS 电路显示出更好的性能[4]。一个现实的实现方法是,Al/Al 氧化物/Cu/Al 氧化物/ Al 结构,其中 A1 处于超导状态。为了产生量化电流,将周期性电压施加到 SINIS 结构电路的栅极上,并且电路用直流源漏极电压偏置。从而实现了一种旋转栅门装置。

在 6.1.4 节讨论了用一个所有正常金属(NININ)SET 晶体管不能实现时钟单电子转移。NININ 和 SINIS SET 晶体管之间的主要区别是超导间隙,这使得 SINIS 旋转栅门中的时钟单电子传输成为可能。图 6.13 给出了 SINIS 旋转栅门的工作原理,图 6.13(a)示出了从超导源的填充态到正常金属电荷岛的电子隧穿。当超导源的填充状态达到电荷岛的最低空能级对准时,可以实现该过程。在这种隧穿过程之后,电子不能离开电荷岛,因为漏极引线的空态由于超导间隙而位于更高的能量。随后,通过适当调整栅极电压来提高电荷岛的电位水平,如图 6.13(b)所示。图 6.13(c)示出了循环的最后一步。电荷岛的最高填充水平已经上升到漏极

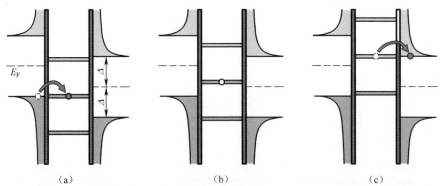

图 6.13　一种 SINIS 旋转栅门的工作原理(显示的是超导源的超导态密度(左)和漏极(右)和正常金属电荷岛的化学势(每帧的中心)(a)将单个电子隧穿到正常金属电荷岛上;(b)由于栅极电压的变化而增加电荷岛的化学势;(c)将电子隧穿到超导漏极引线。
注:2Δ 是超导间隙和 E_F 是费米能级。

引线的超导间隙之上,并且电子隧穿到空的漏极状态。注意,在这个阶段,源极的超导间隙抑制另一个电子从源到电荷岛的不受控制的转移。

由于高阶隧穿过程可能发生传输误差,这部分内容在文献[42]中进行了理论分析。理论预测,利用 SINIS 旋转栅门可以产生 30pA 的量子化电流,传输误差为 10^{-8}[42]。对于实际结构,由于隧道势垒[4]的不均匀性,在这种不确定度下,电流预计将限制在 10pA。实验证明,受测量仪器[43]的不确定度的限制,量化电流的不确定度为 10^{-3}。实验工作还强调了 SINIS 旋转门的栅片上环境对抑制高阶隧穿过程的重要性[44-46]。

SINIS 旋转栅门的一个重要优点是,它们仅由一个周期性的栅极电压进行操作。对于半导体 SET 泵(见 6 2.2 节),单栅极操作有利于制造并联电路,并增加输出电流。文献[47]论证了 10 个 SINIS 旋转栅门的并联运行。并联电路在 65 MHz 的时钟频率下产生 10^4 pA 的量化电流。混合型 SINIS 旋转栅门是一种很有前途的多用途的概念,它也是用碳纳米管作为正常导体实现的[48]。

下面讨论全超导体器件,这似乎有几个概念上的优势。在这种器件中,带电荷的库珀对($-2e$)在无耗散的情况下被转移。无耗散传输避免了不利的加热效应。此外,与单电子的传输相比,电荷的成倍增加使电流在给定的时钟频率上加倍。在全超导体器件中,传输是相干的,因此相比基于随机隧穿的传输具有更好的可控性。

实验中,研究了超导量化电荷泵,它包括几个超导电荷岛,它们之间以及与超导源和漏极引线之间通过固定隧道势垒分隔。超导岛上的电荷可以通过栅极电压来调节。因此,器件类似于图 6.6 所示的设计。此外,泵的概念类似于 6.1.4 节中描述的普通金属 SET 泵。用这个概念实现了三结和七结超导泵[49-50]。然而,量化电流的传递误差结果并不令人满意。这一结果归因于准粒子隧穿,即除了库珀对隧穿之外,发生了单电荷 e 的转移。

另一种超导量化电荷装置是超导水闸[51]。该装置由单一的超导岛组成,其电荷可以由交流栅极电压控制。电荷岛通过充当开关的超导量子干涉装置(SQUID)连接到源极和漏极引线,其充当开关。通过磁通脉冲实现 SQUID 的"ON"和"OFF"状态之间的切换,该磁通脉冲调制 SQUID 的临界电流(见 4.2 节)。磁通脉冲与交流栅极电压同步,从而可以实现时钟库珀对传输。用这个概念证明了约 1nA 的量化电流,但是电流的不确定度不能超过 10^{-2} 量级[52]。

总结以上结果,全超导体量子化电荷器件的实验实现还没有满足先前讨论的假设理想器件的预期,一个原因是在理想的超导电路的图像中没有考虑到准粒子隧穿。

作为展望,我们提出基于超导体的量化电流源还有其他的理论概念,例如布洛赫振荡的相位锁定[5]和量子相位滑移器件[53]。这些概念是有趣的,因为它们涉及的电流阶跃是夏皮罗、约瑟夫森电压标准步骤的双重结合。在这种方法中,库珀对的传输不依赖于随机隧穿,它具有更高精度保证。然而,这种量化电流源的实验实现仍处于起步阶段。

6.2.4 基于单电子转移的量子电流标准

输出电流的不确定度是基于 SET 的电流量子标准与量化电流源的主要区别。划分界限有一些灵活性划分界限。然而,似乎需要量子电流标准实现新定义的安培,其不确定度小于目前 SI 中安培实现的不确定度。目前,安培的最精确的实现是基于 SI 伏特和 SI 欧姆的实现和欧姆定律的使用。SI 安培的不确定度受限于 SI 伏特的实现,其不确定度大于欧姆实现的不确定度。SI 伏特和 SI 安培可以以 10^{-7} 量级的不确定度来实现[54]。因此,基于 SET 量子电流标准应该具有 10^{-7} 或更好的不确定度。根据式(6.1)这样的标准将以非常直接的方式实现安培重新定义。

常规金属 7 结 SET 泵[18]和 5 结 R 泵[21]所需的较小的传输误差已经实现。这两个器件产生的电流为 1pA 的量级。这个小电流足以用于实验,其中不测量电流本身,而是在定义良好的时间[22-23]中累积操作量子电流标准的电荷。

精密实验需要较大的电流,其中需要测量电流。考虑到所需的小的传输误差,似乎 GaAs/AlGaAs 或硅 SET 泵具有作为纳安量子电流标准的潜力。约 100 个 SINIS 旋转栅门组成的并联电路可能是另一种选择。

这些 SET 装置都依赖于单电子的随机隧穿,容易发生固有传输误差。因此,提出将 SET 检测器集成在 SET 电流源的串联电路中以监测传输误差[55]。使用传输误差的信息,可以用低于单个 SET 电流源的不确定度确定串联电路的量化电流[55]。如果 SET 检测器的带宽大于误差率[55],则可以应用这样的误差计费方案。实验实现是可行的,因为检测器带宽只需超过误差率,但不必超过更大的时钟频率。PTB 的 GaAs/AlGaAsSET 泵与金属 SET 静电计结合在集成电路[56]中。在 30Hz 的时钟频率下的原理实验证明,集成电路实现的不确定度是用单个 SET 泵[51]实现的不确定度的 1/50。扩展到更高的时钟频率上,可能允许基于有限的不确定度的量化电流源实现较为精确的量子电流标准。

6.3 一致性检验:量子计量三角形

QMT 是对三个电量子效应,即约瑟夫森效应、QHE 和单电荷转移的一致性测试。QMT 是验证量化电压和电阻与约瑟夫森常数 $K_j = 2e/h$ 和常数 $R_K = h/e^2$ 的关系。此外,QMT 旨在验证通过 SET 装置中传递的量化电荷 q_s 是否完全等效于基本电荷 e 的,如式(6.1)中所假设的。QMT 是基于欧姆定律的,由图 6.14 中的上三角示出。本节简要地讨论 QMT 实验的基本思想、实验实现及其结果。全面内容可在参见文献[21，58]。

为方便起见，回顾三个量子效应的相应方程：

$$U_{\mathrm{J}} = \frac{n_{\mathrm{J}} f_{\mathrm{J}}}{K_{\mathrm{J}}} \tag{6.10}$$

$$R_{\mathrm{QHE}} = \frac{R_{\mathrm{K}}}{i} \tag{6.11}$$

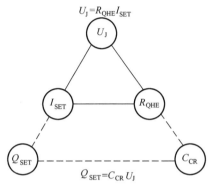

图6.14 在目前版本中应用欧姆定律（上部分，实线）的量子计量三角形。作为替代，一个电容器充电是在量子计量三角形充电版本中研究（下部，虚线）

$$I_{\mathrm{SET}} = \langle n_{\mathrm{S}} \rangle e f_{\mathrm{S}} \tag{6.12}$$

式(6.12)包含转移的基本电荷的平均数$\langle n_{\mathrm{S}} \rangle$，以解释转移误差的发生。利用欧姆定律，由式(6.10)~式(6.12)可得

$$\frac{n_{\mathrm{J}} i}{\langle n_{\mathrm{S}} \rangle} \frac{f_{\mathrm{J}}}{f_{\mathrm{S}}} = K_{\mathrm{J}} R_{\mathrm{K}} e = 2 \tag{6.13}$$

式中：n_{J}、i为已知的整数阶数值；频率比$f_{\mathrm{J}}/f_{\mathrm{S}}$和转移电荷的平均数$\langle n_{\mathrm{S}} \rangle$必须通过实验确定。确定$\langle n_{\mathrm{S}} \rangle$必须应用单电子检测方案，例如在6 2.4节[55]中讨论的误差计量概念。电流的测量对于这个目的是不够的，因为它只确定q_{S}和$\langle n_{\mathrm{S}} \rangle$的乘积。关于式(6.13)有效性的证明常称为QMT的闭合。任何偏差都会对至少一个方程$K_{\mathrm{J}} = 2e/h$，$R_{\mathrm{K}} = h/e^2$和$q_{\mathrm{S}} = e$的严格有效性产生质疑。

实验上，已经采取了闭合QMT的不同的方法。在简单的情况下，一个SET装置产生的量化电流提供给量子霍耳电阻器，通过与约瑟夫森电压标准进行比较来测量霍耳电压。即使纳安的量化电流源可用，也需要电流放大以获得10^{-7}的不确定度。为此建议使用具有高卷绕比的低温电流比较器（参见4.2.3.3节）。用普通金属3结R泵作为量子化电流源实现了这样的实验[60]。然而，实验装置不允许$\langle n_{\mathrm{S}} \rangle$独立测量。因此，QMT的闭合没有研究过。在本书编写时，尚未有直接使用欧姆定律实现QMT闭合的方法报道。

在NIST首先开发的间接方法中，具有电容C_{CR}的低温电容器由一个SET装置充电。QMT 的"充电版本"如图 6.14 的下部所示。总电荷 $Q_{SET} = \langle n_S \rangle e f_s T_s$ 是在已知时间 T_S 上累积的,通过比较约瑟夫森电压标准来测量电容器两端的电压。如 5.4.2 节所述,C_{CR} 可以通过正交桥链接到 R_{QHE}。QMT 实验可以与电子穿梭测量相结合,这决定了转移的基本电荷的平均数目 $\langle n_S \rangle$。使用 7 结 SET 泵,NIST 实验证明了 QMT 的闭合,相对标准不确定度为 0.9×10^{-6} [22,61]。PTB 使用五结 R 泵对电容器充电,证明 QMT 的闭合具有 1.7×10^{-6} 的不确定度[23]。

关于这些结果的含义,首先约瑟夫森效应和 QHE 是高度可复现的,参见 4.1.4 节和 5.4 节。然而,严格来说,高复现性仅意味着效应是普遍的,但没有给出关于它们如何被基本常数 e 和 h 描述的信息。更多的信息是从理论中获得的,它不能预测 $K_J = 2e/h$ 和 $R_K = h/e^2$ 的任何明显的偏差(参见文献[4,58])。然而,理论本身不能提供关系的有效性的严格证明,必须寻求实验证据。关于 QHE,5.4.1.4 节中回顾了 R_{QHE} 的 SI 值可以与从精细结构常数 α 的测量确定的 h/e^2 相比较。在 10^{-8} 量级的不确定度中没有发现偏差。这一结果通过基本常数的调整得到证实[62]。基本常数的调整也验证了关系 $K_J = 2e/h$ 在 10^{-7} 量级的有效性。因此,目前的 QMT 结果主要支持在 10^{-6} 量级的电荷量化的精度。尽管量子电学效应已经建立在非常坚实的基础上,但也希望 QMT 实验向 10^{-8} 量级的改进。

参考文献

[1] 1. Grabert, H. and Devoret, M.H. (eds) (1992) *Single Charge Tunneling*, Plenum Press, New York.

[2] Likharev, K.K. (1999) Single-electron devices and their application. *Proc. IEEE*, 87, 606-632.

[3] Ono, Y., Fujiwara, A., Nishiguchi, K., Inokawa, H., and Takahashi, Y. (2005) Manipulation and detection of single electrons for future information processing. *J. Appl. Phys.*, 97, 031101 (19 pp.).

[4] Pekola, J.P., Saira, O.-P., Maisi, V.F., Kemppinen, A., Möttönen, M., Pashkin, Y.A., and Averin, D.V. (2013) Singleelectron current sources: toward arefined definition of the ampere. *Rev. Mod. Phys.*, 85, 1421-1472.

[5] Likharev, K.K. and Zorin, A.B. (1985) Theory of the Bloch-wave oscillations in small Josephson junctions. *J. Low Temp.Phys.*, 59, 347-382.

[6] Fulton, T.A. and Dolan, G.J. (1987) Observation of single-electron charging effects in small tunnel junctions. *Phys.Rev. Lett.*, 59, 109-112.

[7] Kuzmin, L.S. and Likharev, K.K. (1987) Direct experimental observation of discrete correlated single-electron tunneling.*JETP Lett.*, 45, 495-497.

[8] Pothier, H., Lafarge, P., Orfila, P.F., Urbina, C., Esteve, D., and Devoret, M.H. (1991) Single electron pump fabricated with ultrasmall normal tunnel junctions. *Physica B*, 169, 573-

574.

[9] Geerligs, L.J., Anderegg, V.F., Holweg, P.A.M., Mooij, J.E., Pothier, H., Esteve, D., Urbina, C., and Devoret, M.H. (1990) Frequency-locked turnstile device for single electrons. *Phys. Rev. Lett.*, **64**, 2691–2694.

[10] Niemeyer, J. and Kose, V. (1976) Observation of large dc supercurrents at nonzero voltages in Josephson tunnel junctions. *Appl. Phys. Lett.*, **29**, 380–382.

[11] Dolan, G.J. (1977) Offset masks for liftoff photoprocessing. *Appl. Phys. Lett.*, **31**, 337–339.

[12] Averin, D.V. and Odintsov, A.A. (1989) Macroscopic quantum tunneling of the electric charge in small tunnel junctions. *Phys. Lett.*, **A140**, 251–257.

[13] Geerligs, L.J., Averin, D.V., and Mooij, J.E. (1990) Observation of macroscopic quantum tunneling through the coulomb energy barrier. *Phys. Rev. Lett.*, **65**, 3037–3040.

[14] Jensen, H.D. and Martinis, J.M. (1992) Accuracy of the electron pump. *Phys. Rev. B*, **46**, 13407–13427.

[15] Martinis, J.M. and Nahum, M. (1993) Effect of environmental noise on the accuracy of Coulomb-blockade devices. *Phys. Rev. B*, **48**, 18316–18319.

[16] Kautz, R.L., Keller, M.W., and Martinis, J.M. (2000) Noise-induced leakage and counting errors in the electron pump. *Phys. Rev. B*, **62**, 15888–15902.

[17] Kemppinen, A., Lotkhov, S.V., Saira, O.-P., Zorin, A.B., Pekola, J.P., and Manninen, A.J. (2011) Long hold times in a two-junction electron trap. *Appl. Phys. Lett.*, **99**, 142106 (3 pp).

[18] Keller, M.W., Martinis, J.M., Zimmerman, N.M., and Steinbach, A.H. (1996) Accuracy of electron counting using a 7-junction electron pump. *Appl. Phys. Lett.*, **69**, 1804–1806.

[19] Odintsov, A.A., Bubanja, V., and Schön, G. (1992) Influence of electromagnetic fluctuations on electron cotunneling. *Phys. Rev. B*, **46**, 6875–6881.

[20] Lotkhov, S.V., Bogoslovsky, S.A., Zorin, A.B., and Niemeyer, J. (2001) Operation of a three-junction single-electron pump with on-chip resistors. *Appl. Phys. Lett.*, **78**, 946–948.

[21] Scherer, H. and Camarota, B. (2012) Quantum metrology triangle experiments: a status review. *Meas. Sci. Technol.*, **23**, 124010 (13 pp).

[22] Keller, M.W., Eichenberger, A.L., Martinis, J.M., and Zimmerman, N.M. (1999) A capacitance standard based on counting electrons. *Science*, **285**, 1706–1709.

[23] Camarota, B., Scherer, H., Keller, M.V., Lotkhov, S.V., Willenberg, G.-D., and Ahlers, F.J. (2012) Electron counting capacitance standard with an improved five-junction R-pump. *Metrologia*, **49**, 8–14.

[24] Kouwenhoven, L.P., Johnson, A.T., van der Vaart, N.C., Harmans, C.J.P.M., and Foxon, C.T. (1991) Quantized current in a quantum-dot turnstile using oscillating tunnel barriers. *Phys. Rev. Lett.*, **67**, 1626–1629.

[25] Kaestner, B., Kashcheyevs, V., Amakawa, S., Blumenthal, M.D., Li, L., Janssen, T.J.B.M., Hein, G., Pierz, K., Weimann, T., Siegner, U., and Schumacher, H.W. (2008) Single-parameter nonadiabatic quantized charge pumping. *Phys. Rev. B*, 77, 153301, (4 pp).

[26] Moskalets, M. and Büttiker, M. (2002) Floquet scattering theory of quantum pumps. *Phys. Rev.*

B , **66**, 205320 (10 pp).

[27] Blumenthal, M.D., Kaestner, B., Li, L.,Giblin, S., Janssen, T.J.B.M., Pepper, M.,Anderson, D., Jones, G., and Ritchie, D.A. (2007) Gigahertz quantized charge pumping. *Nat. Phys.*, **3**, 343-347.

[28] Mirovsky, P., Kaestner, B., Leicht, C.,Welker, A.C., Weimann, T., Pierz, K.,and Schumacher, H.W. (2010) Synchronized single electron emission from dynamical quantum dots. *Appl. Phys.Lett.*, **97**, 252104 (3 pp).

[29] Hohls, F., Welker, A.C., Leicht, C.,Kaestner, B., Mirovsky, P., Müller, A.,Pierz, K., Siegner, U., and Schumacher, H.W. (2012) Semiconductor quantized voltage source. *Phys. Rev. Lett.*, **109**,056802 (5 pp).

[30] Kaestner, B., Kashcheyevs, V., Hein, G.,Pierz, K., Siegner, U., and Schumacher, H.W. (2008) Robust single-parameter quantized charge pumping. *Appl. Phys.Lett.*, **92**, 192106 (3 pp).

[31] Wright, S.J., Blumenthal, M.D., Gumbs,G., Thorn, A.L., Pepper, M., Janssen,T.J.B.M., Holmes, S.N., Anderson, D.,Jones, G.A.C., Nicoll, C.A., and Ritchie,D.A. (2008) Enhanced current quantization in high-frequency electron pumps in a perpendicular magnetic field. *Phys.Rev. B*, **78**, 233311 (4 pp).

[32] Kaestner, B., Leicht, C., Kashcheyevs, V.,Pierz, K., Siegner, U., and Schumacher, H.W. (2009) Single-parameter quantized charge pumping in high magnetic fields.*Appl. Phys. Lett.*, **94**, 012106 (3 pp).

[33] Giblin, S.P., Kataoka, M., Fletcher, J.D.,See, P., Janssen, T.J.B.M., Griffiths, J.P.,Jones, G.A.C., Farrer, I., and Ritchie,D.A. (2012) Towards a quantum representation of the ampere using single electron pumps. *Nat. Commun.*, **3**, 930(6 pp).

[34] Kashcheyevs, V. and Kaestner, B. (2010)Universal decay cascade model for dynamic quantum dot initialization.*Phys. Rev. Lett.*, **104**, 186805 (4 pp).

[35] Ono, Y. and Takahashi, Y. (2003)Electron pump by a combined singleelectron/field-effect transistor structure.*Appl. Phys. Lett.*, **82**, 1221-1223.

[36] Fujiwara, A., Zimmerman, N.M.,Ono, Y., and Takahashi, Y. (2004) Current quantization due to singleelectron transfer in Si-wire chargecoupled devices. *Appl. Phys. Lett.*, **84**, 1323-1325.

[37] Fujiwara, A., Nishiguchi, K., and Ono,Y. (2008) Nanoampere charge pump by single-electron ratchet using silicon nanowire metal-oxide-semiconductor field-effect transistor. *Appl. Phys. Lett.*,**92**, 042102 (3 pp).

[38] Jehl, X., Voisin, B., Charron, T., Clapera, P., Ray, S., Roche, B., Sanquer, M., Djordjevic, S., Devoille, L., Wacquez, R., and Vinet, M. (2013) Hybrid metal-semiconductor electron pump for quantum metrology. *Phys. Rev. X*, **3**,021012 (7 pp).

[39] Rossi, A., Tanttu, T., Yen Tan, K.,Iisakka, I., Zhao, R., Wai Chan, K.,Tettamanzi, G.C., Rogge, S., Dzurak,A.S., and Möttönen, M. (2014) An accurate single-electron pump based on a highly tunable silicon quantum dot.*Nano Lett.*, **14**, 3405-3411.

[40] Connolly, M.R., Chiu, K.L., Giblin, S.P.,Kataoka, M., Fletcher, J.D., Chu, C.,Griffith, J.

P., Jones, G.A.C., Fal'ko, V.I., Smith, C.G., and Janssen, T.J.B.M. (2013) Gigahertz quantized charge pumping in graphene quantum dots. *Nat.Nanotechnol.*, **8**, 417–420.

[41] Pekola, J.P., Vartiainen, J.J., Möttönen, M., Saira, O.-P., Meschke, M., and Averin, D.V. (2008) Hybrid singleelectron transistor as a source of quantized electric current. *Nat. Phys.*, **4**, 120–124.

[42] Averin, D.V. and Pekola, J.P. (2008) Nonadiabatic charge pumping in a hybrid single-electron transistor. *Phys.Rev. Lett.*, **101**, 066801 (4 pp).

[43] Aref, T., Maisi, V.F., Gustafsson, M.V., Delsing, P., and Pekola, J.P. (2011) Andreev tunneling in charge pumping with SINIS turnstiles. *Europhys. Lett.*, **96**, 37008 (6 pp).

[44] Lotkhov, S.V., Kemppinen, A., Kafanov, S., Pekola, J.P., and Zorin, A.B. (2009) Pumping properties of the hybrid single-electron transistor in dissipative environment. *Appl. Phys. Lett.*, **95**, 112507 (3 pp).

[45] Pekola, J.P., Maisi, V.F., Kafanov, S., Chekurov, N., Kemppinen, A., Pashkin, Y.A., Saira, O.-P., Möttönen, M., and Tsai, J.S. (2010) Environment-assisted tunneling as an origin of the dynes density of states. *Phys. Rev. Lett.*, **105**, 026803 (4 pp).

[46] Saira, O.-P., Möttönen, M., Maisi, V.F., and Pekola, J.P. (2010) Environmentally activated tunneling events in a hybrid single-electron box. *Phys. Rev. B*, **82**, 155443 (6 pp).

[47] Maisi, V.F., Pashkin, Y.A., Kafanov, S., Tsai, J.S., and Pekola, J.P. (2009) Parallel pumping of electrons. *New J. Phys.*, **11**, 113057 (9 pp).

[48] Siegle, V., Liang, C.-W., Kaestner, B., Schumacher, H.W., Jessen, F., Koelle, D., Kleiner, R., and Roth, S. (2010) A molecular quantized charge pump. *Nano Lett.*, **10**, 3841–3845.

[49] Geerligs, L.J., Verbrugh, S.M., Hadley, P., Mooij, J.E., Pothier, H., Lafarge, P., Urbina, C., Esteve, D., and Devoret, M.H. (1991) Single Cooper pair pump. *Z. Phys. B*, **85**, 349–355.

[50] Aumentado, J., Keller, M.W., and Martinis, J.M. (2003) A seven-junction Cooper pair pump. *Physica E*, **18**, 37–38.

[51] Niskanen, A.O., Pekola, J.P., and Seppä, H. (2003) Fast and accurate single-island charge pump: implementation of a Cooper pair pump. *Phys. Rev. Lett.*, **91**, 177003 (4 pp).

[52] Vartiainen, J.J., Möttönen, M., Pekola, J.P., and Kemppinen, A. (2007) Nanoampere pumping of Cooper pairs. *Appl.Phys. Lett.*, **90**, 082102 (3 pp).

[53] Mooij, J.E. and Nazarov, Y.V. (2006) Superconducting nanowires as quantum phase-slip junctions. *Nat. Phys.*, **2**, 169–172.

[54] Flowers, J. (2004) The route to atomic and quantum standards. *Sciene*, **306**, 1324–1330.

[55] Wulf, M. (2013) Error accounting algorithm for electron counting experiments. *Phys. Rev. B*, **87**, 035312 (5 pp).

[56] Fricke, L., Wulf, M., Kaestner, B., Kashcheyevs, V., Timoshenko, J., Nazarov, P., Hohls, F., Mirovsky, P., Mackrodt, B., Dolata, R., Weimann, T., Pierz, K., and Schumacher, H.W. (2013) Counting statistics for electron capture in a dynamic quantum dot. *Phys. Rev.Lett.*, **110**, 126803 (5 pp).

[57] Fricke, L., Wulf, M., Kaestner, B., Hohls, F., Mirovsky, P., Mackrodt, B., Dolata, R., Weimann, T., Pierz, K., Siegner, U., and Schumacher, H.W. (2014) Self-referenced single-electron quantized current source. *Phys. Rev. Lett.*, **112**, 226803 (6 pp).

[58] Keller, M.W. (2008) Current status of the quantum metrology triangle. *Metrologia*, **45**, 102–109.

[59] Piquemal, F. and Geneves, G. (2000) Argument for a direct realization of the quantum metrological triangle. *Metrologia*, **37**, 207–211.

[60] Devoille, L., Feltin, N., Steck, B., Chenaud, B., Sassine, S., Djordevic, S., Seron, O., and Piquemal, F. (2012) Quantum metrological triangle experiment at LNE: measurements on a three-junction R-pump using a 20 000:1 winding ratio cryogenic current comparator. *Meas. Sci. Technol.*, **23**, 124011, (11 pp).

[61] Zimmerman, N.M. and Eichenberger, A.L. (2007) Uncertainty budget for the NIST electron counting capacitance standard, ECCS-1. *Metrologia*, **44**, 505–512.

[62] Mohr, P.J., Taylor, B.N., and Newell, D.B. (2012) CODATA recommended values of the fundamental physical constants: 2010. *Rev. Mod. Phys.*, **84**, 1527–1605.

第7章
普朗克常数、新千克和摩尔

质量是一个较难定义的量。当用几个词解释质量是什么时,它就变得明显了。宏观上,它与物质有关,尽管物质在物理学中不是一个明确定义的概念。质量(重力质量)与物体的重量成正比,这是由于第二质量的引力场所施加的重力,如地球引力引起的。更严格地说,重量是影响物体自由下落的力量。质量(惯性质量)反映物体的阻力以改变其速度,而改变其速度所需的力与它的质量成正比。根据爱因斯坦等效原理,惯性质量和重力质量是相同的。不确定度为 10^{-12} 实验证明了这一点。此外,根据爱因斯坦著名的公式,质量相当于能量,即

$$E = m_0 c^2 \tag{7.1}$$

式中:m_0 为静止物体的质量。

它反映质量亏损所对应于组成系统的结合能量。根据狭义相对论,惯性质量取决于它的速度,即

$$m(v) = \frac{m_0}{\sqrt{1 - \dfrac{v^2}{c^2}}} \tag{7.2}$$

宏观质量是由质量亏损所构成的基本粒子的质量之和所产生的。然而,基本粒子如何接收它们的质量一直是个"谜"。在粒子物理学的标准模型中,基本粒子通过与希格斯场的相互作用而接收其质量。这是以彼得·希格斯命名的,他与 Francois Englert 一起在欧洲核子研究组织(CERN)使用大型强子对撞机发现了希格斯玻色子,并于 2013 年获得诺贝尔物理学奖。

虽然质量本身是很复杂的,但其单位千克在目前的 SI 系统中的定义显然是简单的:它涉及任何质量的国际千克原器(见 2.2.3 节)。千克原器的质量定义为等于 1dm^3 的纯水在约 4℃(密度最高)时的质量。它已经在法国科学院的"档案局千克"中实现了(关于千克历史定义和原器,参见文献[1,2])。作为原器材料的惰性 Pt/Ir 合金的选择应确保一个稳定的标准,提供适当的操作和清洗程序。在 1889 年第一次国际计量大会(CGPM)时,制造了原器的 30 个 Pt/Ir 复制品并分发

给在米制公约(DUM)的 17 个签名国家,作为他们的国家质量标准。后来加入计量公约的国家(在编写本书时,已有 55 名签署计量公约)也有权获得该原器的 Pt/Ir复制品。随后在 1950 年和 1990 中进行的国家千克原器与国际千克原器的比较揭示了质量单位一个明显的定义问题:显然,在国际原器与其复制品的质量之间有一个每 100 年约 30Ng 的偏差,大多数国家原型的质量都有增加的趋势(图 7.1)。

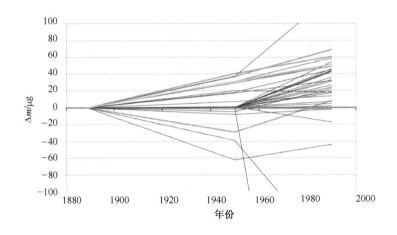

图 7.1　不同国家千克原器(黑色)和 BIPM 工作标准(灰色)的质量
差异以及定义水平线为 $\Delta m = 0$ 的国际千克原器

应该注意的是,图 7.1 所示的测量结果不能排除国际原器的质量偏差。

为了克服目前 SI 定义的明显弱点,CIPM 已建议用普朗克常数重新定义千克(见 2.2.3 节)。表面上看可能很奇怪。然而,它完全符合将 SI 单位建立在自然常数基础上的意图。普朗克常数,一般记作 h,绝对是自然界的基本常数之一。它最初是由 Max Planck 在 1900 年提出,在当时他开发了一个黑体辐射器[3]的发射光谱的理论描述。其谐振子的能量量子化的结果必须以 $E=h\nu$(ν 为频率)计算,为量子理论奠定了基础。

事实上,将千克与普朗克常数联系起来的方法与目前利用光的速度定义米相同。除了 2.2 节中已经提到的基本要求之外,常数选择(定义常数)在其单位中包括要定义的单位。这对于单位为米每秒的光速度以及普朗克常数都是成立的,后者的作用单位 $m^2 \cdot kg \cdot s^{-1}$ 等于 $J \cdot s$。一个常数究竟是多么基本的问题并不总是容易回答(参见文献[4-5])。然而,光速 c 和普朗克常数 h 分别是相对论及量子物理学中的基础。事实上,正如普朗克首先指出的,C 和 h 与牛顿引力常数 g 一起,建立了长度、时间和质量的通用单位(普朗克单位),但是,这证明是不实用的(参见文献[6])。当然,正如在 2.2 节所讨论的,在实践中,对各自常数的选择还有进一步的要求。最重要的是,在定义之前,它的值必须用所要求的不确定度进行测量,并且单位和各个定义常数之间的关系必须是实验可行的,以便实现该单位。然而,应该注意的是,新 SI 中的定义为不同的实现留出了空间。对于千克,CIPM 的质量和相关量咨询委员会(CCM)要求至少达到普朗克常数的 2×10^{-8} 的相对不确定度[7]。此外,CCM 要求至少三个独立实验对普朗克常数产生一致值,其相对标准不确定度不大于 5×10^{-8}。

一些实验方法已经或已经被要求提供宏观质量和普朗克常数之间的联系,如电压平衡、超导磁悬浮、阿伏伽德罗实验和瓦特天平实验。后两部分将在 7.1 和 7.2 节详细描述。

在电压平衡[8-10]中,将已知的可跟踪的电压施加到电容器的电极上的力与校准质量的重量进行比较。虽然这些实验最初是为了实现伏特或确定约瑟夫森常数(见 4.1.2 节)而进行的,但如果电容被追溯到常数 R_K(见 5.4.2 节),则它们还可以将质量与普朗克常数联系起来。然而,据我们所知,并没有实现这些实验,因为达到的最佳相对不确定度是在 10^{-7} 量级。在中国国家计量研究院(NIM)[11](见 7.2 节)中已经开发了一种用于测量惯性质量的电压平衡的动态版本,并将其与普朗克常数相关。在超导磁悬浮实验[12-15]中,使用超导体的理想抗磁特性(见 4.2.1.1 节):在电流驱动线圈产生的磁场中悬浮了具有校准质量的超导材料。电流的变化导致超导质量在不同高度的悬浮。在约瑟夫森和量子霍耳效应方面测量电流,从而提供质量和普朗克常数之间的联系。即使达到了 10^{-6} 量级的不确定度,这些实验也没有得到进展。

7.1 阿伏伽德罗实验

在阿伏伽德罗实验[16-17]中,也称为 X 射线晶体密度(XRCD)试验,目的是测定阿伏伽德罗常量以在软的高纯度 Si 的单晶体进行原子的数量计数。然而,正如后面所展示的(见式(7.5)),需要提出一个独立的方法,测定普朗克常数。最初要求是将它追溯到精确定义的原子质量,如 ^{12}C 或 ^{28}Si,或基本粒子的质量[18]来提供千克的另一种定义。由于原子和基本粒子(如电子)的相对质量可以用彭宁阱精确地确定,所以在选择参考质量时基本上是自由的。

另一个实验将提供宏观上原子质量的直接联系,即离子积累实验[19]。它的想法是使用一种改进的质谱仪,其中特定元素的离子产生并最终收集在与平衡物相连的法拉第杯中。移动的离子数对应于电流强度,该电流可以通过约瑟夫森和量子霍耳效应测量(见第 4 章和第 5 章),并在整个累积时间上积分,从而提供撞击法拉第杯的离子数。单同位素元素 ^{197}Au 和 ^{209}Bi 已被用作离子源。通过积累 38mgBi 展示了原理的证明。从这个实验中确定的原子质量单位与 CODATA 值在

$9×10^{-4}$不确定度上保持一致。[20] 然而,鉴于可预见到的困难,即减少不确定性超过 4 个数量级,没有做进一步的实验。

回到阿伏伽德罗实验,阿伏伽德罗常量是一个纯物质中 1mol 物质量的指定实体的数目,如 12g 碳同位素^{12}C 中的原子数。它是一个将原子和宏观性质联系起来的比例因子。根据摩尔的定义,可得

$$M(^{12}C) = N_A m(^{12}C) \tag{7.3}$$

式中:$M(^{12}C) = 12 \text{gmol}^{-1}$ 是^{12}C 的摩尔质量;$m(^{12}C)$是其原子质量。

注意,根据所提出的摩尔的新定义(参见 2.2.6 节和 7.3 节),确切的方程$M(^{12}C) = 12 \text{gmol}^{-1}$不再有效,但是$M(^{12}C)$必须通过实验确定。

对于完美的纯硅单晶,阿伏伽德罗实验将其质量 m 与晶体中含有的 Si 原子数N_{Si}和 Si 原子的质量m_{Si}联系起来:

$$m = N_{Si} m_{Si} = N_{Si} \frac{M_{Si}}{N_A} \tag{7.4}$$

式中:M_{Si}为 Si 的摩尔质量。

对于一个完美的单晶,所包含的 Si 原子数是由其体积 V 给出的,它除以由一个原子占据的体积V_{Si}得出原子数,即

$$N_{Si} = \frac{V}{V_{Si}} = \frac{8V}{a_0^3} \tag{7.5}$$

式中:a_0为晶格参数(晶格常数),因此a_0^3是 Si 晶体晶胞的体积;因子 8 解释了一个事实,即在一个完美的 Si 单晶中,晶胞包含 8 个 Si 原子。

结合式(7.4)和式(7.5)可得

$$m = \frac{8V}{a_0^3} \frac{M_{Si}}{N_A} \tag{7.6}$$

由于 Si 有^{28}Si、^{29}Si 和^{30}Si 三个稳定同位素,摩尔质量由它们的(物质量)加权的同位素摩尔质量之和给出:

$$M_{Si} = \sum_i f_i M_{Si}^i = \sum_i f_i A_r^i M_u \tag{7.7}$$

以 A_r^i 为相对原子质量和 μ 为摩尔质量单位。对于天然 Si,丰度$f_{28} = 0.922$,$f_{29} = 0.047$,$f_{30} = 0.031$。摩尔普朗克常数 $N_A h$ 由下式给出:

$$N_A h = \frac{a^2 c}{2R_\infty} A_r^e M_u \tag{7.8}$$

宏观质量与普朗克常数联系起来[21]:

$$m = \frac{8V}{a_0^3} \frac{2R_\infty h}{c\alpha^2} \sum_i \frac{f_i A_r^i}{A_r^e} \tag{7.9}$$

式中：R_∞ 为里德堡常数；c 为真空中的光速；α 为精细结构常数；A_r^e 为电子的相对原子质量。

注意，阿伏伽德罗常量没有明确给出，然而，阿伏伽德罗实验的名称仍然保留。根据式(7.9)实现千克测量，必须测量单晶的体积、晶格参数和同位素组成。当然，也必须用确定普朗克常数所需的不确定度来测量球体的质量。通过比较彭宁阱中的回旋加速器频率来测量相对原子质量。由于这些量不需要对质量单位进行溯源，所以阿伏伽德罗实验代表了新千克定义的初步实现。在式(7.9)中附加的常数已知具有足够小的不确定性：真空中的光速因此被精确定义。电子的里德堡常数、精细结构常数和相对原子质量分别为 5×10^{-12}、3.2×10^{-10} 和 4×10^{-10} 的相对标准不确定度[22]，因此，它们的不确定性贡献在所需的 10^{-8} 量级可以忽略。

下面将考虑额外的约束条件，详细讨论各类测量。Si 已成为选择的材料，因为它在微电子中使用可以合成大尺寸的高纯度和几乎完美的晶体。然而，鉴于实现新千克定义所需的 10^{-8} 量级的不确定度，必须研究晶体的完整性和纯度[缺陷(空位)和杂质浓度]。经多次浮区结晶提纯后的主要杂质是间质氧和置换碳和硼。它们的浓度可以通过红外光谱测定[23]。空位浓度的可以通过正电子湮没实验获得[24]。

考虑宏观 Si 单晶体积的精确测定，选择了一个球体(图 7.2)，然后通过扫描整个表面的一系列直径测量来确定体积。直径通过光学干涉仪测量[25-26]。图 7.3 显示的是一种特殊构造的球面菲索干涉仪的布局。中心部分由温度控制的真空室组成，其中包含球体和菲索光学元件。干涉仪的两个臂由来自多模光纤的可调谐二极管激光器的平面波光照射。仔细调整菲索目标，使它们的焦点在球体的中心。首先，测量空标准具的直径 D，随后测量球表面与参考表面之间的距离 d_1 和 d_2。然后通过从 D 减去 d_1 和 d_2 获得球的直径 d，利用这种技术，可以根据照

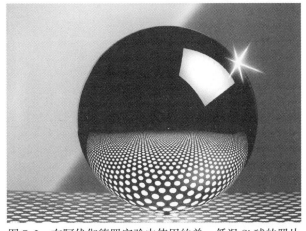

图 7.2　在阿伏伽德罗实验中使用的单一低温 Si 球的照片
注：直径和质量分别约为 10cm、1kg。

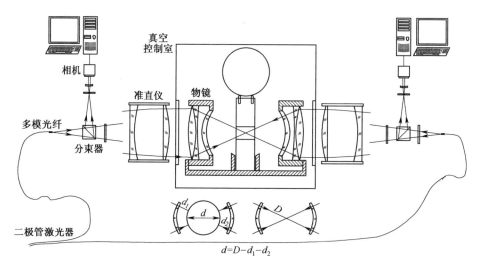

图 7.3 PTB 构建的球面菲索干涉仪示意图

相机系统的分辨率同时测量 10000 个直径。利用完全重叠直径测量,球体可以绕水平轴和垂直轴旋转。可获得的不确定度很大程度上取决于球体形状与干涉仪光的波前匹配程度。因此,高品质的目标和几乎完美的球体的生产是最关键的问题。此外,球体表面通常由不同的表面层覆盖,特别是氧化硅,这不仅需要考虑质量校正,而且需要评估干涉测量结果,因为它们的折射率和相移的折射率不同。

图 7.4 表明的是单晶 Si 球的直径变化。完美球体的峰谷偏差约为 10nm 量级,导致目前体积测定值的不确定度约为 2×10^{-8}[27-28]。

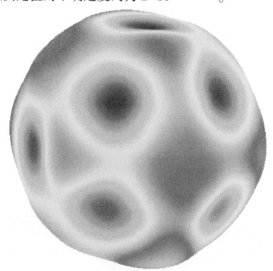

图 7.4 单晶 Si 球的直径变化

如前所述,Si 球的表面层的组成与厚度必须确定用于质量校正和体积确定。需要注意的是,对于质量校正,只有相对于 Si 的各元素的相对质量进入到校正,因此,不需要对质量标准的可追溯性。用于厚度和光学常数测量的标准方法是 X 射线反射(XRR)和光谱椭偏仪(SE)。然而,由于表面层不仅可以包含不同的硅氧化物(SiO_x),而且可能含有化学吸附水和其他污染物。可以应用很多种分析方法,特别是包括 X 射线光电子能谱(XPS)、X 射线荧光(XRF)和近边 X 射线吸收精细结构(NEXAFS)。结合个别实验的结果,能够开发表面层的详细模型[29],并估计其对实验的总不确定度的贡献,目前约为 10^{-8}。

对于格子参数的测量,使用组合的光学和 X 射线干涉仪[30],如图 7.5 所示。X 射线干涉仪符合 Bonse 和哈特的设计[31]。它由三个平行的单晶 Si 板组成,每片厚度约 1mm,并用相同的量隔开。这些板的表面与要测量的格子正交。在 Si 的情况下,$\{2\ 2\ 0\}$ 平面的间距 d_{220} 由于其低吸收而被测量,然后根据 $a_0 = \sqrt{8}\,d_{220}$ 得到格子参数 a_0。

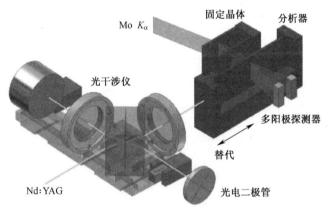

图 7.5　用于测量晶体 Si 晶格常数的组合光学和 X 射线干涉仪的示意布局

X 射线干涉仪的工作原理如图 7.6 所示。由于在晶体平面上的布拉格反射,第一个板(标记为 S)作为入射 X 射线的分束器。另外两个板(M 和 A)作为透射光学元件,其中由板 S 产生的两个平面波在分析器(A 板)的位置由板 M 重新组合。垂直于格子平面方向的分析器引起发射和衍射光束(莫尔效应)的周期调制,其周期为晶格间距 d,并且独立于 X 射线波长。图 7.7 显示了意大利计量研究所(Torino)的 X 射线干涉仪的中心部分[30]。考虑点缺陷对晶格参数的影响,可以确定宏观 Si 球的平均晶格常数,对应于测试器分辨率部分的不确定度为 10^{-9}[30]。

最后,必须确定 Si 原子质量与其特定同位素组成和电子[式(7.9)中 $\sum_i f_i A_r^i / A_r^e$ 因子]的比值,这基本上是对 Si 晶体(如式(7.7))的摩尔质量测定。摩尔质量测定的标准技术是气体质谱法,这当然要求晶体通过化学反应溶解并转

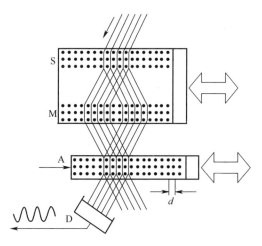

图 7.6 Burth-HART X 射线干涉仪的工作原理

注:标记为 S、M 和 A 的三个单晶板分别用作入射 X 射线的分束器和透射光学元件。晶体平面由表示原子位置的黑点表示(不按比例)。晶体板必须具有相同的厚度,它们之间的间距必须是相同的。

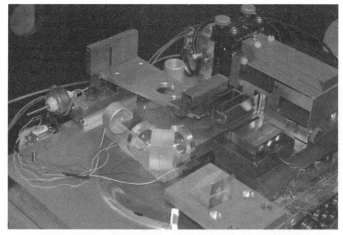

图 7.7 照片的中央部分是 INRIM X 射线干涉仪显示 Si 晶体板的中心部分

注:实验在温度稳定的真空室中进行。MoK_α X 射线源和碘稳定的单模 He-Ne 激光分别用于 X 射线和光学干涉仪。

移到气态化合物中[32-33]。事实上,它是在阿伏伽德罗常量确定的框架中,天然 Si 摩尔质量测定的约 $3×10^{-7}$ 的不确定度将可实现的总不确定度限制在约 10^{-7} [34]。这是一项国际研究工作的开始,即生产具有高度富集的 ^{28}Si 高纯度单晶[35],其中 ^{29}Si 和 ^{30}Si 仅对摩尔质量进行小的校正。事实上,对于具有 $f_{28} \approx 0.9999$ 的晶体,与自然 Si[36]相比,摩尔质量的不确定度原则上可以减少几个数量级。

在俄罗斯圣彼得堡的科学技术中心(Centrotech)中,通过离心分离富集SiF_4气体开始生产高质量的^{28}Si单晶,从中转化成SiH_4后,在俄罗斯诺夫哥罗德科学院高纯度物质的化学(IICPS RAS)研究所产生了多晶。最后,在德国柏林的莱布尼茨晶体生长研究所(IKZ)中,通过浮区(FZ)单晶生长将多晶转变成5 kg^{28}Si单晶。在澳大利亚的CSIRO[37]实验室中,单晶棒产生了两个精确的球体,用于随后确定阿伏伽德罗常量[27-28]。

然而,必须测量富集的^{28}Si的摩尔质量,这是通过改进的同位素稀释质谱法(IDMS)结合多接收器感应耦合等离子体(ICP)质谱仪[38]来完成的。在IDMS中,将待测定物质的同位素的尖峰添加到待分析的样品中。由于同位素标记物质和非标记物质的化学行为是相同的,质谱仪信号的峰值比反映了两者的质量比。由于在添加前可以测量尖峰的质量,这可以作为校准,并且可以确定未知质量分数。富集的^{28}Si晶体的IDMS摩尔质量测定的基本思想是将样品中的^{29}Si和^{30}Si的总和作为虚拟元素。用比为$R(^{30}Si/^{29}Si) \sim 1$的混合物制备用于校准的样品,并将高浓缩的$^{30}Si$晶体的尖峰加入样品中,然后通过测量原始和加标样品中的量比$R(^{30}Si/^{29}Si)$来确定所有三种同位素的质量分数。[39-41]这一过程避免了明确地测量非常小的比$R(^{29}Si/^{28}Si)$和$R(^{30}Si/^{28}Si)$,这几乎不能用所要求的精度来测量[39]。用这种新方法,用8.2×10^{-9}的分数不确定度确定了富集的Si晶体的摩尔质量[39]。

在此基础上,用富^{28}Si单晶进行阿伏伽德罗实验,有可能初步实现不确定度$\leq 2 \times 10^{-8}$的千克新定义,从而满足单位咨询委员会(CCU)和CIPM的要求。值得一提的是,生产高质量的^{28}Si晶体不仅促进了未来的大规模计量,而且促进了其他领域的科学,如量子信息技术[42]。

7.2 瓦特天平实验

瓦特天平实验[43-46]也提供了宏观质量与普朗克常数之间的直接联系。它将机械功率和电功率做了比较。这个实验的基本思想首先由Kibble[47]在英国NPL提出[48],同时由Kibble和美国盖瑟斯堡NBS/NIST的Olsen等实现[49-50]。

瓦特天平实验分两个阶段进行,实验原理如图7.8所示。考虑两个线圈:一个(线圈1)载流I_1,是固定的;另一个(线圈2)载流I_2,可在垂直方向上移动(图7.8的左上部分)。施加在可移动线圈上的力的垂直分量F_z由下式给出:

$$F_z = I_2 \frac{\partial \Phi_{12}}{\partial z} \tag{7.10}$$

式中:$\partial \Phi_{12}/\partial z$为由电流通过线圈1产生的磁通量的垂直梯度。

这种力可以通过将线圈2用适当的质量连接到平衡负载,使得$mg = -F_z$(g是

局部重力加速度)来实现平衡(力模式),则

$$mg = -I_2 \frac{\partial \Phi_{12}}{\partial z} \quad (7.11)$$

在第二阶段(速度模式)中,第二线圈为开路,当以恒定速度 V_z 垂直移动时,测量感应电压。然后可以给出感应电压

$$U_2 = -\frac{\partial \Phi_{12}}{\partial t} = -\frac{\partial \Phi_{12}}{\partial z}\frac{\partial z}{\partial t} = -\frac{\partial \Phi_{12}}{\partial z} v_z \quad (7.12)$$

结合式(7.11)和式(7.12)可得

$$mgv_z = I_2 U_2 \quad (7.13)$$

(后面下标2将被取消。)这个等式等于机械功率和电功率,这反映在瓦特天平标签中。

对于如图 7.8 的右手部分所示的几何形状,得到了同样的结果,其中具有线长 L 的线圈被放置在水平的纯径向磁场 B_r 中。在式(7.10)~式(7.12)的 $\partial \Phi_{12} / \partial z$ 由 $-B_r L$ 代替。

除了 BIPM 实验(见后面)分为这两个阶段,其实际上是电功率和机械功率的虚拟比较。然而,式(7.10)实际上只是矢量方程的一个分量。忽略其他成分意味着对实验的校准有巨大的限制。

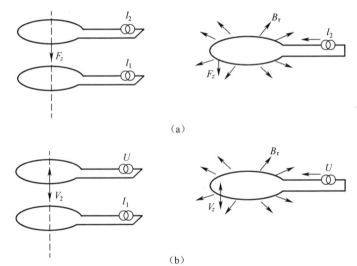

图 7.8 瓦特天平实验原理
(a)力模式;(b)速度模式。

如果用约瑟夫森电压标准测量电压 U,则可以表示为(参见第 4 章)

$$U = C_1 U_{J,1} = C_1 i f_{J,1} K_J^{-1} = C_1 i f_{J,1}\left(\frac{h}{2e}\right) \quad (7.14)$$

式中：i 是整数（夏皮罗步数）；f_{J1} 为约瑟夫森频率；K_J 为约瑟夫森常数；C_1 为校正因子。

当一个电阻器 R 上的电压下降，电流 I 可以被测量。根据约瑟夫森和 R_K 分别测量电压和电阻，可得

$$I = \frac{U}{R} = \frac{C_2 U_{J,2}}{C_3 \frac{1}{n} R_K} = \frac{C_2 i f_{J,2} \left(\frac{h}{23}\right)}{C_3 \frac{1}{n} \left(\frac{h}{e^2}\right)} = \frac{C_2}{C_3} jn \frac{e}{2} f_{J,2} \tag{7.15}$$

式中：j、n 为整数，j 为各自的夏皮罗阶，n 为量子霍耳稳态（填充因子）。

结合式(7.13)~式(7.15)，则有

$$m = \frac{C}{4} f_{J,1} f_{J,2} \frac{h}{g v_z} \tag{7.16}$$

式中：C 为与整数 i、j 和 n 相乘的不同校准因子的组合。

式(7.16)是在阿伏伽德罗实验中，宏观质量与对应于式(7.9)的普朗克常数相关的基本瓦特天平方程。因为式(7.16)的右边的数量都不需要对质量标准进行溯源，所以瓦特天平实验也是千克的主要实现手段。然而必须指出的是，K_J 和 R_K 分别是 $2e/h$ 和 h/e^2。这再次指出计量三角形实验的重要性（见 6.3 节）。因此，在瓦特天平实验中给出了夏皮罗阶跃 i 和 j 的数目以及在校准中使用的填充因子 n，要测量的量是约瑟夫森频率 f_{J1} 和 f_{J2}、重力加速度 g 和速度 V_z。对于普朗克常数的测定，也必须测量质量。

瓦特天平实验的基本要素如下[44]。

(1) 一个合适的满足所需校准的天平（对准程序的详细描述参见文献[51]）。

(2) 一个磁铁，用来提供的磁通量，可以是永磁体、电磁体（主要是超导螺线管）或者两者的组合。

(3) 速度测量装置。为此，线圈的运动由干涉仪检测，通常在真空中操作，以避免由于空气折射率引起的不确定性。

(4) 约瑟夫森和量子霍耳标准，用于测量力模中的电流和在速度模式下线圈中感应的电压。

(5) 重力仪，用来测量重力加速度及其空间特性。

此外，需要传感器和探测器来监测和控制对准。

在本书编写时，世界各地的 7 个实验室在运行或正在建设瓦特天平实验，即美国国家标准与技术研究院（NIST）、加拿大国家研究委员会（NRC）、瑞士联邦计量研究院（METAS）、法国国家计量研究院（LNE）、新西兰测量标准实验室（MSL）、韩国标准科学研究院（KRISS）和 BIPM。虽然基于前面描述的相同的基本原理，但它们在其具体设计上有所不同，如文献[44-46]中详细描述的。一个例子是图 7.9 中所示的 NIST 瓦特天平（NIST-3）[52-54]。在本发明中，安装了提供磁通密度为 0.1T 的径向

磁场的超导磁体,并且使用具有 1kg 的测试质量的车轮平衡。原始的 NPL 瓦特天平使用束天平和永久磁铁[48]。在 NPL 停止瓦特天平项目的决定之后,NPL Mark II 瓦特天平的最新版本被转移到 NRC,并在 2012 年报告了第一个结果[55]。

METAS 瓦特天平的具体特征是分离力和速度模式,使用 100g 测试质量而不是 1kg。此外,使用由 SmCo 永磁体的两个扁极产生的平行且均匀的水平磁场[44]。第一个结果已由 Eichenberger 等[56]报道。

LNE 瓦特天平实验[57-58]使用原子干涉法进行重力测量[59],这是一个特殊的引导阶段,以确保线圈沿垂直轴的运动,以及一个可编程的约瑟夫森阵列,它与可编程偏置源相关联作为电压基准[60]。

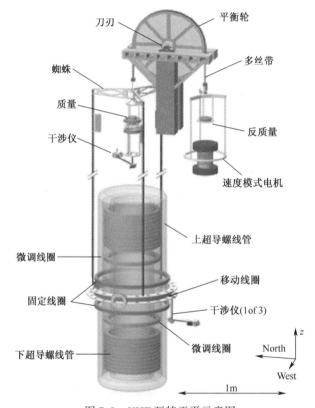

图 7.9 NIST 瓦特天平示意图

注:该磁场由两个串联对置的超导螺线管产生,在移动线圈半径约为 0.1T 时产生磁通密度。修整线圈用于实现场的 1/r 依赖性。

BIPM 瓦特天平的具体方法是同时执行力模式和速度模式[61-62],该方案中的一个主要挑战是将由于线圈运动引起的感应电压与由于同时流动的平衡电流引起的电阻压降分开。克服这种情况的一种方法是采用超导运动线圈[63]。在力模式下通过线圈驱动的平衡电流不会引起电压降,而测量的电压完全是由速度模式的感应电压引起的。然而,在 BIPM 中的当前工作集中在一个室温版本的开发上,它能够进行同时运作(一个阶段)和常规的双相位操作[45,62]。

在这一点上,METAS、NPL、NIST 和 NRC 报告了普朗克常数的值,其不确定度为 1.9×10^{-8}(NRC)[64] ~ 2.9×10^{-7}(META)[56]的范围内。然而,目前的个别结果是不完全一致的。进一步的实验肯定会解决这个问题,那么瓦特天平也有可能是一个新的千克定义的初步实现。

为了完整性,在中国计量科学研究院的上述实验(称为焦耳天平)必须包括在这里,尽管它不同于迄今讨论的瓦特天平实验。它依据电测功机的设计,并在仅等于线圈的两个已知垂直位置之间的磁能差和重力势能差[65]的力模式下工作。由两个彼此平行排列的线圈产生的电磁力来补偿试验质量的重量,这需要确定两个线圈之间的互感。到目前为止,普朗克常数的不确定度已经达到 8.9×10^{-6},还会有改进[66]。

综上所述,目前至少有两个实验根据其新定义、瓦特天平和阿伏伽德罗实验来实现千克这一单位。然而,这两个都是大规模的实验,可能无法提供二级标准的日常校准。因此,2011 年的 CGPM 鼓励 BIPM 开发一个参考标准池,以便于重新定义后的质量单位的传播[67]。该池将包括 Pt/Ir 以及在特殊条件下存储的 Si 球参考质量。根据这些参考质量,通过给它们每一个反映其稳定性的统计权重,集合的平均质量将被计算。通过校准一个或多个参考质量来实现新定义的可追溯性。然后,该组合将用于世界范围内的千克传播,因此,在某种意义上,将取代旧的国际千克原器。

7.3 摩尔:物质的量单位

摩尔是物质的量单位和 SI 的基本单位之一,也称为"化学家的 SI 单位",尽管化学家们对摩尔的有用性存在争议。它用于在热力学意义上量化实体的集合(如理想气体方程 $pV=nRT$),并量化化学计量化学反应中的实体[68]。本定义是基于 ^{12}C 摩尔质量的固定值 $M(^{12}C)$:

$$M(^{12}C) = A_r(^{12}C)M_u = 0.012\text{kg/mol} \tag{7.17}$$

式中:$A_r(^{12}C)$ 和 $M_u = 10^{-3}$kg/mol 分别为 ^{12}C 摩尔质量和相对原子质量单位。这个定义把摩尔和千克联系起来。在提出的新定义中,通过固定阿伏伽德罗常量 N_A 的数值设定摩尔的大小。然后,摩尔是包含 N_A 指定实体的系统的物质的量。因此,放弃了对千克定义的依赖。然而,作为结果,^{12}C 的摩尔质量不再是精确的,但其不确定度等于摩尔质量单位 μ 的不确定度。M_u 的不确定度可以在重写式(7.8)的基础上进行分析:

$$M_{\mathrm{u}} = \frac{2N_{\mathrm{A}}h}{c} \frac{R_{\infty}}{\alpha^2 A_{\mathrm{r}}^{\mathrm{e}}} \tag{7.18}$$

由于 N_{A}、h 和 c 在新的 SI 中是精确的，不确定度将由第二个因子给出，并且由于 $m_{\mathrm{e}} = 2hR_{\infty}/c\alpha^2$，它等于电子质量 m_{e} 的不确定度，根据 2010 年 CODATA 评价[22]，这个值为 4.4×10^{-8}。一般来说，这只会对任何原子或分子 X 的摩尔质量不确定度产生轻微的影响

$$M(X) = A_{\mathrm{r}}(X) M_{\mathrm{u}} \tag{7.19}$$

以及最广泛使用的方法来确定物质的量 n，通过称重方式，根据

$$n = \frac{m}{A_{\mathrm{r}}(X) M_{\mathrm{u}}} \tag{7.20}$$

摩尔的实现仍将通过如文献[69]中所描述的主要直接方法来实现。因此，从本质上讲，化学家的日常生活是不会改变的，然而新定义将增加新 SI 的一致性，并明确物质的量和质量之间的区别。

参考文献

[1] Quinn, T. (2012) *From Artifacts to Atoms*, Oxford University Press, Oxford, New York.

[2] Davis, R. (2003) The SI unit of mass. *Metrologia*, **40**, 299–305.

[3] Planck, M. (1900) Zur Theorie des Gesetzes der Energieverteilung im Normalspektrum. *Verh. Dtsch. Phys. Ges.*, **2**, 237–245 (in German).

[4] Flowers, J. and Petley, B. (2004) in *Astrophysics, Clocks and Fundamental Constants* (eds S.G. Karshenboim and E. Peik), Springer, Berlin, Heidelberg, pp. 75–93.

[5] Lévy-Leblond, J.-M. (1979) in *Problems in the Foundations of Physics; Proceedings of the International School of Physics "Enrico Fermi" Course LXXXII* (ed G. Toraldo di Francia), North Holland, Amsterdam, pp. 237–263.

[6] Okun, L.B. (2004) in *Astrophysics, Clocks and Fundamental Constants* (eds S.G. Karshenboim and E. Peik), Springer, Berlin, Heidelberg, pp. 57–74.

[7] Resolution CCM/13-31a *http://www.bipm.org/cc/CCM/Allowed/14/31a_Recommendation_CCM_G1%282013%29.pdf* (accessed 15 November 2014).

[8] Clothier, W.K., Sloggett, G.J., Bairnsfather, H., Currey, M.F., and Benjamin, D.J. (1989) A determination of the volt. *Metrologia*, **26**, 9–46.

[9] Bego, V., Butorac, J., and Illic, D. (1999) Realization of the kilogram by measuring at 100 kV with the voltage balance ETF. *IEEE Trans. Instrum. Meas.*, **48**, 212–215.

[10] Funck, T. and Sienknecht, V. (1991) Determination of the volt with the improved PTB voltage balance. *IEEE Trans. Instrum. Meas.*, **40**, 158–161.

[11] Li, S., Zhang, Z., He, Q., Li, Z., Lan, J., Han, B., Lu, Y., and Xu, J. (2013) A proposal for absolute determination of inertial mass by measuring oscillation periods based on the

quasielastic electrostatic force. *Metrologia*, **50**, 9-14.

[12] Frantsuz, E.T., Gorchakov, Y.D., and Khavinson, V.M. (1992) Measurements of the magnetic flux quantum, Planck constant, and elementary charge at VNIIM. *IEEE Trans. Instrum. Meas.*, **41**, 482-485.

[13] Frantsuz, E.T., Khavinson, V.M., Genevès, G., and Piquemal, F. (1996) A proposed superconducting magnetic levitation system intended to monitor stability of the unit of mass. *Metrologia*, **33**, 189-196.

[14] Shiota, F. and Hara, K. (1987) A study of a superconducting magnetic levitation system for an absolute determination of the magnetic flux quantum. *IEEE Trans. Instrum. Meas.*, **36**, 271-274.

[15] Shiota, F., Miki, Y., Fujii, Y., Morokuma, T., and Nezu, Y. (2000) Evaluation of equilibrium trajectory of superconducting magnetic levitation system for the future kg unit of mass. *IEEE Trans. Instrum. Meas.*, **49**, 1117-1121.

[16] Becker, P. (2001) History and progress in the accurate determination of the Avogadro constant. *Rep. Prog. Phys.*, **64**, 1945-2008.

[17] Becker, P. and Bettin, H. (2011) The Avogadro constant: determining the number of atoms in a single-crystal ^{28}Si sphere. *Philos. Trans. R. Soc. London, Ser. A*, **369**, 3925-3935.

[18] Becker, P. (2003) Tracing the definition of the kilogram to the Avogadro constant using a silicon single crystal. *Metrologia*, **40**, 366-375.

[19] Gläser, M. (2003) Tracing the atomic mass unit to the kilogram by ion accumulation. *Metrologia*, **40**, 376-386.

[20] Schlegel, C., Scholz, F., Gläser, M., Mecke, M., and Bethke, G. (2007) Accumulation of 38 mg of bismuth in a cylindrical collector from a 2.5 mA ion beam. *Metrologia*, **44**, 24-28.

[21] Stenger, J. and Göbel, E.O. (2012) The silicon route to a primary realization of the new kilogram. *Metrologia*, **49**, L25-L27.

[22] Mohr, P.J., Taylor, B.N., and Newell, D.B. (2012) CODATA recommended values of the fundamental physical constants: 2010. *Rev. Mod. Phys.*, **84**, 1527-1605.

[23] Zakel, S., Wundrack, S., Niemann, H., Rienitz, O., and Schiel, D. (2011) Infrared spectrometric measurement of impurities in highly enriched ^{28}Si. *Metrologia*, **48**, S14-19.

[24] Gebauer, J., Rudolf, F., Polity, A., Krause-Rehberg, R., Martin, J., and Becker, P. (1999) On the sensitivity limit of positron annihilation: detection of vacancies in as-grown silicon. *Appl. Phys. A*, **68**, 411-416.

[25] Kuramoto, N., Fujii, K., and Yamazawa, K. (2011) Volume measurement of ^{28}Si spheres using an interferometer with a flat etalon to determine the Avogadro constant. *Metrologia*, **48**, S83-95.

[26] Bartl, G., Bettin, H., Krystek, M., Mai, T., Nicolaus, A., and Peter, A. (2011) Volume determination of the Avogadro spheres of highly enriched ^{28}Si with a spherical Fizeau interferometer. *Metrologis*, **48**, S96-103.

[27] Andreas, B., Azuma, Y., Bartl, G., Becker, P., Bettin, H., Borys, M., Busch, I., Gray, M., Fuchs, P., Fujii, K., Fujimoto, H., Kessler, E., Krumrey, M., Kuetgens, U., Kuramoto, N., Mana, G., Manson, P., Massa, E., Mizushima, S., Nicolaus, A., Picard, A., Pramann, A., Rienitz, O., Schiel, D., Valkiers, S., and Waseda, A. (2011) Determination of the

Avogadro constant by counting the atoms in a 28 Si crystal. *Phys. Rev. Lett.*, **106**, 030801-1-030801-4.

[28] Andreas, B., Azuma, Y., Bartl, G., Becker, P., Bettin, H., Borys, M., Busch, I., Fuchs, P., Fujii, K., Fujimoto, H., Kessler, E., Krumrey, M., Kuetgens, U., Kuramoto, N., Mana, G., Massa, E., Mizushima, S., Nicolaus, A., Picard, A., Pramann, A., Rienitz, O., Schiel, D., Valkiers, S., Waseda, A., and Zakel, S. (2011) Counting the atoms in a ^{28}Si crystal for a new kilogram definition. *Metrologia*, **48**, S1-13.

[29] Busch, I., Azuma, Y., Bettin, H., Cibik, L., Fuchs, P., Fujii, K., Krumrey, M., Kuetgens, U., Kuramoto, N., and Mizushima, S. (2011) Surface layer determination for the Si spheres of the Avogadro project. *Metrologia*, **48**, S62-82.

[30] Massa, E., Mana, G., Kuetgens, U., and Ferroglio, L. (2011) Measurement of the {220} lattice-plane spacing of a ^{28}Si x-ray interferometer. *Metrologia*, **48**, S37-43.

[31] (a) Bonse, U. and Hart, M. (1965) An x-ray interferometer. *Appl. Phys. Lett.*, **6**, 155-156; (b) Bonse, U. and Hart, M. (1965) Principles and design of Lauecase x-ray interferometer. *Z. Phys.*, **188**, 154-164.

[32] De Bièvre, P., Lenaers, G., Murphy, T.J., Peiser, H.S., and Valkiers, S. (1995) The chemical preparation and characterization of specimens for "absolute" measurements of the molar mass of an element, exemplified by silicon, for redeterminations of the Avogadro constant. *Metrologia*, **32**, 103-110.

[33] Bulska, E., Drozdov, M.N., Mana, G., Pramann, A., Rienitz, O., Sennikov, P., and Valkiers, S. (2011) The isotopic composition of enriched Si: a data analysis. *Metrologia*, **48**, S32-36.

[34] Becker, P., Bettin, H., Danzebrink, H.-U., Gläser, M., Kuetgens, U., Nicolaus, A., Schiel, D., DeBievere, P., Valkiers, S., and Taylor, P. (2003) Determination of the Avogadro constant via the silicon route. *Metrologia*, **40**, 271-287.

[35] Becker, P., Schiel, D., Pohl, H.-J., Kaliteevski, A.K., Godisov, O.N., Churbanov, M.F., Devyatykh, G.G., Gusev, A.V., Bulanov, A.D., Adamchik, S.A., Gavva, V.A., Kovalev, I.D., Abrosimov, N.V., Hallmann-Seiffert, B., Riemann, H., Valkiers, S., Taylor, P., DeBievre, P., and Dianov, E.M. (2006) Large-scale production of highly enriched ^{28}Si for the precise determination of the Avogadro constant. *Meas. Sci. Technol.*, **17**, 1854-1860.

[36] Becker, P., Friedrich, H., Fujii, K., Giardini, W., Mana, G., Picard, A., Pohl, H.-J., Riemann, H., and Valkiers, S. (2009) The Avogadro constant determination via enriched silicon-28. *Meas. Sci. Technol.*, **20**, 092002-1-092002-20.

[37] Leistner, A. and Zosi, G. (1987) Polishing a 1 kg silicon sphere for a density standard. *Appl. Opt.*, **26**, 600-601.

[38] Rienitz, O., Pramann, A., and Schiel, D. (2010) Novel concept for the mass spectrometric determination of absolute isotopic abundances with improved measurement uncertainty: part I. theoretical derivation and feasibility study. *Int. J. Mass Spectrom.*, **289**, 47-53.

[39] Pramann, A., Rienitz, O., Schiel, D., Schlote, J., Güttler, B., and Valkiers, S. (2011) Molar mass of silicon highly enriched in ^{28}Si determined by IDMS. *Metrologia*, **48**, S20-25.

[40] Mana, G. and Rienitz, O. (2010) The calibration of Si isotope-ratio measurements. *Int. J. Mass Spectrom.*, **291**, 55–60.

[41] Mana, G., Rienitz, O., and Pramann, A. (2010) Measurement equations for the determination of the Si molar mass by isotope dilution mass spectrometry. *Metrologia*, **47**, 460–463.

[42] Saeedi, K., Simmons, S., Salvali, J.Z., Dluhy, P., Riemann, H., Abrosimov, N.V., Becker, P., Pohl, H.-J., Morton, J.L., and Thewalt, M.L.W. (2013) Roomtemperature quantum bit storage exceeding 39 minutes using ionized donors in Silicon-28. *Science*, **342**, 830–833.

[43] Eichenberger, A., Jeckelmann, B., and Richard, P. (2003) Tracing Planck's constant to the kilogram by electromechanical methods. *Metrologia*, **40**, 356–365.

[44] Eichenberger, A., Genevès, G., and Gournay, P. (2009) Determination of the Planck constant by means of a watt balance. *Eur. Phys. J. Spec. Top.*, **172**, 363–383.

[45] Stock, M. (2011) The watt balance: determination of the Planck constant and redefinition of the kilogram. *Philos. Trans. R. Soc. London*, Ser. A, **369**, 3936–3953.

[46] Special issue *Watt and joule balances, the Planck constant and the kilogram*, (Robinson, I.A. (Ed.)) (2014) *Metrologia*, **51**(2).

[47] Kibble, B.P. (1976) in *Atomic Masses and Fundamental Constants*, vol. **5** (eds J.H. Sanders and A.H. Wapstra), Plenum Press, New York, pp. 545–551.

[48] Kibble, B.P., Robinson, I.A., and Bellis, J.H. (1990) A realization of the SI watt by the NPL moving-coil balance. *Metrologia*, **27**, 173–192.

[49] Olsen, P.T., Bower, V.E., Phillips, W.D., Williams, E.R., and Jones, G.R. (1985) The NBS absolute ampere experiment. *IEEE. Trans. Instrum. Meas.*, **34**, 175–181.

[50] Olsen, P.T., Elmquist, R.E., Phillips, W.D., Williams, E.R., Jones, G.R., and Bower, V.E. (1989) A measurement of the NBS electrical watt in SI units. *IEEE Trans. Instrum. Meas.*, **38**, 238–244.

[51] Robinson, I.A. and Kibble, B.P. (2007) An initial measurement of Planck's constant using the NPL Mark II watt balance. *Metrologia*, **44**, 427–440.

[52] Schlamminger, S., Haddad, D., Seifert, F., Chao, L., Newell, D.B., Liu, R., Steiner, R.L., and Pratt, J.R. (2014) Determination of the Planck constant using a watt balance with a superconducting magnet system at the National Institute of Standards and Technology. *Metrologia*, **51**, S15–S24.

[53] Steiner, R., Newell, D., and Williams, E. (2005) Details of the 1998 watt balance experiment determining the Planck constant. *J. Res. Natl. Inst. Stand. Technol.*, **110**, 1–26.

[54] Steiner, R.L., Williams, E.R., Newell, D.B., and Liu, R. (2005) Towards an electronic kilogram: an improved measurement of the Planck constant and electron mass. *Metrologia*, **42**, 431–441.

[55] Steele, A.G., Meija, J., Sanchez, C.A., Yang, L., Wood, B.M., Sturgeon, R.E., Mester, Z., and Inglis, A.D. (2012) Reconciling Planck constant determinations via watt balance and enriched-silicon measurements at NRC Canada. *Metrologia*, **49**, L8–10.

[56] Eichenberger, A., Baumann, H., Jeanneret, B., Jeckelmann, B., Richard, P., and Beer, W. (2011) Determination of the Planck constant with the METAS watt balance. *Metrologia*, **48**,

133-141.

[57] Geneves, G., Gournay, P., Gosset, A., Lecollinet, M., Villar, F., Pinot, P., Juncar, P., Clairon, A., Landragin, A., Holleville, D., Dos Santos, F.P., David, J., Besbes, M., Alves, F., Chassagne, L., and Topcu, S. (2005) The BNM Watt balance project. *IEEE Trans. Instrum. Meas.*, **54**, 850–853.

[58] Gournay, P., Geneves, G., Alves, F., Besbes, M., Villar, F., and David, J. (2005) Magnetic circuit design for the BNM Watt balance experiment. *IEEE Trans. Instrum. Meas.*, **54**, 742–745.

[59] Pereira dos Santos, F., Le Gouet, J., Mehlstäubler, T., Merlet, S., Holleville, D., Clairon, A., and Landragin, A. (2008) Gravimètre à atoms froids. *Rev. Fr. Métrol.*, **13**, 33–40, (in French).

[60] Maletras, F.-X., Gournay, P., Robinson, I.A., and Geneves, G. (2007) A bias source for dynamic voltage measurements with a programmable Josephson junction array. *IEEE Trans. Instrum. Meas.*, **56**, 495–499.

[61] Picard, A., Bradley, M.P., Fang, H., Kiss, A., de Mirandes, E., Parker, B., Solve, S., and Stock, M. (2011) The BIPM watt balance: improvements and developments. *IEEE Trans. Instrum. Meas.*, **60**, 2378–2386.

[62] Fang, H., Kiss, A., Picard, A., and Stock, M. (2014) A watt balance based on a simultaneous measurement scheme. *Metrologia*, **51**, S80–S87.

[63] de Mirandes, E., Zeggah, A., Bradley, M.P., Picard, A., and Stock, M. (2014) Superconducting moving coil system to study the behaviour of superconducting coils for a BIPM cryogenic watt balance. *Metrologia*, **51**, S123–S131.

[64] Sanchez, C.A., Wood, B.M., Green, R.G., Liard, J.O., and Inglis, D. (2014) A determination of Planck's constant using the NRC watt balance. *Metrologia*, **51**, S5–S14.

[65] Zhang, Z., He, Q., Li, Z., Lu, Y., Zhao, J., Han, B., Fu, Y., Li, C., and Li, S. (2011) Recent development on the joule balance at NIM. *IEEE Trans. Instrum. Meas.*, **60**, 2533–2538.

[66] Zhang, Z., He, Q., Lu, Y., Lan, J., Li, C., Li, S., Xu, J., Wang, N., Wang, G., and Gong, H. (2014) The joule balance in NIM of China. *Metrologia*, **51**, S25–S31.

[67] BIPM *www.bipm.org/en/scientific/mass/pool_artefacts/* (accessed 15 November 2014).

[68] Milton, M.J.T. and Mills, I.M. (2009) Amount of substance and the proposed new definition of the mole. *Metrologia*, **46**, 332–338.

[69] Milton, M.J.T. and Quinn, T.J. (2001) Primary methods for the measurement of amount of substance. *Metrologia*, **38**, 289–296.

第8章
玻尔兹曼常量与新开尔文

正如已经在2.2节中指出的,热力学温度单位开尔文的当前定义是基于材料而言,即水三相点(TPW)温度。TPW是温度(273.16K)和压力(611.73 Pa)状态,其中所有三个状态下的水,即液体、固体(冰)和蒸汽共存。虽然理想的TPW可以认为是自然界的常数,但实际上,它的精确温度取决于许多参数,如同位素组成、纯度等,这些参数常常难以精确地定量。然而,根据目前的开尔文定义,TPW的温度总是精确地为273.16K。通过定义所使用的水的同位素组成,已经考虑了同位素组成的影响[1]。同位素比值的测定也表现出不确定性,纯度和时间变化是很难绝对确定的,很明显,这与第7章所讨论的千克不同。目前,很可能实现TPW 10^{-7}量级的不确定度。

在新的SI中,通过材料定义的开尔文将被替换,为将其追溯到与SI其他基本单位的变化一致的基本常数上。由于在物理学定律中,温度经常以热能 $k_B T$ 的形式出现。以玻尔兹曼常量 k_B 作为参考似乎是自然的, k_B 由国际计量委员会(CIPM)提出,并由2011年第二十四届计量大会规定[2]。但是,为了使从当前单位到新定义的单位的过渡尽可能平稳,必须在TPW温度下以尽可能高的精度确定玻尔兹曼常量。实际上,CIPM的温度咨询委员会(CCT)规定了必须达到 1×10^{-6} 量级的不确定度,包括至少两种不同的主要测温方法[3]。

开尔文的新定义将温度单位与能量单位焦耳($1J=1kg\cdot m^2/s^2$)联系起来。温度单位与本定义之外的特定温度无关。当单位在缩放到非常高和低的温度下定义时,这种定义是特别有利的。

8.1 基本温度计

对于基本温度计,测量温度和热力学温度之间的关系是在必要的不确定度下明确已知的或可计算的,并且不包含任何其他的温度依赖性的量和常数。与玻尔兹曼常量的确定和新开尔文的实现有关的常见的基本温度计,如定容气体温度计

(CVGT)、折射率气体温度计(RIGT),以及最近发展起来的介电常数气体温度计(DCGT)是基于热状态方程。另一种基于测量声速的气体温度计,即声学气体温度计(AGT),在精确地确定玻尔兹曼常量[4]的情况下也受到了极大的关注。下面将简要描述 DCGT 和 AGT 以及辐射温度计(总辐射和光谱辐射)。在量子计量学的框架中,将考虑基于分子吸收光谱的温度计(多普勒展宽温度计(DBT)法)和库仑阻塞温度计(CBT)和噪声温度计。其他与玻尔兹曼常量的测定不太相关主要的温度计,如磁温度计,这里将不作讨论,可参见文献[5-6]。

许多基本温度计的基础原理由理想气体的热状态方程给出:

$$pV = nRT = Nk_B T \qquad (8.1)$$

式中:p、V 和 T 分别为压力、体积和温度的状态变量;n 为物质的量;N 为粒子的数量;R 为气体常数,$R=k_B N_A$(N_A 是阿伏伽德罗常量,参见第 7 章)。

然而,即使针对稀有气体,特别是在 TPW 温度下的属性类似于理想气体,为了精确地确定玻尔兹曼常量,还必须考虑理想气体属性的最小偏差。通常是在恒定温度下测量(如压力)对气体密度的依赖性实现的。这些等温线根据位力展开,并且可以进行零密度的外推。

$$pV = nRT(1 + B(T)/V_m + C(T)/V_m^2 + \cdots) \qquad (8.2)$$

式(8.2)中的 $B(T)$ 和 $C(T)$ 分别为第二和第三密度位力系数;V_m 为摩尔体积,$V_m = V/n$。对于绝对体积等温线 CVGT,随后在恒定温度下用不同量的气体填充恒定体积以获得不同的压力。从 $(pV)/n$ 与 $1/V_m$ 的图中,可以根据式(8.2)直接获得乘积 RT。然而,我们将不再进一步的讨论 CVGT,因为可实现的不确定度受限于 10^{-5} 量级[4]。

8.1.1 介电常数气体温度计

DCGT 是基于相对介电常数的 Clausius-Mossotti 关系,根据方程

$$\frac{\varepsilon_r - 1}{\varepsilon_r + 2} = \frac{N}{V} \frac{\alpha_0}{3\varepsilon_0} \qquad (8.3)$$

式中:介电常数 ε_0 是在当前 SI 中精确定义的。用理想气体的状态方程(式(8.1))代替式(8.3)中的数密度(N/V),考虑到 $\varepsilon_r \varepsilon_0 = \varepsilon$ 对于理想气体是有效的,则有

$$p = \frac{kT(\varepsilon - \varepsilon_0)}{\alpha_0} \qquad (8.4)$$

介电常数是通过容量测量来确定的。因此,在 DCGT 实验中,必须测量在恒定温度下包含测量气体的电容器的电容的压力依赖性。此外,极化率也必须用已知的不确定度来表示。这实际上对于 ^{4}He 是满足的,其中 ab initio QED 计算的 α_0 同时实现了低于 10^{-6} 的不确定度[7]。正如前面已经说过的,为了精确地确定 k_B,必须考虑偏离理想气体的行为。将位力展开(式(8.2))与 Clausius-Mossotti 关系(式

(8.3))结合,然后有[4]

$$p \approx \frac{\chi}{\frac{3A_t}{RT} + \kappa_{\text{eff}}} \left[1 + \frac{B(T)}{3A_\varepsilon}\chi + \frac{C(T)}{(3A_\varepsilon)^2} + \cdots \right] \quad (8.5)$$

式中:χ 为介电极化率,$\chi = (\varepsilon/\varepsilon_0 - 1)$;$A_\varepsilon$ 为摩尔极化率,$A_\varepsilon = N_A\alpha_0/3\varepsilon_0$;$\kappa_{\text{eff}}$ 为用于测量 χ 电容的有效可压缩性,考虑到其尺寸随压力的变化[8]。

电容的相对变化为

$$\frac{C(p) - C(0)}{C(0)} = \chi + \frac{\varepsilon}{\varepsilon_0}\kappa_{\text{eff}}p \quad (8.6)$$

式中:$C(p)$、$C(0)$ 分别为在恒温下测量充气和真空电容器的电容。

从在 TPW 下多项式拟合的 p 对 $(C(p)-C(0))/C(0)$,从而得到 $3A_\varepsilon/RT_{\text{TPW}}$ 和玻尔兹曼常量。然而,由于气体的极小磁化率(如对于在 TPW 和 0.1MPa 的 He,$\chi \approx 7 \times 10^{-5}$),这些测量是非常苛刻的,因为它们需要音频电容桥,提供 10^{-9} 量级的不确定度和高达 7MPa 的压力测量[9]。在 TPW 下介电常数气体温度计(PTB DCGT)获得的玻尔兹曼常量的最新值估计具有的相对标准不确定度为 4.3×10^{-6}[10]。在这种不确定度下,结果与 2010 年 CODATA 的估值一致[11]。由于 DCGT 实验的改进似乎是可行的,DCGT 方法有可能初步实现新的开尔文定义。

8.1.2 声学气体温度计

声学气体温度计(AGT)[2]采用共振法测量声音的低压声速。它目前具有以最低的不确定度确定玻尔兹曼常量的潜力。它是基于以下两种关系:

$$\frac{1}{2}mv_{\text{rms}}^2 = \frac{3}{2}k_B T \quad (8.7)$$

$$v_{\text{rms}}^2 = \frac{3}{\gamma_0}\mu_0^2 \quad (8.8)$$

式(8.7)中:m 为原子质量;v_{rms}^2 为在恒压(CP)和恒定体积(CV)下的热容的均方根速度。结合式(8.7)和式(8.8),用阿伏伽德罗常量除以摩尔质量 M 代替原子的质量,$m = M/N_A$,得到

$$k_B = \frac{M\mu_0^2}{\gamma_0 N_A T} \quad (8.9)$$

对于单原子气体,$\gamma_0 = 3/5$。目前,已知的阿伏伽德罗常量 N_A 的不确定度为 4.4×10^{-8},根据 CODATA[11]进行的实验,当在 TPW 温度下时,必须测量摩尔质量 M 和声音速度 u_0 以确定 k_B。

在 AGT 实验中通常采用氩气。由于 Ar 有 ^{40}Ar、^{36}Ar 和 ^{38}Ar(总共有 23 个 Ar

的同位素是已知的)三个稳定同位素,摩尔质量测定的挑战是量化其同位素组成和纯度(化学组成)。摩尔质量测定的详细研究参见文献[13]。声音的速度是在声学谐振器中测量的。目前使用的是球形或几乎(准)球形谐振器(见文献[13-14])和圆柱形谐振器[15]。在早期的高精度实验[14]中,用高纯度的汞填充谐振器来估计其几何尺寸(体积),现在经常使用同一谐振器的微波谐振来确定其尺寸[16]。与完全球形谐振器相比,准球面谐振器具有优势,因为退化微波模式得到部分解决,有助于更好地确定几何尺寸和它们的热变化这一问题[17]。与声学共振的测量频率一起,然后导出声音的速度。AGT 谐振器如图 8.1 所示。

图 8.1 组装的国家物理实验室 1 l 铜 AGT 谐振器照片

虽然 20 世纪 70 年代后期 AGT 已经应用于确定通用气体常数[18],但 Moldover 等[14]首次使用不锈钢球形谐振器的 AGT 测定了高精度玻尔兹曼常量。实验中玻尔兹曼常量值的不确定度为 1.8×10^{-6}。最近的实验已经证实,可以容易地获得 10^{-6} 量级的不确定度[13,19],包括用 He 气代替 Ar[20-22] 的实验和使用圆柱形代替球形谐振器[15,23]。然而,在本书编写时,最小不确定度[13,19]的结果之间仍然存在显著差异,这肯定会随着研究的继续而得到解决。

因此,在定义了玻尔兹曼常量进而得到开尔文的新定义之后,AGT 显然是实现开尔文的一个有潜力的技术。

8.1.3 辐射温度计

对于绝对辐射温度计(RT),需要辐射的基础来源。这里,基础是指物理定律将光源的辐射与温度相关联,而不涉及本身的取决于温度或辐射功率的参数。目前,绝对 RT 的两个主要来源是黑体和同步子。虽然同步辐射确实能够精确地实现从可见光到 X 射线区域光谱辐射的基础尺度[24],但它不能够直接确定玻尔兹曼常量。

基于黑体辐射计的绝对温度计测量光谱辐射,作为频率 $L_v(v、T)$、频率积分总辐射率 $L(T)$ 的函数。黑体辐射器的光谱辐照度的温度依赖性由普朗克定律[25]描述:

$$L_v(v,T) = \frac{2h}{c_0^2}v^3 \left[\exp\left(\frac{hv}{k_B T}\right) - 1\right]^{-1} \qquad (8.10)$$

总辐射由斯忒藩-玻尔兹曼定律给出:

$$L(T) = \int_0^\infty L_v(v,T)\,\mathrm{d}v = \frac{\sigma}{\pi}T^4 \qquad (8.11)$$

斯忒藩-玻尔兹曼常量为

$$\sigma = \frac{2\pi^5 k_B^4}{15 c_0^2 h^3} \qquad (8.12)$$

黑体吸收所有入射的辐射,而不考虑其频率和入射角。它的吸收率和发射率等于 1,并且如式(8.10)所描述的发射光谱是在给定频率和温度下的最大可能辐射。黑体辐射器的建造面临的挑战是尽可能早地满足理想条件。黑体通常由一个带有小孔的空腔组成。该腔的内表面用合适的材料覆盖。材料的选择取决于所考虑的温度和频率。由 Lummer 和 Kurlbaum[26] 在原德国帝国技术物理研究所(PTR)开发的黑体辐射器对其发射光谱进行前所未有的精确测定,并为普朗克定律的发现开辟了道路。

只有低温辐射计得到发展,精确的绝对 RT 才成为可能[27-28]。低温辐射计是电替代量热计,其中将入射辐射的加热与相等的电加热进行比较。与室温相比,在低温下(通常使用液体 He)操作辐射计,导致灵敏度和准确度的显著增加(例如,由于热容量小得多,因此使用的材料(如库珀的热扩散率增加),有较小的辐射损失和背景辐射[27]。在实践中,RT 不检测发射到整个半球的总辐射,而仅检测穿过合适孔径系统的辐射。因此,附加的误差源与其温度、几何形状和衍射效应有关[27]。

与总辐射计相比,光谱辐射测量具有的优点是它可以选择和限制黑体发射光谱的最大频率,考虑到对于具有最小可能不确定度的 k_B 的测定,操作温度应该在 TPW 或相近。

由于这些限制,RT 不能像本书中描述的其他技术那样精确地确定玻尔兹曼常量;然而,在以 k_B 为基础的开尔文的新定义之后,光谱辐射测量很可能成为传播高温尺度的常用方法。

8.1.4 多普勒展宽温度计

在第 3 章中已经讨论了原子或分子气体的光谱发射或吸收线的多普勒展宽。电磁波的多普勒效应是指源和探测器相对运动时出现的频率变化。对于具有共振频率 v_0 的原子或分子,随着速度(速度)s 移动到静止的可调谐激光源。当激光的频率 v'(忽略二阶多普勒效应)调谐到红色时,吸收将发生。

$$v' = v_0\left(1 - \frac{s}{c}\right) \tag{8.13}$$

考虑下一个在给定温度下的热平衡中的气体,原子或分子的速度分布将由一个与 $\exp[-(s/s_0)^2]$ 成比例的麦克斯韦-玻尔兹曼分布描述,其中 $s_0^2 = 2k_BT/m$,其中 m 为原子或分子的质量。这转换成具有 e 折叠半宽度的高斯吸收谱 Δv_D:

$$\frac{\Delta v_D}{v_0} = \left(\frac{2k_BT}{mc^2}\right)^{1/2} \tag{8.14}$$

相应离子的相对质量可以用彭宁阱用小的不确定度(为 10^{-9} 或更好)进行测量。转换到绝对质量需要知道阿伏伽德罗常量(根据 CODATA:$4.4×10^{-8}$ 的当前不确定度[11]),或者替代地方法则是需要对分子质量的独立测量。如果在已知的温度下,在 TPW 上进行实验,玻尔兹曼常量可以通过测量频率来确定。这一建议最初是由 Bordé[29] 提出的,实验原理的证明是由 DaSuess 等人[30] 所证明的。

图 8.2 展示了用于多普勒展宽温度计(DBT)的激光光谱学装置。装置的主要特征是:①稳定的、频率可调谐的激光系统,其频率被追溯到 SI 单位,如采用飞秒

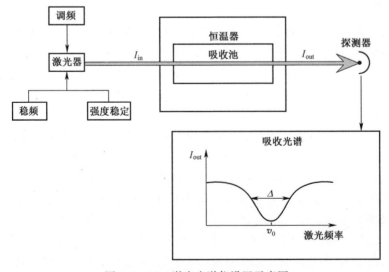

图 8.2 DBT 激光光谱仪设置示意图

频率梳(参见3.3.1节);②含有分子气体的温度稳定的吸收单元;③检测系统。当然,激光系统的选择取决于实验所用的气体和光谱特征。在DBT[30]的初始演示中使用了氨分子$^{14}NH_3$在28953694MHz频率下的振转吸收线和稳定于O_sO_4吸收线的CO_2激光器。通过与铯喷泉钟的比较来测量绝对激光频率(线宽小于10Hz)(参见3.2节)。通过电光边带调制实现了激光光源的可调谐性。

Casa等[31-32]使用的是CO_2(v_1和v_3是对称的和反对称的拉伸模式,v_2^0是弯曲模式)的$v_1+2v_2^0+v_3$分量(R12)组合带和在2.006μm(线宽为1MHz)下发射的外腔二极管激光器。此外,使用锁定到频率梳的可调谐二极管激光器,Koichi等研究了$^{13}C_2H_2$中的振子吸收线[33]。并且使用一对偏移频率锁定的外腔二极管激光器[34]测量了在$H_2^{18}O$的v_1+v_3频带中的1.39μm处的谱线。

DBT实验自然需要对气体温度达到最佳的控制,为了保持温度测量的不确定度尽可能小,使用TPW或接近它的温度。例如,法国研究小组使用了冰水填充恒温器,温度保持在213.15K[30,35,36]。在意大利研究小组[31-32]的实验中使用包含在温度控制的隔热屏中的气体电池,它在真空下被冷却的外壳包围,使气体温度在270~330K之间变化。

当拟合测得的吸收线宽以确定多普勒展宽时,必须考虑其他线展宽(或变窄)机制,如洛伦兹形均匀线宽的贡献(参见3.3节)、二阶多普勒效应、Lamb Dikes 窄化,或可能与相邻吸收线重叠等(对于详细的线性分析,参见文献[37-38])。

DBT 近期测量的玻尔兹曼常量值的最小不确定度约为1×10^{-5}[34-35],这个结果将会改进。因此 DBT 也将有可能初步实现新的开尔文定义。

8.1.5 约翰逊噪声温度计

约翰逊噪声温度计是基于奈奎斯特关系[39]:

$$\langle U^2 \rangle = 4k_B TR\Delta f \tag{8.15}$$

将电阻器的均方噪声电压$<U^2>$与其电阻R、玻尔兹曼常量和温度联系起来。Δf为频率带宽。式(8.15)是对频率$f \ll k_B T/h$有效的高温近似。由于噪声电压是由电阻器中的电子的热运动产生的,因此该机制的统计性质需要足够长的测量时间t,这取决于所需的不确定度。对于确定某一温度,可由下面关系进行量化:

$$\frac{\Delta T}{T} \approx \frac{2.5}{\sqrt{t\Delta f}} \tag{8.16}$$

根据式(8.16),例如,在20kHz的带宽下,需要几周的测量时间获得10^{-5}量级的不确定度。给定非常小的噪声电压,这个长的测量时间自然地引起相当大的问题,例如电子器件的稳定性和额外的噪声源(如放大器、引线)。因此,未知温度的测定通常是在相等的带宽下通过将电阻器的均方噪声电压与已知的参考温度T_0

下的电阻器进行比较。现在,开关输入数字相关器技术经常用于此类测量[40-41]。

在该相关器中,由两个通道产生的信号被数字化,并且所需的操作(平均、乘法)由软件来完成。因此,消除了放大器噪声、引线噪声和漂移。对于相对温度测量(图 8.3(a)),得到未知温度:

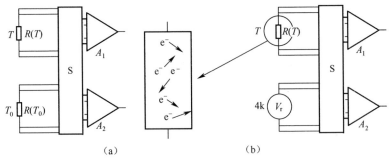

图 8.3 开关输入噪声相关器的原理框图
(a)传统的相对方法;(b)采用量子电压噪声源 V_r 作为基准的绝对方法。

$$T_S = \frac{\langle U(T_S)^2 \rangle}{\langle U(T_0)^2 \rangle} \frac{R(T_0)}{R(T_S)} T_0 \tag{8.17}$$

然而,绝对温度测量和玻尔兹曼常量的测定需要参考电阻器被电压标准代替。这是在由 NIST 领导的合作中实施的,采用脉冲驱动 AC 约瑟夫森标准(参见 4.1.4.4 节)作为量化电压噪声源(QVNSS)[42-45]。约瑟夫森 QVNS 是一个 Z-A 数/模转换器,它产生一个具有量化脉冲区域的脉冲序列:

$$\int U(t)\,dt = nK_J^{-1} \tag{8.18}$$

式中: K_J 为约瑟夫森常数, $K_J = 2e/h$(参见第 4 章)。

然后用一个 M 位长的数字码合成一个波形,该波形由具有相同振幅,但随机相位的脉冲模式重复频率的一系列谐波组成。这导致伪随机噪声波形具有可计算的功率谱密度,从而产生伪噪声电压谱密度:

$$U_{QVNS} = K_J^{-1} Qm(Mf_S)^{1/2} \tag{8.19}$$

式中: m 为约瑟夫森结的数目; M 为阻止数字波形长度的比特数; f_S 为时钟频率。

注意, M 与时钟频率 f_S(以及构成噪声波形的谐波音调之间的距离的倒数)成比例[46],使得由脉冲驱动约瑟夫森阵列产生的电压与时钟频率成正比,如 4.1.4.4 节中所讨论的。 Q 是无量纲幅度因子[46]。再次使用开关输入数字相关器(图 8.3(b)),比较热敏电阻 $<U^2(T)/\Delta f>$ 的均方噪声电压谱密度与均方伪噪声电压谱密度得到

$$\frac{\langle U^2(T)/\Delta f \rangle}{\langle U_{QVNS}^2 \rangle} = \frac{4k_B TR}{K_J^{-2} Q^2 m^2 Mf_S} \tag{8.20}$$

用冯克里青(von Klitzing)常数单位测量电阻 $R = X_R R_K$，绝对温度根据下式得到：

$$T = \frac{\langle U^2(T)/\Delta f \rangle}{\langle U_{QVNS}^2 \rangle} \frac{hQ^2 m^2 M f_S}{16 k_B X_R} \tag{8.21}$$

在 TPW 上进行测量允许玻尔兹曼常量的测定，如 Benz 等所证明的[46]。实验中的相对不确定度为 12×10^{-6}。鉴于最近报道的 NIST-NIM 合作[47]的结果，1×10^{-6} 量级的不确定度比较合理，因此，在开尔文[48]的新定义之后，绝对 JNT 是实现和传播温度标度的一个有希望的替代方案。

8.1.6 库仑阻塞温度计

低温条件下的 CBT 是基于金属 SET 晶体管的电流—电压特性，例如，基于(A1/A1O$_x$)隧道结(见 6.1.2 节)。作为库仑阻塞的结果，微分电导 dI_{SD}/dU_{SD}，在零源漏极电压附近出现倾斜(图 8.4)。发生这种倾角的特征参数是库仑能的比值：

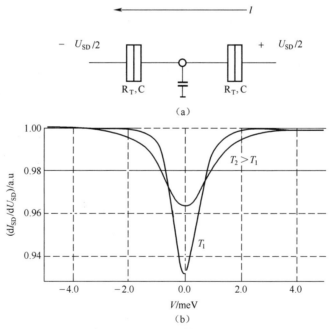

图 8.4 在弱库仑阻塞制度下晶体管的微分电导的示意图

$$E_C = \frac{e^2}{C_\Sigma} \tag{8.22}$$

式中：C_Σ 为热能 $k_B T$ 的 SET 晶体管的总电容。

库仑阻塞对于 $E_C \gg k_B T$ 非常明显,导致差分电导中的宽和深的倾角。随着温度的升高,这种倾向增大,深度减小。在温度制度下,E_C 相当于或甚至小于 $k_B T$(弱库伦封锁制度),电导倾角的 1/2 宽度仅取决于温度。对于具有 n 个隧道结的集合阵列,1/2 宽度[49]为

$$\Delta V_{1/2} \approx 5.44N \frac{k_B T}{e} \tag{8.23}$$

对于具有金属岛和两个隧道结(在岛的任一侧上的一个)的单组晶体管,1/2 宽度为 $10.88 k_B T/e$。准确度的限制因素之一是结参数不可避免的传播[50]。为了减少这一点,已经实现了许多复杂的结阵列[51-53]。迄今为止所取得的不确定度是 $10^{-4} \sim 10^{-3}$ [51-52]。

最后,提到另一个低温初级电子温度计,利用隧道元件并测量这些元件在散粒噪声区(散粒噪声温度计(SNT))中产生的电压[54-55]。

8.2 新开尔文的实现与传播

目前,AGT 使玻尔兹曼常量的值具有最小的不确定性。因此,这将是实现新的开尔文和确定 TPW 温度的有利方法。然而,在较高和较低的温度下,其他方法有优势。RT 和 DBT 似乎在非常高的温度下是有利的。与此相反,介电常数气体温度计(DCGT)以及 JNT 和库仑阻塞和散粒噪声测温,它们将在低温下使用。

在新的定义之后,商定的国际温度标准(ITS)可能会被放弃,但由于实际的原因,也可能会被保留下来。然而,使用最合适的基础方法,以较小的不确定度确定 ITS 固定点的值。

参考文献

[1] BIPM http://www.bipm.org/en/publications/si-brochure/kelvin.html (accessed 15 November 2014).

[2] resolution 1, 24th CGPM 2011; http://www.bipm.org/utils/common/pdf/24_CGPM_Resolutions (accessed 15 November 2014).

[3] Consultative Committee for Thermometry http://www.bipm.org/cc/CCT/Allowed/Summary_reports/RECOMMENDATION_web_version.pdf (accessed 15 November 2014).

[4] for a review see e.g.: Fellmuth, B., Gaiser, C., and Fischer, J. (2006) Determination of the Boltzmann constant—status and prospects. *Meas. Sci. Technol.*, **17**, R145-R159.

[5] Fischer, J. (2010) in *Handbook of Metrology*, vol. 1 (eds M. Gläser and M. Kochsiek), Wiley-VCH Verlag GmbH, Weinheim, pp. 349-381.

[6] Fischer, J. and Fellmuth, B. (2005) Temperature metrology. *Rep. Prog. Phys.*, **68**, 1043–1094.

[7] Lach, G., Jeziorski, B., and Szalewicz, K. (2004) Radiative corrections to the polarizability of helium. *Phys. Rev. Lett.*, **92**, 233001-1-4.

[8] Zandt, T., Gaiser, C., Fellmuth, B., Haft, N., Thiele-Krivoi, B., and Kuhn, A. (2013) *Temperature: Its Measurement and Control in Science and Industry*, vol. 8, AIP Conference Proceedings, vol.1552, AIP, pp. 130–135.

[9] Fellmuth, B., Bothe, H., Haft, N., and Melcher, J. (2011) High-precision capacitance bridge for dielectric-constant gas thermometry. *IEEE Trans. Instrum. Meas.*, **60**, 2522–2526.

[10] Gaiser, C., Zandt, T., Fellmuth, B., Fischer, J., Jusko, O., and Sabuga, W. (2013) Improved determination of the Boltzmann constant by dielectricconstant gas thermometry. *Metrologia*, **50**, L7–L11.

[11] Mohr, P.J., Taylor, B.N., and Newell, D.B. (2012) CODATA recommended values of the fundamental physical constants: 2010. *Rev. Mod. Phys.*, **84**, 1527–1605.

[12] for a recent review see: Moldover, M.R., Gavioso, R.M., Mehl, J.B., Pitre, L., de Podesta, M., and Zhang, J.T. (2014) Acoustic gas thermometry. *Metrologia*, **51**, R1–R19.

[13] de Podesta, M., Underwood, R., Sutton, G., Morantz, P., Harris, P., Mark, D.F., Stuart, F.M., Vargha, G., and Machin, G. (2013) A low-uncertainty measurement of the Boltzmann constant. *Metrologia*, **50**, 354–376.

[14] Moldover, M.R., Trusler, J.P.M., Edwards, T.J., Mehl, J.B., and Davis, R.S. (1988) Measurement of the universal gas constant R using a spherical acoustic resonator. *J. Res. Natl. Bur. Stand.*, **93**, 85–144.

[15] Zhang, J.T., Lin, H., Feng, X.J., Sun, J.P., Gillis, K.A., Moldover, M.R., and Duan, Y.Y. (2011) Progress towards redetermination of the Boltzmann constant with a fixed-path-length cylindrical resonator. *Int. J. Thermophys.*, **32**, 1297–1329.

[16] Mehl, J.B. and Moldower, M.R. (1986) Measurement of the ratio of the speed of sound to the speed of light. *Phys. Rev. A*, **34**, 3341–3344.

[17] Mehl, J.B., Moldover, M.R., and Pitre, L. (2004) Designing quasi-spherical resonators for acoustic thermometry. *Metrologia*, **41**, 295–304.

[18] Colclough, A.R., Quinn, T.J., and Chandler, T.R.D. (1979) An acoustic determination of the gas constant. *Proc. R. Soc. Lond.*, *A*, **368**, 125–139.

[19] Pitre, L., Sparasci, F., Truong, D., Guillou, A., Risegari, L., and Himbert, M.E. (2011) Measurement of the Boltzmann constant k_B using a quasispherical acoustic resonator. *Int. J. Thermophys.*, **32**, 1825–1886.

[20] Gavioso, R.M., Benedetto, G., Giuliano Albo, P.A., Madonna Ripa, D., Merlone, A., Guianvarc'h, C., Moro, F., and Cuccaro, R. (2010) A determination of the Boltzmann constant from speed of sound measurements in helium at a single thermodynamic state. *Metrologia*, **47**, 387–409.

[21] Gavioso, R.M., Benedetto, G., Madonna Ripa, D., Giuliano Albo, P.A., Guianvarc'h, C., Merlone, A., Pitre, L., Truong, D., Moro, F., and Cuccaro, R. (2011) Progress in INRIM experiment for the determination of the Boltzmann constant with a quasispherical resonator. *Int.*

J. Thermophys., **32**, 1339–1354.

[22] Segovia, J.J., Vega-Maza, D., Martín, M.C., Gómez, E., Tabacaru, C., and del Campo, D. (2010) An apparatus based on a spherical resonator for measuring the speed of sound in gases and for determining the Boltzmann constant. *Int. J. Thermophys.*, **31**, 1294–1309.

[23] Zhang, J., Lin, H., Feng, X.J., Gillis, K.A., Moldover, M.R., Zhang, J.T., Sun, J.P., and Duan, Y.Y. (2013) Improved determination of the Boltzmann constant using a single, fixed-length cylindrical cavity. *Metrologia*, **50**, 417–432.

[24] see e.g. Ulm, G. (2003) Radiometry with synchrotron radiation. *Metrologia*, **40**, S101–S106.

[25] Planck, M. (1900) Zur Theorie der Energieverteilung im Normalspektrum. *Verh. Deutsch. Phys. Ges.*, **2**, 237–245.

[26] Lummer, O. and Kurlbaum, F. (1898) Der elektrisch geglühte absolut schwarze Körper und seine Temperaturmessung. *Verh. Deut. Phys. Ges.*, **17**, 106–111.

[27] Quinn, T.J. and Martin, J.E. (1985) A radiometric determination of the Stefan-Boltzmann constant. *Proc. R. Soc. Lond. A*, **316**, 85–189.

[28] Martin, J.E., Fox, N.P., and Key, P.J. (1985) A cryogenic radiometer for absolute radiometric measurements. *Metrologia*, **21**, 147–55.

[29] (a) Bordé, C.J. (2002) Atomic clocks and inertial sensors. *Metrologia*, **39**, 435–463; (b) Bordé, C. (2005) Base units of the SI, fundamental constants and modern quantum physics. *Philos. Trans. R. Soc. A*, **363**, 2177–2201.

[30] Daussy, C., Guinet, M., Amy-Klein, A., Djerroud, K., Hermier, Y., Briaudeau, S., Bordé, C.J., and Chardonnet, C. (2007) Direct determination of the Boltzmann constant by an optical method. *Phys. Rev. Lett.*, **98**, 250801-1–250801-4.

[31] Casa, C., Castrillo, G., Galzerano, G., Wehr, R., Merlone, A., Di Serafino, D., Laporta, P., and Gianfrani, L. (2008) Primary gas thermometry by means of laser-absorption spectroscopy: determination of the Boltzmann constant. *Phys. Rev. Lett.*, **100**, 200801-1–200801-4.

[32] Castrillo, A., Casa, G., Merlone, A., Galzerano, G., Laporta, P., and Gianfrani, L. (2009) On the determination of the Boltzmann constant by means of precision molecular spectroscopy in the near-infrared. *C. R. Phys.*, **10**, 894–906.

[33] Koichi, M.T., Yamada, K.M.T., Onae, A., Hong, F.-L., Inaba, H., and Shimizu, T. (2009) Precise determination of the Doppler width of a rovibrational absorption line using a comb-locked diode laser. *C.R. Phys.*, **10**, 907–915.

[34] Moretti, L., Castrillo, A., Fasci, E., De Vizia, M.D., Casa, G., Galzerano, G., Merlone, A., Laporta, P., and Gianfrani, L. (2013) Determination of the Boltzmann constant by means of precision measurements of $H_2^{18}O$ line shapes at 1.39 μm. *Phys. Rev. Lett.*, **111**, 060803-1–060803-5.

[35] Lemarchand, C., Djerroud, K., Darquié, B., Lopez, O., Amy-Klein, A., Chardonnet, C., Bordé, C.J., Briaudeau, S., and Daussy, C. (2010) Determination of the Boltzmann constant by laser spectroscopy as a basis for future measurements of the thermodynamic temperature. *Int. J. Thermophys.*, **31**, 1347–1359.

[36] Djerroud, K., Lemarchand, C., Gauguet, A., Daussy, C., Briaudeau, S., Darquié, B., Lopez,

O., Amy-Klein, A., Chardonnet, C., and Bordé, C.J. (2009) Measurement of the Boltzmann constant by the Doppler broadening technique at a 3.8×10^{-5} level. *C. R.Phys.*, **10**, 883-893.

[37] Bordé, C.J. (2009) On the theory of linear absorption line shapes in gases. *C. R.Phys.*, **10**, 866-882.

[38] Lemarchand, C., Triki, M., Darquié, B., Bordé, C. J., Chardonnet, C., and Daussy, D. (2011) Progress towards an accurate determination of the Boltzmann constant by Doppler spectroscopy. *New J.Phys.*, **13**, 1-22.

[39] Nyquist, H. (1928) Thermal agitation of electronic charge in conductors. *Phys.Rev.*, **32**, 110-113.

[40] Brixi, H., Hecker, R., Oehmen, J., Rittinghaus, K.F., Setiawan, W., and Zimmermann, E. (1992) in *Temperature and its Measurement and Control in Science and Industry*, vol. 6 (ed. J. F.Schooley), American Institute of Physics, New York, pp. 993-996.

[41] Edler, F., Kühne, M., and Tegeler, E.(2004) Noise temperature measurements for the determination of the thermodynamic temperature of the melting point of palladium. *Metrologia*, **41**, 47-55.

[42] Benz, S.P., Martinis, J.M., Nam, S.W., Tew, W.L., and White, D.R. (2002) in *Proceedings TEMPMEKO 2001 International Symposium on Temperature and Thermal Measurements in Industry and Science*, vol. 8 (eds B. Fellmuth, J. Seidel, and G. Scholz), VDE, Berlin, pp. 37-44.

[43] Tew, W.L., Benz, S.P., Dresselhaus, P.D., Coakley, K.J., Rogalla, H., White, D.R., and Labenski, J.R. (2010) Progress in noise thermometry at 505K and 693K using quantized voltage noise ratio spectra. *Int. J. Thermophys.*, **31**, 1719-1738.

[44] Benz, S., White, D.R., Qu, J.F., Rogalla, H., and Tew, W. (2009) Electronic measurement of the Boltzmann constant with a quantum-voltage-calibrated Johnson noise thermometer. *C.R. Phys.*, **10**,849-858.

[45] White, D.R., Benz, S.P., Labenski, J.R., Nam, S.W., Qu, J.F., Rogalla, H., and Tew, W. L. (2008) Measurement time and statistics for a noise thermometer with a synthetic-noise reference. *Metrologia*, **45**,395-405.

[46] Benz, S.P., Pollarolo, A., Qu, J., Rogalla, H., Urano, C., Tew, W.L., Dresselhaus, P.D., and White, D.R. (2011) An electronic measurement of the Boltzmann constant. *Metrologia*, **48**, 142-153.

[47] Qu, J. (2014) Improvements in the Boltzmann constant measurement with noise thermometry at NIM. Conference on Precision Electromagnetic Measurements (CPEM), Rio de Janeiro, Brazil.

[48] see also Engert, J., Beyer, J., Drung, D., Kirste, A., Heyer, D., Fleischmann, A., Enss, C., and Barthelmess, H.-J. (2009) Practical noise thermometers for low temperatures. *J. Phys.: Conf. Ser.*, **150**,012012.

[49] Pekola, J.P., Hirvi, K.P., Kauppinen, J., and Paalanen, M.A. (1994) Thermometry by arrays of tunnel junctions. *Phys. Rev.Lett.*, **73**, 2903-2906.

[50] Hirvi, K.P., Kauppinen, J.P., Korotkov, A.N., Paalanen, M.A., and Pekola, J.P.(1995) Arrays of normal metal tunnel junctions in weak Coulomb blockade regime. *Appl. Phys. Lett.*, **67**,

2096-2098.
[51] Begsten, T., Claeson, T., and Delsing, P. (1999) Coulomb blockade thermometry using a two-dimensional array of tunnel junctions. *J. Appl. Phys.*, **86**, 3844-3847.
[52] Pekola, J.P., Holmqvist, T., and Meschke, M. (2008) Primary tunnel junction thermometry. *Phys. Rev. Lett.*, **101**, 206801-1-206801-4.
[53] Feschchenko, A.V., Meschke, M., Gunnarson, D., Prunnila, M., Roschier, L., Penttilä, J.S., and Pekola, J.P. (2013) Primary thermometry in the intermediate Coulomb blockade regime. *J. Low Temp. Phys.*, **173**, 36-44.
[54] Spitz, L., Lehnert, K.W., Siddigi, I., and Schoelkopf, R.J. (2003) Primary electronic thermometry using the shot noise of a tunnel junction. *Science*, **300**, 1929-1932.
[55] Spitz, L., Schoelkopf, R.J., and Pari, P. (2006) Shot noise thermometry down to 10 mK. *Appl. Phys. Lett.*, **89**, 183123-1-183123-3.

第9章
单光子计量与量子辐射测量

光子是携带能量 $E=h\nu$ 的电磁辐射的无质量玻色子量子,其中 ν 为光频率。光子的概念可以追溯到20世纪初普朗克[1]和爱因斯坦[2],光子名称(来自希腊单词 phos,意思是光)在1926年由 Lewis[3-4]创建。

普朗克在证明自己著名的辐射公式时,假设电磁辐射与黑体壁之间的能量交换只能在离散的能量 $h\nu$ 中发生,爱因斯坦利用光量子的概念来解释光电效应。为此,他1921年获得了诺贝尔物理学奖。

然而,随着量子光学的发展,光子的概念变得更加突出,这表明光的性质比波数、频率、强度和偏振等更为重要。特别是光的相干特性,如场、强度和光子数的相关函数所描述的[5-6]。

一阶(场)相关函数

$$g^{(1)}(\boldsymbol{r}_1,t_1;\boldsymbol{r}_2,t_2) = \frac{\langle \boldsymbol{E}^*(\boldsymbol{r}_1,t_1)\boldsymbol{E}(\boldsymbol{r}_2,t_2)\rangle}{[\langle|\boldsymbol{E}(\boldsymbol{r}_1,t_1)|^2\rangle\langle|\boldsymbol{E}(\boldsymbol{r}_2,t_2)|^2\rangle]^{1/2}} \quad (9.1)$$

描述光谱特性。尖括号"< >"表示集合平均值;$g^{(1)}(\boldsymbol{r}_1,t_1;\boldsymbol{r}_2,t_2)$ 傅里叶变换是辐射源的光谱,并且考虑了反映光场相位相关的电磁场干涉图样的对比度(能见度)。对于平面波和固定场,其集合平均可以用时间平均来代替,可以忽略进一步的空间依赖性,式(9.1)简化为

$$g^{(1)}(\tau) = \frac{\langle \boldsymbol{E}^*(t)\boldsymbol{E}(t+\tau)\rangle}{\langle|\boldsymbol{E}(t)|^2\rangle} \quad (9.2)$$

二阶相关函数 $g^{(2)}(\boldsymbol{r}_1,t_1;\boldsymbol{r}_2,t_2)$ 描述了强度相关:

$$g^{(2)}(\boldsymbol{r}_1,t_1;\boldsymbol{r}_2,t_2) = \frac{\langle \boldsymbol{E}^*(\boldsymbol{r}_1,t_1)\boldsymbol{E}^*(\boldsymbol{r}_2,t_2)\boldsymbol{E}(\boldsymbol{r}_1,t_1)\boldsymbol{E}(\boldsymbol{r}_2,t_2)\rangle}{\langle|\boldsymbol{E}(\boldsymbol{r}_1,t_1)|^2\rangle\langle|\boldsymbol{E}(\boldsymbol{r}_2,t_2)|^2\rangle} \quad (9.3)$$

对于平面波和固定的经典场,可以用强度 I 的形式表示:

$$g^{(2)}(\tau) = \frac{\langle I(t+\tau)I(t)\rangle}{\langle I(t)\rangle^2} \quad (9.4)$$

更一般地,在光子产生和湮灭算子方面,分别是 $a^\dagger(t)$ 和 $a(t)$,给出了忽略任

何空间依赖性的固定场的二阶相关函数。

$$g^{(2)}(\tau) = \frac{\langle a^\dagger(t) a^\dagger(t+\tau) a(t) a(t+\tau) \rangle}{\langle a^\dagger(t) a(t) \rangle^2} \tag{9.5}$$

其中 $a^\dagger a$ 给出相应模式的光子数 n。

虽然可以通过标准迈克尔逊干涉仪测量一阶相关函数,但通常使用汉伯里-布朗及特维斯干涉仪[7](图9.1)进行二阶相关函数的测量。为了进一步证明光子是不可区分的,必须执行双光子干涉(Hong Ou Mandel 实验[8])。下面只考虑 $g^{(2)}(\tau)$。

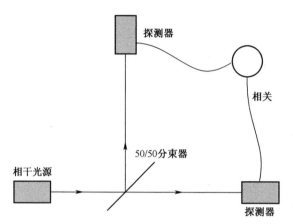

图 9.1　汉伯里-布朗和特维斯干涉仪的设置

对于任何状态的光 $g^{(2)}(\tau \to \infty) = 1$,因为光子发射在大延迟时间是不相关的(图9.2)。对于 $\tau = 0$,同时检测两个光子的概率可以相对于 $g^{(2)}(\tau \to \infty)$ 增加、不变或减少。对于热光,$g^{(2)}(0) = 2$;对于相干光(相干二阶),$g^{(2)}(0) = 1$;对于非常

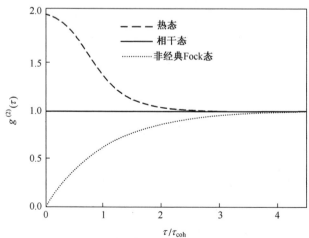

图 9.2　二阶相关函数 $g_{(r)}^{(2)}$ 与延迟时间 τ 归一化到相干时间 τ_{coh}

光，$g^{(2)}(0) < 1$。对于一个"真"单光子发射体（单光子 Fock 态），$g^{(2)}(0) = 0$，$g^{(2)}(0) = 2$ 对应于光子聚束，$g^{(2)}(0) < 1$ 反映反聚束。在光子计数统计量方面，$g^{(2)}(0) = 2$ 符合玻色-爱因斯坦统计，而 $g^{(2)}(\tau) \equiv 1$ 反映泊松统计[9]。$g^{(2)}(0) < 1$ 与亚泊松统计有关，即使它不需要与光子反聚束一起发生[10]。

热光的聚束仅仅是波动电磁场和玻色统计的表现：当瞬时光强度高于平均强度时发射更多光子。因此，检测另一个光子的概率增加。相反，单个两级发射体的反聚束是由于当发射光子时，发射体返回到基态，而第二个光子不能同时发射。

单光子发射器对于量子信息应用（如量子密码学和量子计算）有着极大的用途[11]。在量子计量学中，另一个有前途的应用可能是在辐射学和光度学领域，它们可以在基于单个光子发射器的光子计数的基础上提供（光谱）辐射功率和光通量的量子标准。已知光子能量 $h\nu$，单光子发射器 Φ 的（光谱）辐射功率由每个时间间隔发射的光子的数量给出，r 乘以 $h\nu$：$\Phi = rh\nu$（注意与单电子隧穿类比，式(6.1)）。然而，由于单光子的能量小，例如，波长为 500nm 的光子携带约 4×10^{-19}J 的能量，需要高重复率单光子源来桥接，以达到与实际应用功率相关的数量级。

9.1 单光子源

即使"准"单光子可以通过强衰减相干光源（如激光）而产生，光子统计将是不变的，也就是说，它仍然是泊松分布的。因此，在这里必须考虑发射 $g^{(2)}(0)<1$ 非经典光的源的不同方法（最好是 $g^{(2)}(0) = 0$），从而满足服从亚泊松统计。

单光子源的基本元素是单个辐射源的光学跃迁（最简单情况下的两能级系统），优选具有高量子效率。这可以是单中性原子、单离子、单分子、单色心或半导体量子点。单个光子可以在任意时间发射，也可以由用户触发，因此是确定性源。然后，单光子发射器常常耦合到谐振腔，使辐射发射到具有高收集效率的明确的空间模式。此外，谐振腔可以增强自发发射率（珀塞尔效应），并缩小发射光谱带宽。为了完整性，也应该提到概率单光子源。这些源是基于参数下转换或四波混频产生，总是成对的光子，其中一个光子可以用来预示另一个光子的产生（"预示的单光子"）。为了进一步理解，可参见文献[12-15]。

Kimble 等[16]在染料激光器连续激发的 Na 原子的共振荧光中首次观察到光子反聚束。Diedrich 和 Walther 观察到在保罗阱中存储的激光冷却的单离子的反聚束发射[17]。在分子荧光中，反聚束是由 Martini 等[18]、Kitson 等[19]和 Brunel 等[20]首次报道的。最近，一种新的基于里德堡（Rydberg）激发的单光子源在 Rb 气体中保持在线性光学晶格中已经被证明[21-23]。然而，鉴于潜在的应用，固态单光子发射器可能更有应用前景，即使可能需要在某些情况下冷却到低温。在这两个系统中，最近一些关键点被科研界广泛关注，即金刚石中的色心，特别是氮空位

(NV)和硅空位(SiV)中心,以及半导体量子点。

9.1.1 氮空位金刚石色心

在金刚石晶格中由取代的氮原子和相邻的空位形成 NV 色心。NV 中心是在 1 型人造金刚石中制备的,通常含有均匀分散的氮杂质。空位是由电子或中子辐照产生的。随后在约 900℃ 的退火中导致形成 NV 中心(少量的 NV 中心实际上已经存在而不额外退火)。NV 中心呈现两种电荷状态,电中性和带负电荷。图 9.3 中示出了 NV 中心的简化能级结构。

在 ^3A 基态和 ^3E 激发态之间的电子跃迁(能级的标记是根据 C_{3v} 对称群),由 1.945eV(637nm)分开,产生吸收和辐射。^3A 状态和 ^3E 状态是由于 NV^- 中心的未成对电子的磁相互作用,自旋量子数 $m_s = \pm 1$ 和 $m_s = 0$,分别为 $5.6\mu eV^{[24-25]}$ 和 $2.9\mu eV^{[26]}$。由于超精细能级相互作用,即电子和核自旋之间的相互作用,$m_s = \pm 1$ 能态被进一步分裂。还有研究指出了作为激发的非辐射陷阱态的亚稳单重态 ^1A。然而,它的能级位置尚不清楚。

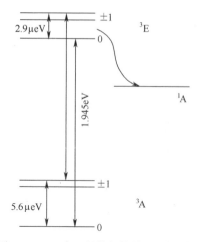

图 9.3 NV^- 中心的能级结构(不按比例)

NV^- 中心室温的光致发光伴随着宽(≈ 120nm)光子辅助的复合带[27-28],在 637nm 处表现为零光子发射线。NV^- 发射显示出了接近一个短的重组寿命(约 11ns)的高量子效率[27],可以利用显微镜成像技术来解决个体 NV 中心。图 9.4(a)显示了具有 NV 色心的金刚石样品的一部分的共聚焦显微镜光栅扫描结果。明亮的区域表示 NV 中心在纳米金刚石中的发射[29]。在图 9.4(b)中显示了单个中心的发射的二阶相关函数,在 $\tau = 0$ 处的明显倾角清楚地显示了发射的量子性质。注意到 $g^{(2)}(\tau)$ 大于延迟时间,这个延迟时间大于辐射复合寿命时间。这一事实与激发态可以扩展到的^{1}A态的存在有关。

除了从NV中心发射的光子率达到1MHz[29]之外,还研究了金刚石的其他缺陷相关发射[31],例如金刚石纳米晶体中的SiV中心的发射[30]。这些中心表现出在730~750nm之间的发射,这取决于纳米金刚石中的局部应力,其零光子线宽为0.7~2nm,光子率可达6MHz[31-33]。在钻石中研究到其他缺陷中心是镍相关色心(NE8)[34]、铬相关中心[35-36]和间质碳相关色心TR12,它在470nm处发射。在后者的情况下,已经表明,可以使用聚焦离子束选择性地创建单色中心[37]。

作为实际应用的一个有发展前景的步骤,最近在室温下实现了金刚石NV^{0}色心的电激发[38]。这已经或多或少通过制造标准发光二极管(LED)结构、具有p和n掺杂金刚石的PIN二极管和夹持包含NV中心的本征金刚石层来实现。除了其潜在的单光子发射器,钻石色心缺陷对于单自旋操纵具有重要价值[39]。此外,现阶段已经使用NV中心[40-41]记录了纳米NMR光谱。

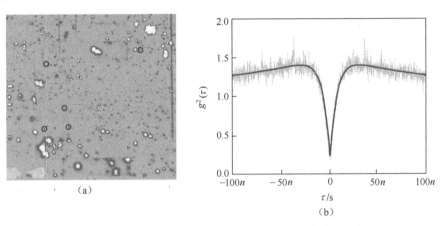

图9.4 共聚焦显微镜光栅扫描的钻石样品的一部分NV色心

注:亮区显示纳米金刚石(图(a))中的NV中心的发射和来自单个NV中心的
光谱滤波发射的二阶相关函数$g^{(2)}(\tau)$(图(b))(一些在上部框架中用圆圈标记)。
$\tau=0$的明显倾角清楚地显示了发射的量子性质。

9.1.2 半导体量子点

半导体量子点的特征是它们的离散电子态,类似于原子(这就是为什么半导体量子点通常被称为人造原子),这是因为在所有三个空间维度($L<100$nm)中的尺寸量子化(见第5章半导体量子阱)。进一步阅读,可参见文献[42-44]。制造半导体量子点的一种方法是从GaAs/AlGaAs或InGaAs/GaAs的半导体异质结构中形成的2DEG开始(见5.2节)。然后,可以通过(电子束)光刻和随后的化学蚀刻形成量子点(见文献[45])。然而,即使当生长有较大的带隙材料,自由站立量

子点的光学质量差。半导体量子点也由激光诱导的互扩散[46]制成。然而,大多数制造技术依赖于在外延生长晶格失配半导体(Stranski Krastanov 生长模式[47])期间形成的自组装量子点。Ⅲ-Ⅴ(如 GaAs 中的 InP 和 GaAs 的 InGaAs)以及Ⅱ-Ⅵ异质结构(如 ZnS 中的 CdSe)迄今为止研究最多。在灰色光谱区中的单光子发射器也已经用 InGaN/GaN 量子点实现[48]。在低温和弱激发下的光致发光起源于中性和带电激子(和双激子),即库仑束缚电子空穴复合对[49-50]。一个 InGaAs/GaAs 量子点的光致发光光谱如图 9.5 所示[51]。

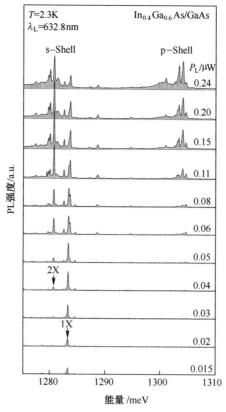

图 9.5　不同激发强度的单量子点的光致发光谱

注:在低激发下由于最低态(s-shell)激发复合(1X)而显示单线。在较高激发下,
观察到量子点的双激子(2X)复合以及下一个激发态(p-shell)的发射。

在共振微腔中嵌入的量子点已经证明了激子发射的反聚束[52-54]。嵌入在微盘谐振器结构中的 InAs/GaAs 量子点的 CW 光致发光谱与第二阶相关函数(InSt)一起在图 9.6 中给出。光致发光清楚地显示了激子和双激子的辐射以及一些杂散背景辐射(M),它们耦合到微盘的反射模式。光谱滤波激子发射的二阶相关函数清楚地显示了发射的非经典行为。

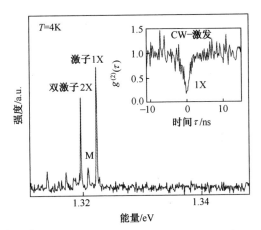

图 9.6 InAs/GaAs 量子点的 CW 光致发光和激子(1X)发射的二阶相关函数

单光子量子点发射的电激发也已经实现[55-58]。无论是光学还是电激发,都必须保证辐射跃迁只激发一次,以确保单光子发射。在光激发的情况下,这是通过饱和吸收,连同非谐振多激子谱的联合效应,以及在电气情况下通过 Coulomb 封锁的高激发量子点[53-54]的缓慢弛豫(参见 6.1.2 节)[56,58],达到发生条件。

9.2 单光子探测器

单光子探测器需要测试单光子源的保真度。光子探测器通常将入射光子转换成电信号,然后电子信号进一步处理(如放大)。单光子探测器有时被分为非光子数分辨和光子数分辨探测器,尽管这种区别并不总是严格的。对于单光子探测器的详细列表和比较参见文献[14]。非光子数分辨探测器只能区分零和大于零的光子,而光子数分辨探测器能够计数入射光子的数量(在一定的不确定度内)。

在文献[14,59]中给出了关于本领域的当前现状的详细概述。

9.2.1 非光子数分辨探测器

常见的非光子数分辨探测器是 PMT 和雪崩光电二极管(APD)。虽然 Si APD 的探测效率(对于 InGaAs APD 高达 80%,对于近红外光谱制度,量子效率较低)高于 PMT(通常为 25%,高达 40%),APD 的暗计数率更高,但是这通常需要低于室温的冷却环境。此外,由于单光子探测(单光子雪崩二极管(SPAD))的 APD[60]通常工作在盖革模式中,偏置电压大于二极管的击穿电压,雪崩电流不会在入射光子脉冲之后自行终止,而是必须通过降低偏置电压进行关闭。其结果是,SPAD 的关闭时间通常大于 PMT,这主要取决于探测器电子学。通过使用由光纤分路器和由光开关单独寻址的探测器阵列组成的多路检测器阵列[61]，SPAD 的关闭时间限制可以部分克服。

9.2.2 光子数分辨探测器

光子数分辨探测器通常是基于具有尖锐超导到正常金属跃迁的超导体。迄今为止，最有前途的器件是超导转换边缘传感器(TESS)[62]，这是因为它们的高效率和低暗计数。TES 基本上是测量吸收光子能量的微量量热计，TES 的工作原理如图 9.7 所示。

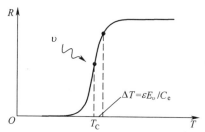

图 9.7 描述了接近超导体转变温度 T_C 的电阻 R 随温度 T 变化的 TES 的工作原理
注：ΔT 为由于光子的吸收引起的温度的增加（ε 为探测效率，$E_\nu=h\nu$ 是光子的能量，C_e 是电子热容）。

TES 的热传感器由沉积在隔离衬底上的超导材料薄膜制成。TES 由钨和铝[62-63]、钛[64] 和铪[65] 制成。还使用了超导体和正常的双层（Ti/Au 和 Ti/Pd）[66] 和 Ti/Au/Ti[67] 的三层金属薄膜，这使得由于邻近效应实现超导转变温度的改变。超导薄膜由标准光刻技术构成，并与超导导线接触，主要是 Al 元素。

超导膜的恒定偏置电压提供了电热反馈（ETF），使温度得以保持[62]。恒定偏置电压源也可以通过恒流源与比电阻抗阻小得多的偏置电阻器实现。通过吸收光子的直流 SQUID 来读出由于吸收光子而流过传感器的电流（见 4.2.3.1 节）[66]，如图 9.8 所示。

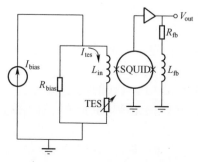

图 9.8 采用直流 SQUID 读出的 ETF-TES 偏置电路

TES 单光子探测器的特点在于探测效率 ε、探测能量与入射能量之比和传感器的上升和下降时间。虽然在光纤耦合器件中的检测效率可以相当高(效率高达98%)[64]，但下降时间通常表现一般(几百纳秒到几微秒)。

9.3 计量上的挑战

使用单光子发射器作为辐射功率或光通量的量子标准的主要挑战是提供毫瓦级的光功率到单光子发射器的水平方向链路中。这将要求有能够在极高重复率下操作的单光子源或跟踪到主要标准的绝对线性检测器(如冷冻测温仪)。

为了校准在少数光子系统中工作的 SPAD，即低于约 10^6 光子/s，由于 SPAD 的有限性，必须考虑强度的不同等级，以将 SI 尺度降低到非常小的强度等级。因此，需要校准的光源(如激光)的衰减，这可以使用两个或多个具有高衰减的中等密度滤光片(图 9.9(a))[68]。可替代地，已经使用了发射辐射功率与存储电子的数量成正比的同步辐射源。由于存储的电子的数量可以从 1 个到最多 10^{11} 个；SPAD 可以在单光子系统中被校准，而无需使用衰减器[69]。图 9.9(b) 为本实验的原理。

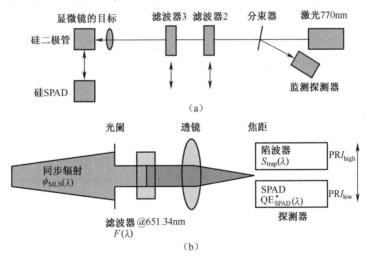

图 9.9　用于校准单光子雪崩二极管的两个装置的示意图

注：图(a)使用中性密度滤光片的原位校准和稳定激光器的已知辐射功率。如通过使用低温辐射计对硅二极管进行校准。由于它们的衰减系数非常高，因此需要对各个滤波器进行后续校准。对于 SPAD 的校准，两个滤波器则应用在一起。图(b)使用同步辐射进行校准。利用已知响应率 $S_{trap}(\lambda)$，通过校准陷阱探测器在光谱滤波的同步辐射焦点处测量高环电流范围内的光子速率(PR I_{high})。在第二个步骤中，在低环电流范围内测量 SPAD 的计数率。然后，可以在高低电流模式下使用同步加速器电流比来计算 SPAD QE^*_{SPAD} 的量子效率。

最后注意到,通过参量转换产生的预示单光子也可以用于在少数光子系统中APD的绝对校准[15,70,71]。

目前,因为量子辐射测量(或测光)在实际应用中还不成熟,并未考虑基于单光子源的辐射或光度量的新定义。然而,注意在放大单电子器件的电流方面已经取得的进展(参见第6章)和最近报道的单光子发射器的收集效率的提高[72],这些进步预示着新定义在不久的将来或许是可行的。

参考文献

[1] Planck, M. (1900) Zur Theorie des Gesetzes der Energieverteilung im Normalspektrum. *Verh. Deutsch. Phys. Ges.*, **2**, 237–245 (in German).

[2] Einstein, A. (1905) Über einen die Erzeugung und Verwandlung des Lichts betreffenden heuristischen Gesichtspunkt. *Ann. Phys.*, **17**, 132–149. (in German).

[3] Lewis, G.N. (1926) The conservation of photons. *Nature*, **118**, 874–875.

[4] A critical discussion of the conception "photon" can be found in: Lamb, W.E. (1995) Anti-photon. *Appl. Phys. B*, **60**, 77–84.

[5] (a) Glauber, R.J. (1963) The quantum theory of optical coherence. *Phys. Rev.*, **130**, 2529–2539; (b) Glauber, R.J. (1963) Coherent and incoherent states of the radiation field. *Phys. Rev.*, **131**, 2766–2788.

[6] for further reading see e.g.: Mandel, L. and Wolf, E. (1995) *Optical Coherence and Quantum Optics*, Cambridge University Press, New York.

[7] Hanbury Brown, R. and Twiss, R.Q. (1956) Correlation between photons in two coherent beams of light. *Nature*, **177**, 27–29.

[8] Hong, C.K., Ou, Z.Y., and Mandel, L. (1987) Measurement of subpicosecond time intervals between two photons by interference. *Phys. Rev. Lett.*, **59**, 2044–2046.

[9] see e.g. Martinelli, M. and Martelli, P. (2008) Laguerre mathematics in optical communications. *Opt. Photonics News*, **19**, 30–35.

[10] Zou, X.T. and Mandel, L. (1990) Photonantibunching and sub-Poissonian photon statistics. *Phys. Rev. A*, **41**, 475–476.

[11] Boumester, D., Ekert, A., and Zeilinger, A. (eds) (2000) *The Physics of Quantum Information*, Springer, Berlin.

[12] Lounis, B. and Orrit, M. (2005) Single photon sources. *Rep. Prog. Phys.*, **68**, 1129–1179.

[13] Grangier, P. (2005) Experiments with single photons. *Semin. Poincare*, **2**, 1–26.

[14] Eisaman, M.D., Fan, J., Migdal, A., and Polyakov, S.V. (2011) Single-photonsources and detectors. *Rev. Sci. Instrum.*, **82**, 071101-1–071101-25.

[15] Sergienko, A.V. (2001) in *Proceedings of the International School of Physics "Enrico Fermi" Course CXLVI* (eds T.J. Quinn, S. Leschiutta, and P. Tavella), IOS Press, Amsterdam, pp. 715–746.

[16] Kimble, H.J., Dagenais, M., and Mandel, L. (1977) Photon antibunching in resonance fluorescence. *Phys. Rev. Lett.*, **39**, 691–695.

[17] Diedrich, F. and Walther, H. (1987) Nonclassical radiation of a single stored ion. *Phys. Rev. Lett.*, **58**, 203–206.

[18] De Martini, F., Giuseppe, G., and Marrocco, M. (1996) Single-mode generation of quantum photon states by excited single molecules in a microcavity trap. *Phys. Rev. Lett.*, **76**, 900–903.

[19] Kitson, S., Jonsson, P., Rarity, J., and Tapster, P. (1998) Intensity fluctuation spectroscopy of small numbers of dye molecules in a microcavity. *Phys. Rev. A*, **58**, 620–627.

[20] Brunel, C., Lounis, B., Tamarat, P., and Orrit, M. (1999) Triggered source of single photons based on controlled single molecule fluorescence. *Phys. Rev. Lett.*, **83**, 2722–2725.

[21] Urban, E., Johnson, T.A., Hanage, T., Isenhower, L., Yavuz, D.D., Walker, T.G., and Saffman, M. (2009) Observation of Rydberg blockade between two atoms. *Nat. Phys.*, **5**, 110–114.

[22] Gaetan, A., Miroshnychenko, Y., Wilk, T., Chotia, A., Viteau, M., Comparat, D., Pillet, P., Browaeys, A., and Grangier, P. (2009) Observation of collective excitation of two individual atoms in the Rydberg blockade regime. *Nat. Phys.*, **5**, 115–118.

[23] Dudin, Y.O. and Kuzmich, A. (2012) Strongly interacting Rydberg excitations of a cold atom gas. *Science*, **336**, 887–889.

[24] Loubser, J.H.N. and van Wyk, J.A. (1977) Electron spin resonance in annealed type 1b diamond. *Diamond Res.*, **11**, 4–7.

[25] Loubser, J.H.N. and van Wyk, J.A. (1978) Electron spin resonance in the study of diamond. *Rep. Prog. Phys.*, **41**(8), 1201–1249.

[26] Fuchs, G.D., Dobrovitski, V.V., Hanson, R., Batra, A., Weis, C.D., Schenkel, T., and Awschalom, D.D. (2008) Excited-state spectroscopy using single spin manipulation in diamond. *Phys. Rev. Lett.*, **101**, 117601-1–117601-4.

[27] Kurtsiefer, C., Mayer, S., Zarda, P., and Weinfurter, H. (2000) Stable solid-state source of single photons. *Phys. Rev. Lett.*, **85**, 290–293.

[28] Brouri, R., Beveratos, A., Poizat, J.-P., and Grangier, P. (2000) Photon antibunching in the fluorescence of individual color centers in diamond. *Opt. Lett.*, **25**, 1294–1296.

[29] Schmunk, W., Rodenberger, M., Peters, S., Hofer, H., and Kück, S. (2011) Radiometric calibration of single photon detectors by a single photon source based on NV-centers in diamond. *J. Mod. Opt.*, **58**, 1252.

[30] Pezzagna, S., Rogalla, D., Wildanger, D., Meijer, J., and Zaitsev, A. (2011) Creation and nature of optical centres in diamond for single-photon emission—overview and critical remarks. *New J. Phys.*, **13**, 035024-1–035024-28.

[31] Neu, E., Steinmetz, D., Riedrich-Möller, J., Gsell, S., Fischer, M., Schreck, M., and Becher, C. (2011) Single photon emission from silicon-vacancy colour centres in chemical vapour deposition nano-diamonds on iridium. *New J. Phys.*, **13**, 025012-1–025012-21.

[32] Riedrich-Möller, J., Kipfstuhl, L., Hepp, C., Neu, E., Pauly, C., Mücklich, F., Baur, A., Wandt, M., Wolff, S., Fischer, M., Gsell, S., Schreck, M., and Becher, C. (2012) One- and two-dimensional photonic crystal microcavities in single crystal diamond. *Nat. Nanotechnol.*,

7, 69.

[33] Neu, E., Fischer, M., Gsell, S., Schreck, M., and Becher, C. (2011) Fluorescence and polarization spectroscopy of single silicon vacancy centers in heteroepitaxial nanodiamonds on iridium. *Phys. Rev. B*, **84**, 205211-1-205211-8.

[34] Marshall, G.D., Gaebel, T., Matthews, J.C.F., Enderlein, J., O'Brian, J.L., and Rabeau, J.R. (2011) Coherence properties of a single dipole emitter in diamond. *New J. Phys.*, **13**, 055016.

[35] Aharonovich, I., Castelletto, S., Simpson, D.A., Starey, A., McCallum, J., Greentree, A.D., and Prawer, S. (2009) Two-level ultrabright single photon emission from diamond nanocrystals. *Nano Lett.*, **9**, 3191-3195.

[36] Aharonovich, I., Castelletto, S., Simpson, D.A., Greentree, A.D., and Prawer, S. (2010) Photophysics of chromiumrelated diamond single-photon emitters. *Phys. Rev. A*, **81**, 043813-1-043813-7.

[37] Naydenov, B., Kolesov, R., Batalov, A., Meijer, J., Pezzanga, S., Rogalla, D., Jelezko, F., and Wrachtrup, J. (2009) Engineering single photon emitters by ion implantation in diamond. *Appl. Phys. Lett.*, **95**, 181109-1-181109-3.

[38] Mizuochi, N., Makino, T., Kato, H., Takeuchi, D., Ogura, M., Okushi, H., Nothaft, M., Neumann, P., Gali, A., Jelezko, F., Wrachtrup, J., and Yamasaki, S. (2012) Electrically driven single photon source at room temperature in diamond. *Nat. Photonics*, **6**, 299-303.

[39] Jelezko, F. and Wrachtrup, J. (2012) Focus on diamond-based photonics and spintronics. *New J. Phys.*, **14**, 105024-1-105024-3.

[40] Staudacher, T., Shi, F.S., Pezzagna, S., Meijer, J., Du, J., Meriles, C.A., Reinhard, F., and Wrachtrup, J. (2013) Nuclear magnetic resonance spectroscopy on a (5-Nanometer)^3 sample volume. *Science*, **339**, 561-563.

[41] Mamin, H.J., Kim, M., Sherwood, M.H., Rettner, C.T., Ohno, K., Awschalom, D.D., and Rugar, D. (2013) Nanoscale nuclear magnetic resonance with a nitrogen-vacancy spin sensor. *Science*, **339**, 557-560.

[42] Bimberg, D., Grundmann, M., Ledentsov, N.N. (1998) *Quantum Dot Heterostructures*, John Wiley & Sons, Inc., Chichester (1999).

[43] Hawrylak, P. and Wojs, A. (1998) *Quantum Dots*, Springer, Berlin.

[44] Shields, A.J. (2007) Semiconductor quantum light sources. *Nat. Photonics*, **1**, 215-223.

[45] Steffen, R., Forchel, A., Reinecke, T., Koch, T., Albrecht, M., Oshinowo, J., and Faller, F. (1996) Single quantum dots as local probes of electronic properties of semiconductors. *Phys. Rev. B*, **54**, 1510-1513.

[46] Brunner, K., Bockelmann, U., Abstreiter, G., Walther, M., Böhm, G., Tränkle, G., and Weimann, G. (1992) Photoluminescence from a single GaAs/AlGaAs quantum dot. *Phys. Rev. Lett.*, **69**, 3216-3219.

[47] Stranski, I.N. and Krastanov, L. (1938) Zur Theorie der orientierten Ausscheidung von Ionenkristallen aufeinander. *Sitzungsber. Akad. Wiss. Wien Math.-Naturwiss.*, **146**, 797-810.

[48] Jarjour, A.F., Taylor, R.A., Oliver, R.A., Kappers, M.J., Humphreys, C.J., and Tahraoui,

A. (2007) Cavity-enhanced blue single-photon emission from a single InGaN/GaN quantum dot. *Appl.Phys. Lett.*, **91**, 052101-1-052101-3.

[49] Dekel, E., Gershoni, D., Ehrenfeld, E., Garcia, J.M., and Petroff, P. (2000) Cascade evolution and radiative recombination of quantum dot multiexcitons studied by time-resolved spectroscopy. *Phys. Rev. B*, **62**, 11038-11045.

[50] Finley, J.J., Fry, P.W., Ashmore, A.D., Lemaitre, A., Tartakovskii, A.I., Oulton, R., Mowbray, D.J., Skolnick, M.S., Hopkinson, H., Buckle, P.D., and Maksym, P.A. (2001) Observation of multicharged excitons and biexcitons in a single InGaAs quantum dot. *Phys. Rev.B*, **63**, 161305-1-161305-4.

[51] Findeis, F., Zrenner, A., Böhm, G., and Abstreiter, G. (2000) Optical spectroscopy on a single InGaAs/GaAs quantum dot in the few-exciton limit. *Solid State Commun.*, **114**, 227-230.

[52] Press, D., Götzinger, S., Reitzenstein, S., Hofmann, C., Löffler, A., Kamp, M., Forchel, A., and Yamamoto, Y. (2007) Photon antibunching from a single quantum-dot-microcavity system in the strong coupling regime. *Phys. Rev. Lett.*, **98**, 117402-1-117402-5.

[53] Michler, P., Imamoglu, A., Mason, M.D., Carson, P.J., Strouse, G.F., and Buratto, S.K. (2000) Quantum correlation among photons from a single quantum dot at room temperature. *Nature*, **406**, 968-970.

[54] Michler, P., Kiraz, A., Becher, C., Schoenfeld, W.V., Petroff, P.M., Zhang, L., Hu, E., and Imamoglu, A. (2000) A quantum dot single-photon turnstile device. *Science*, **290**, 2282-2285.

[55] Ward, M.B., Farrow, T., See, P., Yuan, Z.L., Karimov, O.Z., Bennet, A.J., Shields, A.J., Atkinson, P., Cooper, K., and Ritchie, D.A. (2007) Electrically driven telecommunication wavelength single-photon source. *Appl. Phys. Lett.*, **90**, 063512-1-063512-3.

[56] Imamoglu, A. and Yamamoto, Y. (1994) Turnstile device for heralded single photons: coulomb blockade of electron and hole tunneling in quantum confined p-i-n heterojunctions. *Phys. Rev. Lett.*, **72**, 210-213.

[57] Benson, O., Satori, C., Pelton, M., and Yamamoto, Y. (2000) Regulated and entangled photons from a single quantum dot. *Phys. Rev. Lett.*, **84**, 2513-2516.

[58] Kim, J., Benson, O., Kan, H., and Yamamoto, Y. (1999) A single-photon turnstile device. *Nature*, **397**, 500-503.

[59] Hadfield, R.H. (2009) Single-photon detectors for optical quantum information applications. *Nat. Photonics*, **3**, 696-705.

[60] Sappa, F., Cova, S., Ghioni, M., Lacaita, A., Samori, C., and Zappa, F. (1996) Avalanche photodiodes and quenching circuits for single photon detection. *Appl. Opt.*, **35**, 1956-1976.

[61] Castelletto, S.A., De Giovanni, I.P., Schettini, V., and Migdall, A.L. (2007) Reduced deadtime and higher rate photon-counting detection using a multiplexed detector array. *J. Mod. Opt.*, **54**, 337-352.

[62] (a) Irwin, K.D. (1995) An application of electrothermal feedback for high resolution cryogenic particle detection. *Appl.Phys. Lett.*, **66**, 1998-2000; (b) Irwin, K.D., Nam, S.W., Cabrera,

B., Chugg, B., and Young, B. (1995) A quasiparticletrap-assisted transition-edge sensor for phonon-mediated particle detection. *Rev. Sci. Instrum.*, **66**, 5322-5326.

[63] Lita, A.E., Miller, A.J., and Nam, S.W. (2008) Counting near-infrared singlephotons with 95% efficiency. *Opt. Express*, **16**, 3032-3040.

[64] Fukuda, D., Fujii, G., Numata, T., Yoshizawa, A., Tsuchida, H., Fujino, H., Ishii, H., Itatani, T., Inoue, S., and Zama, T. (2009) Photon number resolving detection with high speed and high quantum efficiency. *Metrologia*, **46**, S288-292.

[65] Lita, A.E., Calkins, B., Pellochoud, L.A., Miller, A.J., and Nam, S. (2009) High-efficiency photon-number-resolving detectors based on hafnium transitionedge sensors. *AIP Conf. Proc.*, **1185**, 351-354.

[66] Rajteri, M., Taralli, E., Portesi, C., Monticone, E., and Beyer, J. (2009) Photon-number discriminating super-conducting transition-edge sensors. *Metrologia*, **46**, S283-S287.

[67] Taralli, E., Portesi, C., Lolli, L., Monticone, E., Rajteri, M., Novikov, I., and Beyer, J. (2010) Impedance measurements on a fast transition-edge sensor for optical and near-infrared range. *Supercond. Sci. Technol.*, **23**, 105012-1-105012-5.

[68] Kück, S., Hofer, H., Peters, S., and Lopez, M. (2014) Detection efficiency calibration of silicon single photon avalanche diodes traceable to a national standard. 12th International Conference on New Developments and Applications in Optical Radiometry (NEWRAD 2014), Espoo, Finland, June 24-27, 2014, p. 93, http://newrad2014.aalto.fi/Newrad2014_Proceedings.pdf (accessed).

[69] Müller, I., Klein, R., Hollandt, J., Ulm, G., and Werner, L. (2012) Traceable calibration of Si avalanche photodiodes using synchrotron radiation. *Metrologia*, **49**, S152-S155.

[70] Brida, G., Genovese, M., and Gramenga, M. (2006) Twin-photon techniques for photo-detector calibration. *Laser Phys. Lett.*, **3**, 115-123.

[71] Polyakov, S.V., Ware, M., and Migdall, A. (2006) High accuracy calibration of photon-counting detectors. *Proc. SPIE*, **6372**, 63720J.

[72] (a) Lee, K.G., Chen, X.W., Eghlidi, H., Kukura, P., Lettow, R., Renn, A., Sandoghdar, V., and Götzinger, S. (2011) A planar dielectric antenna for directional single-photon emission and near-unity collection efficiency. *Nat. Photonics*, **5**, 166-169; (b) Chen, X.W., Götzinger, S., and Sandoghdar, V. (2011) 99% efficiency in collecting photons from a single emitter. *Opt. Lett.*, **36**, 3545-3547.

第10章 展望

正如在本书中所概述的,现代量子科学和技术有了很大的进步,为基于自然常数的单位制铺平了道路。千克、安培、开尔文和摩尔应该分别基于固定的数值普朗克常数 h、基本电荷 e、玻尔兹曼常量 k_B 和阿伏伽德罗常数 N_A 进行定义。目前定义的秒、米和堪培拉的固定数值,分别是铯133原子 $\nu(^{133}Cs)_{hfs}$ 的基态超精细分裂频率、真空中的光速 c 和辐射频率为 540×10^{12} Hz 单色光的光谱效应 K_{cd}。国际单位制将完全基于自然常数。所有的历史定义都将被废除。至此,在科学、生产、贸易和保护人类健康和环境等所有领域的测量都将基于坚实的基础,并预计在空间和时间上能够更加稳定。

在撰写这本书的时候,采用新定义作为标准似乎已经达成共识,并且各种实验结果接近一致。考虑到目前正在进行的改进实验,在2018大会上(CGPM)有望采取新的 SI[1](实际在2018年大会上采取了新的SI)。

此外,光学频率标准的科学进展正朝着秒的新定义前进。新定义将基于原子或离子在光学频率域中的电子跃迁的频率,而不是目前使用的 ^{133}Cs 原子中的微波跃迁。这些新的频率标准对于相对论和量子力学相关的基本物理问题的研究也很有利。如同以往一样,随着我们对宇宙的理解加深,SI 必须适应科学技术的进步。

未来计量学面临的另一个挑战是将新 SI 的固有优势引入到"工作台"中,即使其潜在的所有用户能够完全访问,包括工业生产、医疗保健、环境保护,以及最终的监管和标准化。在这个方向上已经迈出了第一步,如约瑟夫森电压计量。由于约瑟夫森技术的成熟,可以开发一种适合于工业校准实验室使用的交流量子伏特计(见 4.1.4.5 节)[2]。总的来说,如果电子量子标准能够在更高的温度下操作,它将得到更广泛的应用。材料科学的进一步发展会使得这成为可能。

参考文献

[1] Milton, M.J.T., Davis, R., and Fletcher, N. (2014) Towards a new SI: a review of progress

made since 2011. *Metrologia*, **51**, R21-30.

[2] Lee, J., Behr, R., Palafox, L., Katkov, A., Schubert, M., Starkloff, M., and Böck, A.C. (2013) An ac quantum voltmeter based on a 10 V programmable Josephson array. *Metrologia*, **50**, 612-622.